2016 Office

从新手到高手

龙马高新教育 编著

人民邮电出版社

北京

图书在版编目（CIP）数据

Office 2016从新手到高手 / 龙马高新教育编著. --
北京：人民邮电出版社，2016.9
ISBN 978-7-115-43014-4

Ⅰ. ①O… Ⅱ. ①龙… Ⅲ. ①办公自动化—应用软件
Ⅳ. ①TP317.1

中国版本图书馆CIP数据核字(2016)第182686号

内 容 提 要

本书以零基础讲解为宗旨，用实例引导读者学习，深入浅出地介绍了 Office 2016 的相关知识和应用方法。

全书分为 7 篇，共 25 章。第 1 篇【基础篇】介绍了 Office 2016 的基础知识，以及基本设置与操作等；第 2 篇【Word 2016 篇】介绍了基本文档的制作、文档的美化、高级排版操作，以及文档的审阅等；第 3 篇【Excel 2016 篇】介绍了基本表格的制作、工作表的美化、图形和图表、公式与函数的应用、数据的分析与管理，以及数据透视表与数据透视图的应用等；第 4 篇【PowerPoint 2016 篇】介绍了基本 PPT 的制作、幻灯片的美化、为幻灯片添加动画和交互效果，以及幻灯片的放映等；第 5 篇【Outlook 2016 篇】介绍了使用 Outlook 2016 收发邮件和安排计划等；第 6 篇【Office 2016 其他组件篇】介绍了 Access 2016 和 OneNote 2016 的使用方法等；第 7 篇【高手秘籍篇】介绍了 Office 2016 组件间的协同应用、Office 2016 VBA 的应用、Office 2016 的共享与安全、Office 2016 办公文件的打印，以及 Office 的跨平台应用等。

在本书附赠的 DVD 多媒体教学光盘中，包含了 16 小时与图书内容同步的教学录像，以及所有案例的配套素材和结果文件。此外，还赠送了大量相关学习资源，供读者扩展学习。除光盘外，本书还赠送了纸质《Office 2016 技巧随身查》，便于读者随时翻查。

本书不仅适合 Office 2016 的初、中级用户学习使用，也可以作为各类院校相关专业学生和计算机培训班学员的教材或辅导用书。

◆ 编　著　龙马高新教育
　　责任编辑　张　翼
　　责任印制　杨林杰

◆ 人民邮电出版社出版发行　　北京市丰台区成寿寺路 11 号
　　邮编　100164　电子邮件　315@ptpress.com.cn
　　网址　http://www.ptpress.com.cn
　　北京隆昌伟业印刷有限公司印刷

◆ 开本：787×1092　1/16
　　印张：24
　　字数：579 千字　　　　　　　　2016 年 9 月第 1 版
　　印数：1 – 3 000 册　　　　　　2016 年 9 月北京第 1 次印刷

定价：59.00 元（附光盘）

读者服务热线：(010)81055410　印装质量热线：(010)81055316
反盗版热线：(010)81055315
广告经营许可证：京东工商广字第 8052 号

前言

　　计算机是现代信息社会的重要工具，掌握丰富的计算机知识，正确熟练地操作计算机已成为信息时代对每个人的要求。为满足广大读者的学习需要，我们针对不同学习对象的接受能力，总结了多位计算机高手、高级设计师及计算机教育专家的经验，精心编写了这套"从新手到高手"丛书。

 丛书主要内容

　　本套丛书涉及读者在日常工作和学习中各个常见的计算机应用领域，在介绍软、硬件的基础知识及具体操作时，均以读者经常使用的版本为主，在必要的地方也兼顾了其他版本，以满足不同领域读者的需求。本套丛书主要包括以下品种。

《学电脑从新手到高手》	《电脑办公从新手到高手》
《Office 2013 从新手到高手》	《Word/Excel/PowerPoint 2013 三合一从新手到高手》
《Word/Excel/PowerPoint 2007 三合一从新手到高手》	《Word/Excel/PowerPoint 2010 三合一从新手到高手》
《PowerPoint 2013 从新手到高手》	《PowerPoint 2010 从新手到高手》
《Excel 2016 从新手到高手》	《Office VBA 应用从新手到高手》
《Dreamweaver CC 从新手到高手》	《Photoshop CC 从新手到高手》
《AutoCAD 2014 从新手到高手》	《Photoshop CS6 从新手到高手》
《Windows 7 + Office 2013 从新手到高手》	《PowerPoint 2016 从新手到高手》
《黑客攻防从新手到高手》	《老年人学电脑从新手到高手》
《Excel 2013 从新手到高手》	《中文版 Matlab 2014 从新手到高手》
《HTML+CSS+JavaScript 网页制作从新手到高手》	《Project 2013 从新手到高手》
《Windows 10 从新手到高手》	《AutoCAD 2016 从新手到高手》
《Word/Excel/PPT 2016 从新手到高手》	《Office 2016 从新手到高手》
《电脑组装与硬件维修从新手到高手》	《电脑办公（Windows 10 + Office 2016）从新手到高手》
《AutoCAD 2017 从新手到高手》	《电脑办公（Windows 7 + Office 2016）从新手到高手》
《AutoCAD + 3ds Max+ Photoshop 建筑设计从新手到高手》	

本书特色

＋　零基础、入门级的讲解

　　无论读者是否从事相关行业，是否使用过 Office 2016，都能从本书中找到最佳的起点。本书入门级的讲解，可以帮助读者快速地从新手迈向高手的行列。

＋　精心排版，实用至上

　　双色印刷既美观大方，又能够突出重点、难点。精心编排的内容能够帮助读者深入理解所学知识并实现触类旁通。

✦ 实例为主，图文并茂

在介绍的过程中，每一个知识点均配有实例辅助讲解，每一个操作步骤均配有对应的插图以加深认识。这种图文并茂的方法，能够使读者在学习过程中直观、清晰地看到操作过程和效果，便于深刻理解和掌握相关知识。

✦ 高手指导，扩展学习

本书在每章的最后以"高手私房菜"的形式为读者提炼了各种高级操作技巧，同时在全书最后的"高手秘籍篇"中，还总结了大量实用的操作方法，以便读者学习到更多的内容。

✦ 精心排版，超大容量

本书采用单双栏混排的形式，大大扩充了信息容量，在将近 400 页的篇幅中容纳了传统图书 700 多页的内容。这样，就能在有限的篇幅中为读者奉送更多的知识和实战案例。

✦ 书盘互动，手册辅助

本书配套的多媒体教学光盘中的内容与书中的知识点紧密结合并互相补充。在多媒体光盘中，我们模拟工作和学习场景，帮助读者体验实际应用环境，并借此掌握日常所需的技能和各种问题的处理方法，达到学以致用的目的；而赠送的纸质手册，更是大大增强了本书的实用性。

◎ 光盘特点

✦ 16 小时全程同步教学录像

教学录像涵盖本书的所有知识点，详细讲解了每个实例的操作过程和关键点。读者可以轻松掌握书中所有的操作方法和技巧，而扩展的讲解部分则可使读者获得更多的知识。

✦ 超多、超值资源大放送

除了与图书内容同步的教学录像外，光盘中还奉送了大量超值学习资源，包括 Office 2016 软件安装教学录像、Office 2016 快捷键查询手册、2000 个 Word 精选文档模板、1800 个 Excel 典型表格模板、1500 个 PPT 精美演示模板、Word/Excel/PPT 2016 技巧手册、移动办公技巧手册、Excel 函数查询手册、Windows 10 操作系统安装教学录像、9 小时 Windows 10 教学录像、7 小时 Photoshop CC 教学录像、网络搜索与下载技巧手册、常用五笔编码查询手册、本书配套教学用 PPT 课件、本书案例的配套素材和结果文件等超值资源，以方便读者扩展学习。

⚙ 配套光盘运行方法

❶ 将光盘印有文字的一面朝上放入 DVD 光驱中，几秒后光盘会自动运行。

❷ 在 Windows 7 操作系统中，系统会弹出【自动播放】对话框，单击【运行 MyBook.exe】选项即可运行光盘系统。或者单击【打开文件夹以查看文件】选项打开光盘文件夹，双击光盘文件夹中的 MyBook.exe 文件，也可以运行光盘系统。

在 Windows 10 操作系统中，桌面右上角会显示快捷操作界面，单击该界面后，在其列表中选择【运行 MyBook.exe】选项即可运行光盘系统。或者单击【打开文件夹以查看文件】选项打开光盘文件夹，双击光盘文件夹中的 MyBook.exe 文件，也可以运行光盘系统。

❸ 光盘运行后会首先播放片头动画，之后便可进入光盘的主界面。

❹ 单击【教学录像】按钮，在弹出的菜单中依次选择相应的篇、章、录像名称，即可播放相应录像。

⑤ 单击【赠送资源】按钮，在弹出的菜单中选择赠送资源名称，即可打开相应的赠送资源文件夹。

⑥ 单击【素材文件】【结果文件】或【教学用 PPT】按钮，即可打开相对应的文件夹。

⑦ 单击【光盘使用说明】按钮，即可打开"光盘使用说明 .pdf"文档，该说明文档详细介绍了光盘在计算机上的运行环境和运行方法等。

⑧ 选择【操作】▶【退出本程序】菜单选项，或者单击光盘主界面右上角的【关闭】按钮 ⊠，即可退出本光盘系统。

🔖 创作团队

本书由龙马高新教育策划，孔长征任主编，李震、赵源源任副主编。参与本书编写、资料整理、多媒体开发及程序调试的人员有孔万里、周奎奎、张任、张田田、尚梦娟、李彩红、尹宗都、王果、陈小杰、左琨、邓艳丽、崔姝怡、侯蕾、左花苹、刘锦源、普宁、王常吉、师鸣若、钟宏伟、陈川、刘子威、徐永俊、朱涛和张允等。

在编写过程中，我们竭尽所能地将最好的讲解呈现给读者，但也难免有疏漏和不妥之处，敬请广大读者不吝指正。若您在学习过程中产生疑问，或有任何建议，可发送电子邮件至 zhangyi@ptpress.com.cn。

编者

目录

第1篇 基础篇

微软再一次自我挑战，在众人期待中推出 Office 2016。可是，你知道在使用 Office 2016 前需要做些什么吗？本篇来告诉你！

高手私房菜

第 2 篇 Word 2016 篇

作为 Office 2016 最常用的组件之一，除了以前版本中的功能，Word 2016 又有什么神奇的地方吗？本篇来告诉你！

本章视频教学录像：41分钟

　　Word 2016 最基本的功能就是制作文档，本章主要介绍 Word 2016 的基本文档制作。我们首先来认识 Word 2016 的工作界面，之后学习如何创建与使用文档并设置样式等。

高手私房菜

第4章 文档的美化 45

本章视频教学录像: 55 分钟

适当地使用背景和图片,可以为文档锦上添花。本章主要介绍页面背景、文本框、表格、图片和形状的综合运用。

第 5 章 高级排版操作 65

本章视频教学录像：40 分钟

能够让人眼前一亮的页面，是排版设计的结果。要让文档看起来更美观、更大方，就需要了解一些高级排版的知识。

第 6 章　审阅文档 85

🎬 本章视频教学录像：37 分钟

审阅是办公室批改文件时经常使用的一个功能，它可以让改动的地方清楚地显示出来，同时还可以与原文档形成对比，让文档的作者一目了然。

🍳 **高手私房菜**

第 3 篇 Excel 2016 篇

在进行各种预算、财务管理、数据汇总等工作时，使用 Excel 是较为明智的选择，它可以对繁杂冗余的数据进行快速地处理和分析。

第 7 章　基本表格制作 102

🎬 本章视频教学录像：56 分钟

在开始处理复杂的数据之前，首先需要了解表格的基本操作。本章介绍 Excel 2016 的相关设置、工作簿的基本操作、工作表的基本操作、单元格的基本操作，以及数据的输入和编辑等。

🍲 高手私房菜

📽 本章视频教学录像：25 分钟

一个美观的数据报表可以使单调的数据不再枯燥，给人耳目一新的感觉。本章主要介绍工作表的美化操作，包括单元格的设置、表格样式、单元格样式等。

高手私房菜

第 9 章 图形和图表 129

本章视频教学录像：1 小时 9 分钟

图形可以修饰工作表，而图表不但可以让工作表的数据更直观、更形象，还可以清晰地反映数据的变化规律和发展趋势。

高手私房菜

本章视频教学录像：40分钟

Excel 2016 具有强大的数据分析与处理功能，不仅可以进行简单的数据运算，还可以使用各种函数完成复杂的专业运算。在公式中准确、熟练地使用这些函数，可以极大地提高数据处理的能力。

 高手私房菜

本章视频教学录像：43分钟

使用 Excel 可以对数据进行各种分析，如筛选出符合特定条件的数据、按照一定条件对数据进行排序、使用条件格式突出显示内容、对数据进行合并计算和分类汇总等。

高手私房菜

第 12 章 数据透视表与数据透视图 177

本章视频教学录像：27 分钟

使用数据透视表可以深入分析数据，并且可以解决一些预计不到的数据问题；而数据透视图既具有数据透视表的交互式汇总特性，又具有图表的可视性优点。

高手私房菜

第 4 篇 PowerPoint 2016 篇

使用 PowerPoint 2016，可以制作集文字、图形、图像、声音及视频剪辑等多种元素于一体的演示文稿，把所要表达的信息组织在一系列图文并茂的画面中，来展示企业的产品或个人的学术成果。

📽 本章视频教学录像：34 分钟

有声有色的 PPT 常常会令听众惊叹，使报告达到最好的效果。要做到这一步，首先就需要了解基本的 PPT 知识。

🍲 高手私房菜

高手私房菜

第16章 幻灯片的放映 245

📽 本章视频教学录像：22分钟

掌握幻灯片的演示技巧，并且灵活应用，可以在播放幻灯片时创造意想不到的效果。

高手私房菜

第 5 篇 Outlook 2016 篇

使用 Outlook 发送邮件，可以使人与人之间的交流更加方便。本篇带你体验全新的 Outolook 2016 邮件之旅。

🎬 本章视频教学录像：28 分钟

使用 Outlook 2016，可以方便地收发邮件并管理联系人信息，实现便捷的信息通信和联络。

🍲 高手私房菜

🎬 本章视频教学录像：17 分钟

Outlook 2016 还拥有安排任务、查看日历、使用便签等功能。熟练地掌握这些功能，不仅使日常的电子商务更加轻松，也能提高工作效率。

🍲 高手私房菜

第 6 篇 Office 2016 其他组件篇

介绍了常用的 Word、Excel、PowerPoint 和 Outolook 组件后，本篇向您推荐其他 Office 组件。

📋 本章视频教学录像：50 分钟

Access 是由微软公司发布的关联式数据库管理系统。它结合了 Microsoft Jet Database Engine 和图形用户界面两项特点，是 Microsoft Office 的常用组件。

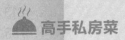
高手私房菜

📽 本章视频教学录像：28 分钟

OneNote 2016 是一款数字笔记本软件，可直接记录笔记，也可以收集打印的 " 页面 "，还提供了强大的搜索和易用的共享笔记本功能。本章主要介绍创建笔记本、记录笔记和管理笔记本等操作。

🍲 高手私房菜

第 7 篇 高手秘籍篇

在日常办公中，常常会听到有人说"你真是高手！"。高手之所以成为高手，是因为他掌握了别人所不知道的办公技巧。

📽 本章视频教学录像：29 分钟

在使用比较频繁的办公软件中，Word、Excel 和 PowerPoint 之间的资源是可以共享及相互调用的，这样可以提高工作的效率。

高手私房菜

第 22 章　Office 2016 VBA 的应用 323

本章视频教学录像：27 分钟

常用的 Office 办公软件如 Word、Excel、Access、PowerPoint 都可以借助 VBA 提高软件的应用效率。通过一段 VBA 代码，既可以实现画面的切换，也可以实现复杂逻辑的统计。

高手私房菜

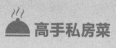

高手私房菜

第25章 Office 的跨平台应用——移动办公 353

📹 本章视频教学录像：20 分钟

使用移动设备，让你随时随地办公。

高手私房菜

光盘赠送资源

赠送资源1　Office 2016软件安装教学录像

赠送资源2　Office 2016快捷键查询手册

赠送资源3　2000个Word精选文档模板

赠送资源4　1800个Excel典型表格模板

赠送资源5　1500个PPT精美演示模板

赠送资源6　Word/Excel/PPT 2016技巧手册

赠送资源7　移动办公技巧手册

赠送资源8　Excel函数查询手册

赠送资源9　Windows 10操作系统安装教学录像

赠送资源10　9小时Windows 10教学录像

赠送资源11　7小时Photoshop CC教学录像

赠送资源12　网络搜索与下载技巧手册

赠送资源13　常用五笔编码查询手册

赠送资源14　本书配套教学用PPT课件

赠送资源15　本书案例的配套素材和结果文件

第1篇

基础篇

第**1**章　初识 Office 2016

第**2**章　Office 2016 的设置与基本操作

第

1章

初识 Office 2016

本章视频教学录像：22 分钟

高手指引

　　Office 2016 是常用办公工具的集合，主要包括 Word 2016、Excel 2016、PowerPoint 2016 和 Outlook 2016 等组件。通过 Office 2016，可以实现文档的编辑、排版和审阅，表格的设计、排序、筛选和计算，演示文稿的设计和制作，以及电子邮件收发等功能。

重点导读

+ 认识 Office 2016
+ 掌握 Office 2016 安装与卸载的方法
+ 熟悉 Office 的版本兼容
+ 使用帮助系统

1.1 Office 2016 及其组件

Office 2016 办公软件中包含 Word 2016、Excel 2016、PowerPoint 2016、Outlook 2016、Access 2016、Publisher 2016、InfoPath 2016、Lync、OneNote、SkyDrive Pro 和 Visio Viewer 等组件。下面介绍 Office 2016 中最常用的办公组件：Word 2016、Excel 2016、PowerPoint 2016 和 Outlook 2016。

1. 文档创作与处理——Word 2016

Word 2016 是一款强大的文字处理软件。使用 Word 2016，可以实现文本的编辑、排版、审阅和打印等功能。

2. 电子表格——Excel 2016

Excel 2016 是一款强大的数据表格处理软件。使用 Excel 2016，可对各种数据进行分类统计、运算、排序、筛选和创建图表等操作。

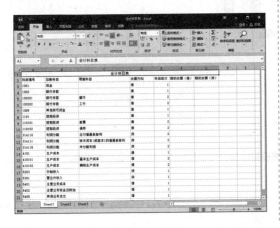

3. 演示文稿——PowerPoint 2016

PowerPoint 2016 是制作演示文稿的软件。使用 PowerPoint 2016，可以使会议或授课变得更加直观、丰富。

4. 邮件收发——Outlook 2016

Outlook 2016 是一款运行于客户端的电子邮件软件。使用 Outlook 2016，可以收发电子邮件、管理联系人信息、记日记、安排日程、分配任务等。

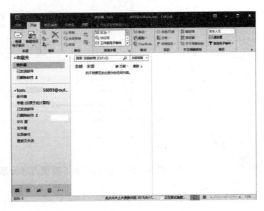

1.2 Office 2016 的安装与卸载

本节视频教学录像：6 分钟

软件使用之前，首先要将软件移植到计算机中，此过程为安装；如果不想使用此软件，可以将软件从计算机中清除，此过程为卸载。

1.2.1 计算机配置要求

要安装 Office 2016，计算机硬件和软件的配置要达到以下要求。

处理器	1GH$_z$ 或更快的 x86 或 x64 处理器（采用 SSE2 指令集）
内存	1GB RAM（32 位）；2GB RAM（64 位）
硬盘	3.0 GB 可用空间
显示器	图形硬件加速需要 DirectX10 显卡和 1024 × 576 分辨率
操作系统	Windows7 SP1、Windows8.1、Windows10 以及 Windows10 Insider Preview
浏览器	Microsoft Internet Explorer 8、9 或 10; Mozilla Firefox 10.x 或更高版本; Apple Safari 5; 或 Google Chrome 17.x
.NET 版本	3.5、4.0 或 4.5
多点触控	需要支持触摸的设备才能使用任何多点触控功能，但始终可以通过键盘、鼠标或其他标准输入设备或可访问的输入设备使用所有功能

1.2.2 安装 Office 2016

计算机配置达到要求后就可以安装 Office 2016 软件。安装 Office 2016 比较简单，只需要双击 Office 2016 的安装程序，系统即可自动安装 Office 2016，稍等一段时间，即可成功安装 Office 2016 软件。

 提示
安装 Office 2016 的过程中不需要选择安装的位置以及安装哪些组件，默认安装所有组件。

1.2.3 修复 Office

安装 Office 2016 后，如果使用 Office 的过程中出现异常情况，如不能正常启动或者自动关闭，就可以对其进行修复操作，修复 Office 2016 的具体操作步骤如下。

❶ 单击【开始】▶【Windows 系统】▶【控制面板】菜单命令。

❷ 打开【控制面板】窗口，单击【程序和功能】超链接。

❸ 打开【程序和功能】对话框，选择【Microsoft Office 专业增强版 2016 -zh-cn 】选项，单击【更改】按钮。

❹ 在弹出的【Office】对话框中单击选中【快速修复】单选项，单击【修复】按钮。

❺ 在【准备好开始快速修复】界面单击【修复】按钮，即可自动修复 Office。

1.2.4 卸载 Office 2016

不需要 Office 2016 时，可以将其卸载。

❶ 打开【程序和功能】对话框，选择【Microsoft Office 专业增强版 2016 -zh-cn 】选项，单击【卸载】按钮。

❷ 在弹出的对话框中单击【卸载】按钮即可卸载 Office 2016。

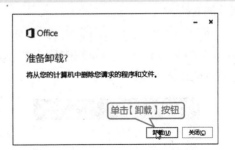

1.3 软件版本的兼容

本节视频教学录像：7分钟

Office 系列软件不同版本之间可以互相转换格式，也可以打开其他版本的文件。

1.3.1 鉴别 Office 版本

目前常用的 Office 版本主要有 2003、2007、2010、2013 和 2016。那么应如何识别文件使用的 Office 版本类型呢？下面给出两种进行鉴别的方法。

1. 通过文件后缀名鉴别

文件后缀名是操作系统用来标志文件格式的一种机制，每一类文件的后缀名各不相同，甚至同一类文件的后缀名因版本不同后缀名也有所不同。

常见应用组件后缀名的区别如表所示。

2003 版	Word 2003	.doc
	Excel 2003	.xls
	PowerPoint 2003	.ppt
2007、2010、2013、2016 版	Word 2016	.docx
	Excel 2016	.xlsx
	PowerPoint 2016	.pptx

2. 根据打开模式鉴别

Office 2007、2010、2013 和 2016 版本的后缀名一样，不容易区分，最简单的方法就是打开文件，如果高版本的办公软件打开低版本的文件时，标题栏中会显示"兼容模式"字样。下图所示为 Word 2016 打开 Word 2010 创建文档后的效果。

1.3.2 打开其他版本的 Office 文件

Office 的版本由 2003 更新到 2016，新版本的软件可以直接打开低版本软件创建的文件，也可以将新版本的文件另存为低版本类型，使用低版本软件打开编辑。

1. Office 2016 打开 2003 格式文件

使用 Office 2016 可以直接打开 2003 格式的文件。

将 Word 2003 格式的文件在 Word 2016 文档中打开时，标题栏中则会显示出【兼容模式】字样。

2. 使用 Office 2003 打开 Office 2016 创建的文件

使用 Word 2003 也可以打开 Word 2016 创建的文件，只需要将其类型更改为低版本类型即可，具体操作步骤如下。

❶ 使用 Word 2016 打开随书光盘中的"素材 \ch01\ 产品宣传 .docx"，单击【文件】选项卡，在【文件】选项卡下的左侧选择【另存为】选项，在右侧【这台电脑】选项下单击【浏

览】按钮。

❷ 弹出【另存为】对话框，在【保存类型】下拉列表中选择【Word 97-2003 文档】选项。

❸ 文档的后缀名将以".doc"显示，单击【保存】按钮即可将其转换为低版本。

> 📝 **提示** Office 2007、Office 2010、Office 2013 和 Office 2016 后缀名格式相同，四者之间均可互相打开，但使用高版本软件打开低版本文件时，将提示"兼容模式"。

1.3.3 另存为其他格式

使用 Office 2016 创建好文档后，有时为了工作的需要，需要把该文档保存为其他格式，如上节所讲述的 2003 版本格式，还可以转换为 PDF 格式、XML 格式和网页格式等其他格式。

1. 将 Word 文档转换为 PDF 格式

❶ 打开随书光盘中的"素材 \ch01\ 产品介绍 .docx"文档，选择【文件】➢【导出】菜单项，在右侧【导出】区域选择【创建 PDF/XPS 文档】选项，并单击【创建 PDF/XPS】按钮。

❷ 在弹出的【发布为 PDF 或 XPS】对话框中选择文档存储的位置，单击【发布】按钮。

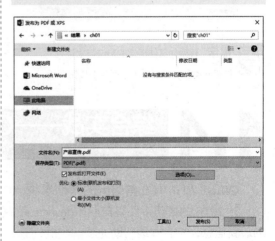

❸ 转换完成之后的格式如下图所示。

2. 将 Word 文档转换为网页格式

❶ 打开随书光盘中的"素材 \ch01\ 产品介绍 .docx"文档，选择【文件】➢【另存为】菜单项，选择保存路径，弹出【另存为】对话框。

❷ 在弹出的【另存为】对话框中的【保存类型】下拉列表中选择【网页】，然后单击【保存】按钮。

❸ 转换完成之后在 Word 2016 文档中打开后，其后缀名显示为".htm"，如下图所示。

1.4 综合实战——Office 2016 的帮助系统

🎬 本节视频教学录像：4 分钟

　　Office 2016 有非常强大的帮助系统，可以帮助用户解决应用中遇到的问题，是自学 Office 2016 的好帮手。来自 Office.com 的帮助是网络在线支持站点，从中可以获得 Office 的最新信息，搜索本地帮助无法解决的问题，还可以参加在线培训课程。下面以 Word 2016 为例进行介绍。

❶ 单击文档右上角的【帮助】按钮或按【F1】键，弹出【Word 2016 帮助】对话框。

❷ 在主要类别下列出了 Word 2016 常用的帮助类别，如入门、创建文档和设置文档格式、添加页眉和页脚等，单击要寻求帮助的类别，即可显示该类别下的详细选项。单击要查看的连接，如单击"添加页眉和页脚"类别下的"添加图像到页眉或页脚"连接。

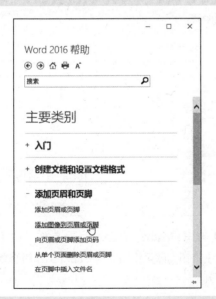

❸ 即可看到详细的帮助内容。

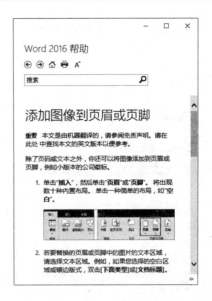

> **提示** 单击【后退】按钮 ⬅，可后退到上一个页面；
> 单击【前进】按钮 ➡，可前进到下一个页面；
> 单击【主页】按钮 ⌂，可快速返回帮助主页；
> 单击【打印】按钮 🖶，可将搜索结果打印出来；
> 单击【改变文字大小】按钮 A˚，可增大字体，再次单击将减小字体。

❹ 此外，用户还可以通过搜索的方法获取帮助，返回主页，在搜索框中输入要搜索的内容，例如输入"设置字体"，单击【搜索】按钮。

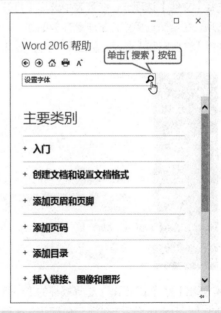

❺ 即可显示搜索结果，单击要查看的帮助连

接。例如这里单击第一个连接。

6 即可显示详细的帮助内容。

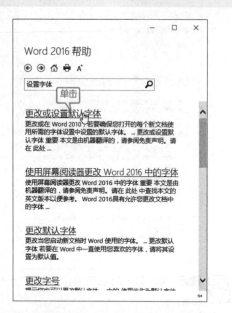

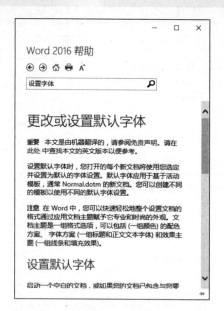

 高手私房菜

本节视频教学录像：2 分钟

技巧：修复损坏的 Excel 2016 工作簿

这里以修复损坏的 Excel 2016 工作簿为例，具体的操作步骤如下。

1 启动 Excel 2016，创建一个空白工作簿，选择【文件】选项卡，在列表中选择【打开】选项，在右侧选择打开工作簿存放的路径，如选择【这台电脑】选项，单击【浏览】按钮。

2 弹出【打开】对话框，选择损坏的工作簿，单击【打开】按钮后方的下三角箭头，在弹出的下拉列表中选择【打开并修复】选项，如下

图所示。

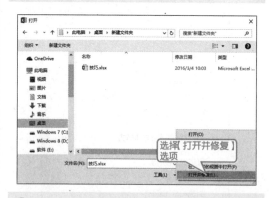

3 弹出【Microsoft Excel】对话框，单击【修复】按钮，即可将损坏的 Excel 工作簿修复并打开。

第2章

Office 2016 的设置与基本操作

 本章视频教学录像：30 分钟

高手指引

　　不同的用户使用的功能和操作习惯不尽相同，用户可以根据自己的习惯自定义工作环境和参数，以提高工作效率。本章主要介绍 Office 2016 的设置与基本操作，包括账户设置、选项设置和 Office 2016 的基本操作等。通过本章的学习，可以帮助用户构建个性化的 Office 2016 工作环境。

重点导读

- ✚ 掌握 Office 2016 的账户和选项的设置
- ✚ 掌握 Office 2016 的基本操作
- ✚ 掌握定制窗口的方法

2.1 Office 2016 的账户设置

本节视频教学录像：3 分钟

使用 Office 2016 登录 Microsoft 账户可以实现通过 OneDrive 同步文档，便于文档的共享与交流。使用 Microsoft 账户的作用如下。

（1）使用 Microsoft 账户登录微软相关的所有网站，可以和朋友在线交流，向微软的技术人员或者微软 MVP 提出技术问题，并得到他们的解答。

（2）利用微软账户注册微 OneDrive（云服务）等应用。

（3）在 Office 2016 中登录 Microsoft 账户并在线保存 Office 文档、图像和视频等，可以随时通过其他 PC、手机、平板电脑中的 Office 2016，对它们进行访问、修改以及查看。

2.1.1 配置账户

登录 Office 2016 不仅可以随时随地处理工作，还可以联机保存 Office 文件，但前提是需要拥有一个 Microsoft 账户并且成功登录，下面以 Word 2016 软件为例进行介绍。

❶ 打开 Word 2016 文档，单击软件界面右上角的【登录】链接。弹出【登录】界面，在文本框中输入电子邮件地址，单击【下一步】按钮。

提示 如果没有 Microsoft 账户，可单击【创建一个】链接，注册账号。

❸ 登录后单击【文件】选项卡，在弹出的界面左侧选择【账户】选项，在右侧将显示账户信息，在该界面中可更改照片、注销、切换账户、设置背景及主体等操作。

❷ 在打开的界面输入账户密码，单击【登录】按钮，登录后即可在界面右上角显示用户名称。

2.1.2 设置账户主题和背景

Office 2016 提供了多种 Office 背景和 3 种 Office 主题供用户选择，设置 Office 背景和主题的具体操作步骤如下。

❶　单击【文件】选项卡下的【账户】选项，弹出【账户】主界面。

❷　单击【Office 背景】后的下拉按钮，在弹出的下拉列表中选择 Office 背景，这里选择【涂鸦菱形】选项。

❸　单击【Office 主题】后的下拉按钮，在弹出的下拉列表中选择 Office 主题，这里选择【深灰色】选项。

❹　设置完成后，返回文档界面，即可看到设置背景和主题后的效果。

2.2　Office 2016 的选项设置

本节视频教学录像：6 分钟

单击【文件】▶【选项】选项，即可弹出【Word 选项】对话框。Office 2016（以 Word 2016 为例）选项的设置主要包括常规、显示、校对、保存、版式、语言等。

（1）【常规】选项：可以用来设置使用 Word 时采用的常规选项，包括【用户界面选项】、【对 Microsoft Office 进行个性化设置】和【启动选项】3 个选项组，在每个选项组下都包含相应的设置选项。

（2）【显示】选项：更改文档内容在屏幕上的显示方式和在打印时的显示方式。显示选项下包括【页面显示选项】、【始终在屏幕上显示这些格式标记】和【打印选项】，每个选项下都有各自对应的功能选项，用户可以根据需要设置，如可在【始终在屏幕上显示这些格式标记】组下选择是否显示制表符、空格、段落标记等符号。

（3）【校对】选项：更改 Word 更正文字和设置其格式的方法。校对选项下包括【自动更正选项】、【在 Microsoft Office 程序中更正拼写时】、【在 Word 中更正拼写和语法时】和【例外项】，每个选项下都有各自对应的功能选项。

（4）【保存】选项：可以自定义文档的保存方式，包括【保存文档】、【文档管理服务器文件的脱机编辑选项】和【共享该

文档时保留保真度】，每个选项下都有各自对应的功能选项，例如，在【保存文档】组下可以设置文档的默认保存格式、自动回复信息时间间隔以及默认本地文件位置等。

（5）【版式】选项：指中文换行设置、首尾字符设置、字距调整和字符间距控制等样式。

（6）【语言】选项：设置 Office 的首选项，包括【选择编辑语言】、【选择用户界面和帮助语言】和【选择屏幕提示语言】，每个选项下都有各自对应的功能选项。

（7）【高级】选项：使用 Word 时采

用的高级选项，包括【编辑选项】、【剪切、复制和粘贴】、【图像大小和质量】、【图表】和【显示文档内容】等选项，每个选项下都有各自对应的功能选项。

2.3　Office 2016 的基本操作

本节视频教学录像：7 分钟

Office 2016 软件包含有许多常用的基本操作，掌握这些基础操作是学习 Office 办公的第一步，本节以 Word 2016 软件为例来讲解 Office 2016 的基本操作。

2.3.1　Office 2016 的启动与退出

使用 Word 2016 编辑文档之前，首先需要掌握如何启动与退出 Word 2016。

1. 启动 Word 2016

启动 Word 2016 的具体步骤如下。

❶ 单击【开始】按钮，在打开的开始界面选择【所有应用】▶【Word 2016】命令。

❷ 随即会启动 Word 2016，在打开的界面中单击【空白文档】按钮。

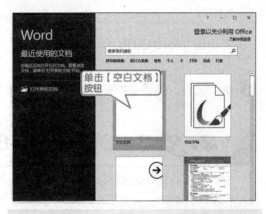

❸ 即可新建一个名称为"文档 1"的空白文档。

❹ 除了使用正常的方法启动 Word 2016 外，还可以在 Windows 桌面或文件夹的空白处单击鼠标右键，在弹出的快捷菜单中选择【新建】➤【Microsoft Word 文档】命令。执行该命令后即可创建一个 Word 文档，用户可以直接重新命名该新建文档。双击该新建文档，Word 2016 就会打开这篇新建的空白文档。

❷ 在文档标题栏上单击鼠标右键，在弹出的快捷菜单中选择【关闭】菜单命令。

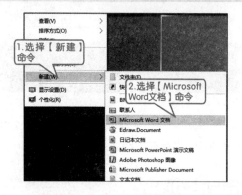

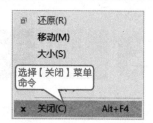

 提示 直接双击计算机中存储的 Word 格式的文件，也可以打开 Word 2016 软件，并自动打开选择的文件。

❸ 单击【文件】选项卡下的【关闭】选项。

2. 退出 Word 2016

退出 Word 2016 文档有以下 4 种方法。

❶ 单击窗口右上角的【关闭】按钮。

❹ 直接按【Alt+F4】组合键。

2.3.2 Office 2016 的保存和导出

文档的保存和导出是非常重要的，因为在 Word 2016 工作时，所建立的文档以临时文件保存在计算机中，只要退出 Word 2016，工作成果就会丢失。只有保存或导出文档才能确保文档不会丢失。

1. 保存新建文档

保存新建文档的具体操作步骤如下。

❶ 新建并编辑 Word 文档后，单击【文件】选项卡，在左侧的列表中单击【保存】选项。

❷ 此时为第一次保存文档，系统会显示【另存为】区域，在【另存为】界面中选择【这台电脑】，并单击【浏览】按钮。

❸ 打开【另存为】对话框，选择文件保存的位置，在【文件名】文本框中输入要保存的文档名称，在【保存类型】下拉列表框中选择【Word 文档（*.docx）】选项，单击【保存】按钮，即可完成保存文档的操作。

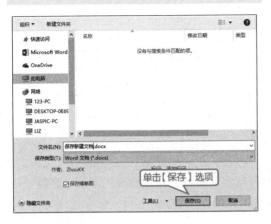

2. 保存已有文档

对已存在文档进行再次编辑后有 3 种方法可以保存更新。

（1）单击【文件】选项卡，在左侧的列表中单击【保存】选项。

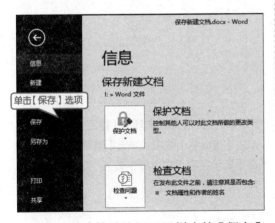

（2）单击快速访问工具栏中的【保存】图标 ，。

（3）按【Ctrl+S】组合键实现快速保存。

3. 另存文档

如需要将文件另存至其他位置或以其他的名称另存，可以使用【另存为】命令。将文档另存的具体操作步骤如下。

❶ 在已修改的文档中，单击【文件】选项卡，

在左侧的列表中单击【另存为】选项。

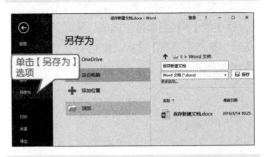

❷ 在【另存为】界面中选择【此电脑】选项，并单击【浏览】按钮。在弹出的【另存为】对话框中可以更改文档所要保存的位置，在【文件名】文本框中输入要另存的名称，单击【保存】按钮，即可完成文档的另存操作。

4. 导出文档

还可以将文档导出为其他格式。将文档导出 PDF 文档的具体操作操作如下。

❶ 在打开的文档中，单击【文件】选项卡，在左侧的列表中单击【导出】选项。在【导出】区域单击【创建 PDF/XPS 文档】项，并单击右侧的【创建 PDF/XPS】按钮。

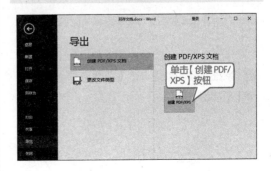

❷ 弹出【发布为 PDF 或 XPS】对话框,在【文件名】文本框中输入要保存的文档名称,在【保存类型】下拉列表框中选择【PDF(*.pdf)】选项。单击【发布】按钮,即可将 Word 文档导出为 PDF 文件。

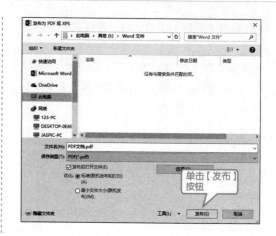

2.3.3 自定义功能区

　　功能区中的各个选项卡可以根据用户需要进行自定义设置,包括命令的添加、删除、重命名和次序调整等。以 Word 为例自定义功能区的具体操作步骤如下。

❶ 在功能区的空白处单击鼠标右键,在弹出的快捷菜单中选择【自定义功能区】选项。

❷ 打开【Word 选项】对话框,单击【自定义功能区】选项下的【新建选项卡】按钮。

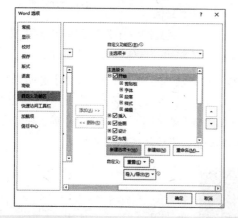

❸ 系统会自动创建一个【新建选项卡】和一个【新建组】选项。

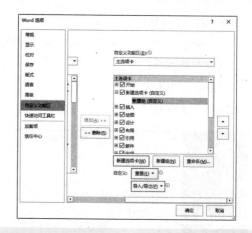

❹ 单击选中【新建选项卡(自定义)】选项,单击【重命名】按钮。弹出【重命名】对话框,在【显示名称】文本框中输入"实用工具",单击【确定】按钮。

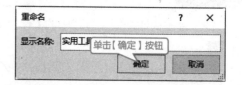

❺ 单击选中【新建组(自定义)】选项,单击【重命名】按钮,弹出【重命名】对话框。在【符号】列表框中选择组图标,在【显示名称】文本框中输入"学习",单击【确定】按钮。

6 返回到【Word 选项】对话框，即可看到选项卡和选项组已被重命名，单击【从下列位置选择命令】右侧的下拉按钮，在弹出的列表中选择【所有命令】选项，在列表框中选择【词典】项，单击【添加】按钮。

7 此时就将其添加至新建的【附加】选项卡

下的【学习】组中。

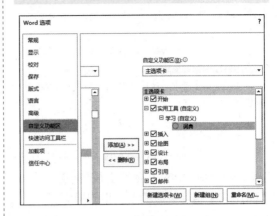

提示　单击【上移】和【下移】按钮可改变选项卡和选项组的顺序和位置。

8 单击【确定】按钮，返回至 Word 界面，即可看到新增加的选项卡、选项组及按钮。

提示　如果要删除新建的选项卡或选项组，只需要选择要删除的选项卡或选项组并单击鼠标右键，在弹出的快捷菜单中选择【删除】选项即可。

2.3.4　通用的命令操作

　　Word、Excel 和 PowerPoint 中包含有很多通用的命令操作，如复制、剪切、粘贴、撤消、恢复、查找和替换等。下面以 Word 为例进行介绍。

1. 复制命令

　　选择要复制的文本，单击【开始】选项卡下【剪贴板】组中的【复制】按钮，或按【Ctrl+C】组合键都可以复制选择的文本。

2. 剪切命令

　　选择要剪切的文本，单击【开始】选项卡下【剪贴板】组中的【剪切】按钮，或按【Ctrl+X】组合键可以剪切选择的文本。

3. 粘贴命令

　　复制或剪切文本后，将鼠标光标定位至要粘贴文本的位置，单击【开始】选项卡下【剪贴板】组中的【粘贴】按钮的下拉按钮，在弹出的下拉列表中选择相应的粘贴选项，或按【Ctrl+V】组合键都可以粘贴用户复制或剪切的文本。

> **提示** 【粘贴】下拉列表各项含义如下。
> 【保留原格式】选项：被粘贴内容保留原始内容的格式。
> 【合并格式】选项：被粘贴内容取消原始内容格式，并应用目标位置的格式。
> 【只保留文本】选项：被粘贴内容清除原始内容和目标位置的所有格式，仅保留文本。

4. 撤消命令

当执行的命令有错误时，可以单击快速访问工具栏中的【撤消】按钮 ，或按【Ctrl+Z】组合键撤消上一步的操作。

5. 恢复命令

执行撤消命令后，可以单击快速访问工具栏中的【恢复】按钮 ，或按【Ctrl+Y】组合键恢复撤消的操作。

> **提示** 输入新的内容后，【恢复】按钮 会变为【重复】按钮 ，单击该按钮，将重复输入新输入的内容。

6. 查找命令

需要查找文档中的内容时，单击【开始】选项卡下【编辑】组中的【查找】按钮右侧的下拉按钮，在弹出的下拉列表中选择【查找】或【高级查找】选项，或按【Ctrl+F】组合键查找内容。

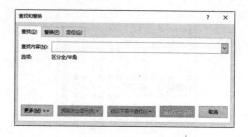

> **提示** 选择【查找】选项或按【Ctrl+F】组合键，可以打开【导航】窗格查找。
> 选择【高级查找】选项可以弹出【查找和替换】对话框查找内容。

7. 替换命令

需要替换某些内容或格式时，可以使用替换命令。单击【开始】选项卡下【编辑】组中的【替换】按钮，即可打开【查找和替换】对话框，在【查找内容】和【替换为】文本框中输入要查找和替换为的内容，单击【替换】按钮即可。

单击【替换】按钮

2.3.5 设置视图方式和比例

Office 2016 中不同的组件分别有各自的视图方式，可以根据需要选择视图方式。此外，还可以设置界面的显示比例，以方便阅读。下面以 Word 2016 为例进行介绍。

1. 设置视图方式

单击【视图】选项卡，在【视图】选项中可以看到 5 种视图，分别是阅读视图、页面视图、Web 版式视图、大纲视图和草稿，选择不同的选项即可转换视图，通常默认为页面视图，在【视图】选项组中可以单击选择视图方式。

2. 设置显示比例

可以通过【视图】选项卡或视图栏设置显示比例。

（1）使用【视图】选项卡设置

单击【视图】选项卡下【显示比例】组中的【显示比例】按钮，在打开的【显示比例】对话框中，可以单击选中【显示比例】选项组中的【200%】、【100%】、【75%】、【页宽】等单选项，设置文档显示比例，或者在【百分比】微调框中自定义显示比例。

（2）使用视图栏设置

在页面底部的视图栏中，单击【缩小】按钮 ▬ 可以缩小文档的显示，单击【放大】按钮 ➕ 可放大显示文档，也可以拖曳中间的滑块调整显示比例。

2.4 综合实战——定制 Office 窗口

本节视频教学录像：4 分钟

良好舒适的工作环境是事业成功的一半，用户可以自定义 Office 2016 窗口，使其符合自己的习惯。

【案例效果展示】

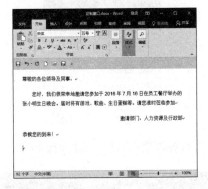

【案例涉及知识点】
添加快速访问工具栏按钮
设置快速访问工具栏的位置
隐藏或显示功能区

【操作步骤】

第 1 步：添加快速访问工具栏按钮

通过自定义快速访问工具栏，可以在快速访问工具栏中添加或删除按钮，便于用户快捷操作。

❶ 打开随书光盘中的"素材 \ch02\ 定制窗口.docx"文档，单击快速访问工具栏中的【自定义快速访问工具栏】按钮，在弹出的【自定义快速访问工具栏】下拉列表中选择要显示的按钮，这里选择【打开】选项。

❷ 此时在快速工具栏中就添加了【打开】按钮。

❸ 如果【自定义快速访问工具栏】下拉列表中没有需要的按钮选项，可以在列表中选择【其他命令】选项。

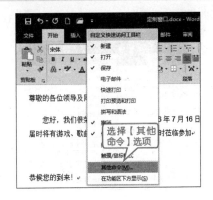

❹ 弹出【Word选项】对话框，选择【快速访问工具栏】选项卡，在【从下列位置选择命令】下拉列表框中选择【常用命令】选项，在下方的列表框中选择要添加的按钮，这里选择【另存为】选项，单击【添加】按钮，即可将其添加至【自定义快速访问工具栏】列表，单击【确定】按钮。

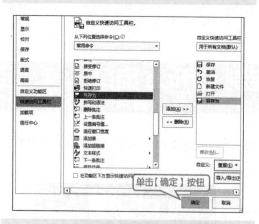

❺ 此时可看到快速访问工具栏中添加的【另存为】按钮。

第2步：设置快速访问工具栏的位置

快速访问工具栏默认在功能区上方显示，可以设置其显示在功能区下方。

❶ 单击快速访问工具栏中的【自定义快速访问工具栏】按钮，在弹出的【自定义快速访问工具栏】下拉列表中选择【在功能区下方显示】选项。

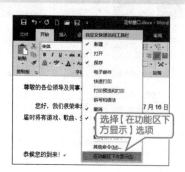

❷ 此时将快速访问工具栏移动到了功能区下方。

第3步：隐藏或显示功能区

隐藏功能区可以获得更大的编辑和查看空间，可以隐藏整个功能区或者折叠功能区，仅显示选项卡。

❶ 单击功能区任意选项卡下最右侧的【折叠功能区】按钮。

❷ 即可将功能区折叠，仅显示选项卡。

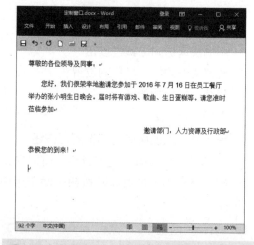

❸ 单击文档页面右上方的【功能区显示选项】按钮，在弹出的列表中选择【显示选项卡和命令】选项。

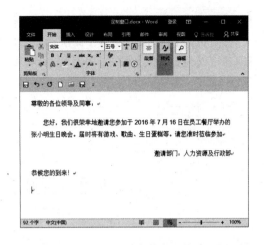

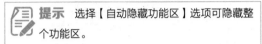

> **提示**　选择【自动隐藏功能区】选项可隐藏整个功能区。

❹ 此时显示功能区。

高手私房菜

本节视频教学录像：2 分钟

技巧 1：快速删除工具栏中的按钮

在快速访问工具栏中选择需要删除的按钮，并单击鼠标右键，在弹出的快捷菜中选择【从快速访问工具栏删除】命令，即可将该按钮从快速访问工具栏中删除。

技巧 2：更改文档的默认保存格式和保存路径

在保存 Word 文档时，可以根据需要更改默认的保存格式和保存路径。

❶ 选择【文件】选项卡，单击【选项】选项，打开【Word 选项】对话框，选择【保存】选项。在右侧的【保存文档】组中，单击【将文件保存为此格式】文本框右侧的下拉按钮，在弹出的列表中选择【Word 模板（*.dotx）】选项，单击【确定】按钮，即可将 Word 默认保存方式更改为模板格式。

❷ 如果要更改默认的保存路径，可以在打开【Word 选项】对话框中选择【保存】选项。在右侧的【保存文档】组中，单击【默认本地文件位置】文本框后的【浏览】按钮。

❸ 打开【修改位置】对话框，选择文件要保存的位置，单击【确定】按钮。

❹ 返回至【Word 选项】对话框，即可看到文件的默认保存路径已经发生了改变，单击【确定】按钮即可完成文档默认保存格式和保存路径的更改。

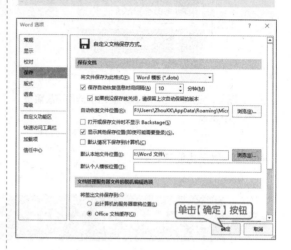

第 2 篇
Word 2016 篇

第 **3** 章　基本文档制作

第 **4** 章　文档的美化

第 **5** 章　高级排版操作

第 **6** 章　审阅文档

第 **3** 章

基本文档制作

 本章视频教学录像：41 分钟

高手指引

　　Word 是最常用的办公软件之一，也是目前使用最多的文字处理软件，使用 Word 2016 可以方便地完成各种办公文档的制作、编辑以及排版等。本章主要介绍 Word 2016 基本文本制作内容，主要包括 Word 文档的创建与保存、文本的输入、文本的基本操作、格式化文本等内容。

重点导读

✚ 掌握 Word 2016 的工作界面

✚ 掌握 Word 2016 的新建文档

✚ 掌握文本的输入与编辑

✚ 设置字体的外观、段落格式、边框和底纹

3.1 Word 2016 的工作界面

本节视频教学录像：4 分钟

Word 2016 的界面由【文件】选项卡、快速访问工具栏、标题栏、功能区、文档编辑区、状态栏和视图栏等组成。

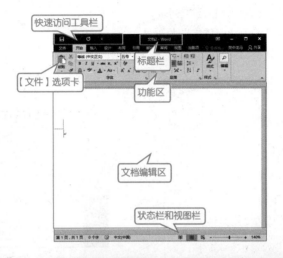

3.2 新建文档

本节视频教学录像：4 分钟

在使用 Word 2016 处理文档之前，必须新建文档来保存要编辑的内容。新建文档的方法有以下几种。

3.2.1 创建空白文档

创建空白文档的具体操作步骤如下。

 按【Win】键，进入【开始】界面，单击 Word 2016 图标，打开 Word 2016 的初始界面。

❷ 在 Word 开始界面，单击【空白文档】按钮。

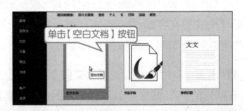

❸ 即可创建一个名称为"文档 1"的空白文档。

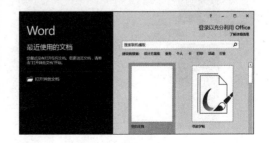

27

3.2.2 使用现有文件创建文档

使用现有文件新建文档，可以创建一个和原始文档内容完全一致的新文档，具体操作步骤如下。

❶ 单击【文件】选项卡，在弹出的下拉列表中选择【打开】选项，在【打开】区域单击【浏览】按钮。

❷ 在弹出的【打开】对话框中选择要新建的文档名称，此处选择"Doc1.docx"文件，单击右下角的【打开】按钮，在弹出的快捷菜单中选择【以副本方式打开】选项。

❸ 即可创建一个名称为"副本(1)Doc1.docx"的文档。

3.2.3 使用本机上的模板新建文档

Office 2016 系统中有已经预设好的模板文档，用户在使用的过程中，只需在指定位置填写相关的文字即可。例如，对于需要制作一个毛笔临摹字帖的用户来说，通过 Word 2016 就可以轻松实现，具体操作步骤如下。

❶ 打开 Word 文档，选择【文件】选项卡，在其列表中选择【新建】选项，在打开的【新建】区域单击【书法字帖】选项。

> **提示** 计算机在联网的情况下，可以在"搜索联机模板"文本框中，输入模板关键词进行搜索并下载。

❷ 弹出【增减字符】对话框，在【可用字符】列表中选择需要的字符，单击【添加】按钮可将所选字符添加至【已用字符】列表。

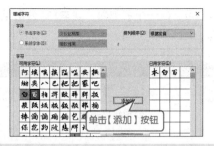

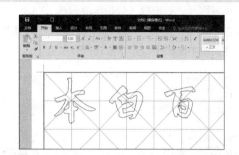

成后单击【关闭】按钮，完成书法字帖的创建。

❸ 使用同样的方法，添加其他字符，添加完

3.3 打开文档

本节视频教学录像：3 分钟

Word 2016 提供了多种打开已有文档的方法，下面介绍几种常用的方法。

3.3.1 正常打开文档

一般情况下，只需要在将要打开的文档图标上双击即可打开文档。

另外也可以单击鼠标右键，在弹出的快捷菜单中选择【打开方式】➤【Word】命令 或直接单击【打开】命令，打开文档。

3.3.2 以副本方式打开文档

以副本方式打开文档可以保证在原文档内容不变的情况下，重新打开一个与原文档内容相同的文档，便于保护原文档的内容。

❶ 打开随书光盘中的"素材 \ch03\ 公司年度报告 .docx"文件，单击【文件】选项卡，在弹出的下拉列表中选择【打开】选项，在【打开】区域单击【浏览】按钮。

② 在弹出的【打开】对话框中选择要新建的文档名称，此处选择"公司年度报告 .docx"文件，单击右下角的【打开】按钮，在弹出的快捷菜单中选择【以副本方式打开】选项。

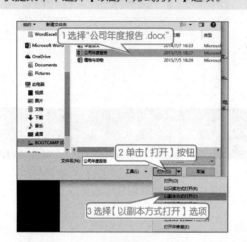

③ 即可创建一个名称为"副本 (1) 公司年度报告 .docx"的文档。

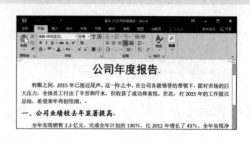

3·3·3 快速打开文档

在打开的任意文档中，单击【文件】选项卡，在其下拉列表中选择【打开】选项，在右侧的【最近使用的文档】区域选择将要打开的文件名称，即可快速打开最近使用过的文档。

3.4 文本的输入与编辑

本节视频教学录像：14 分钟

文本的输入功能非常简便，输入的文本都是从插入点开始的，闪烁的垂直光标就是插入点。光标定位确定后，即可在光标位置处输入文本，输入过程中，光标不断向右移动。

3·4·1 基本输入

用户在编辑文档时，主要是输入文字、日期、时间和符号等内容。

1. 中文输入

在文档中输入中文，具体操作步骤如下。

❶ 单击位于 Windows 操作系统下的任务栏上的美式键盘图标英，即可将输入法切换为中文。

> **提示** 一般情况下，在 Windows10 系统下可以按【Shift】键切换中英文输入；按组合键【Win+ 空格】快速切换输入法。

❷ 当输入文字到达文档编辑区的右边界时，不要按回车键，只在结束一段文本的输入时才需要按回车键。

我来到有你的城市，我们的距离是那么近，我们呼吸着同样的空气，我们仰望着同一片天空，我想象着会不会某到突然与你相遇。
但事实上，我们那么近，却又那么远。

❸ 在输入完一段文字后，按回车键，表示段落结束。这时在该段末尾会留下一个向左弯的段落标记箭头 ↵ 。

2. 日期和时间的输入

在文档中插入日期和时间，具体操作步骤如下。

❶ 单击【插入】选项卡下【文本】选项组中【时间和日期】按钮。

❷ 在弹出的【日期和时间】对话框中，选择第 3 种日期和时间的格式，然后单击选中【自动更新】复选框，单击【确定】按钮。

❸ 此时即可将时间插入到文档中，且插入文档的日期和时间会根据时间自动更新。

插入日期和时间
2015 年 10 月 13 日星期二

3. 符号和特殊符号的输入

编辑 Word 文档时会使用到符号，例如一些常用的符号和特殊的符号等，这些可以直接通过键盘输入。如果键盘上没有，则可通过选择符号的方式插入。本部分介绍如何在文档中插入键盘上没有的符号。

（1）符号

在文档中插入符号的操作步骤如下。

❶ 新建一个空白文档，选择【插入】选项卡的【符号】组中的【符号】按钮Ω。在弹出的下拉列表中会显示一些常用的符号，单击符号即可快速插入，这里单击【其他符号】选项。

❷ 弹出【符号】对话框，在【符号】选项卡下【字体】下拉列表框中选择所需的字体，在【子集】下拉列表框中选择一个专用字符集，选择后的字符将全部显示在下方的字符列表框中。

❸ 用鼠标指针指向某个符号并单击选中，单击【插入】按钮即可插入符号，也可以直接双击符号来插入，插入完成后，关闭【插入】对话框，可以看到符号已经插入到文档中的鼠标光标所在的位置。

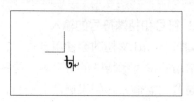

提示 单击【插入】按钮后【符号】对话框不会关闭。

如果在文档编辑中经常要用到某些符号，可以单击【符号】对话框中的【快捷键】按钮为其定义快捷键。

（2）特殊符号

通常情况下，文档中除了包含一些汉字和标点符号外，为了美化版面还会包含一些特殊符号，如※、♀和♂等。插入特殊符号的具体操作步骤如下。

❶ 打开【符号】对话框，选择【特殊字符】选项卡，在【字符】列表框中选中需要插入的

符号，系统还为某些特殊符号定义了快捷键，用户直接按下这些快捷键即可插入该符号。这里以插入"版权所有"符号为例。

❷ 单击【插入】按钮，关闭【插入】对话框，可以看到符号已经插入到文档中的鼠标光标所在的位置。

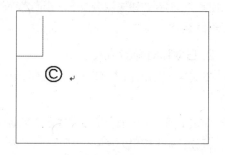

3.4.2 输入公式

数学公式在编辑数学方面的文档时使用非常广泛。如果直接输入公式，比较烦琐，浪费时间且容易输错。在 Word 2016 中，可以直接使用【公式】按钮来输入数学公式，具体操作步骤如下。

❶ 启动 Word 2016，新建一个空白文档，将光标定位在需要插入公式的位置，单击【插入】选项卡，在【符号】选项组中单击【公式】按钮 π 公式 ，在弹出的下拉列表中选择【二项式定理】选项。

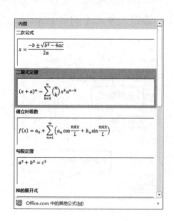

❷ 返回 Word 文档中即可看到插入的公式。

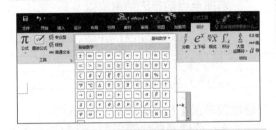

❸ 插入公式后，窗口停留在【公式工具】➤【设计】选项卡下，工具栏中提供一系列的工具模板按钮，单击【公式工具】➤【设计】选项卡下的【符号】选项组中的【其他】按钮，在【基础数学】的下拉列表中可以选择更多的符号类型；在【结构】选项组包含了多种公式。

❹ 在插入的公式中选择需要修改的公式部分，在【公式工具】➤【设计】选项卡下【符号】和【结构】选项组中选择将要用到的运算符号和公式，即可应用到插入的公式当中。这里我们将更改公式中的"n/k"，单击【结构】选项组中的【分数】按钮，在其下拉列表中选择【dy/dx】选项。

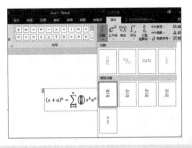

❺ 单击即可改变文档中的公式，结果如图所示。

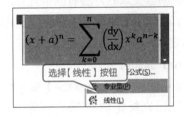

❻ 在文档中单击公式左侧的图标，即可选中此公式，单击公式右侧的下拉三角按钮，在弹出的列表中选择【线性】选项，即可完成公式的改变。用户也可根据自己的需要进行更多操作。

3·4·3 文本编辑

文本的编辑方法包括选定文本、文本的删除、文本的移动及文本的复制等。

1. 选定文本

选择文本时既可以选择单个字符，也可以选择整篇文档。选定文本的方法主要有以下几种。

（1）使用鼠标选择文本

使用鼠标可以方便地选择文本，如选择某个词语，选择整行、段落，选择区域或全选等，下面介绍鼠标选择文本的方法。

选中区域。将鼠标光标放在要选择的文本的开始位置，按住鼠标左键并拖曳，这时选中的文本会以阴影的形式显示，选择完成后，释放鼠标左键，鼠标光标经过的文字就被选定了。

选中词语。将鼠标光标移动到某个词语或单词中间，双击鼠标左键即可选中该词语或单词。

选中单行。将鼠标光标移动到需要选择行的左侧空白处，当鼠标变为箭头形状时，单击鼠标左键，即可选中该行。

选中段落。将鼠标光标移动到需要选择段落的左侧空白处，当鼠标变为箭头形状 $\nearrow$ 时，双击鼠标左键，即可选中该段落。也可以在要选择的段落中，快速单击三次鼠标左键即可选中该段落。

选中全文。将鼠标光标移动到需要选择段落的左侧空白处，当鼠标变为箭头形状 $\nearrow$

时，单击鼠标左键三次，则选中全文。也可以单击【开始】➤【编辑】➤【选择】➤【全选】命令，选中全文。

（2）使用键盘选择文本

在不使用鼠标的情况下，我们可以利用键盘组合键来选择文本。使用键盘选定文本时，需先将插入点移动到将选文本的开始位置，然后按相关的组合键即可。

快捷键	功能
【Shift + ←】	选择光标左边的一个字符
【Shift + →】	选择光标右边的一个字符
【Shift + ↑】	选择至光标上一行同一位置之间的所有字符
【Shift + ↓】	选择至光标下一行同一位置之间的所有字符
【Shift + Home】	选择至当前行的开始位置
【Shift + End】	选择至当前行的结束位置
【Ctrl+A】/【Ctrl+5】	选择全部文档
【Ctrl+Shift+ ↑】	选择至当前段落的开始位置
【Ctrl+Shift+ ↓】	选择至当前段落的结束位置
【Ctrl+Shift+Home】	选择至文档的开始位置
【Ctrl+Shift+End】	选择至文档的结束位置

2. 文本的删除

删除错误的文本是文档编辑过程中常用的操作。删除文本的方法有以下几种。

（1）使用【Delete】键删除文本

选定错误的文本，然后按键盘上的【Delete】键即可。

（2）使用【Backspace】键删除文本

将鼠标光标定位在想要删除字符的后面，按键盘上的【Backspace】键。

3. 文本的移动

在文档的编辑过程中，经常需要将整块文本移动到其他位置，用来组织和调整文档结构。下面介绍几种移动文本的方法。

（1）拖曳鼠标到目标位置，即虚线指向的位置，然后松开鼠标左键，即可移动文本。

（2）选择要移动的文本，单击鼠标右键，在弹出的快捷菜单中选择【剪切】命令，在目标位置单击鼠标右键，在弹出的快捷菜单中选择【复制】命令粘贴文本。

（3）选择要移动的文本，单击【开始】➤【剪贴板】组中的【剪切】按钮 ✂ 剪切，在

目标位置单击【粘贴】按钮 📋 粘贴文本。

（4）选择要移动的文本，按【Ctrl+X】组合键剪切文本，在目标位置按【Ctrl+V】组合键粘贴文本。

（5）选择要移动的文本，将鼠标指针移到选定的文本上，按住鼠标左键，鼠标变为 形状，拖曳鼠标到目标位置，然后松开鼠标，即可移动选中的文本。

4. 文本的复制

在文档编辑过程中，复制文本可以简化文本的输入工作。下面介绍几种复制文本的方法。

（1）选择要复制的文本，单击鼠标右键，在弹出的快捷菜单中选择【复制】命令，在目标位置单击鼠标右键，在弹出的快捷菜单中选择【复制】命令粘贴文本。

（2）选择要复制的文本，单击【开始】➤【剪贴板】组中的【复制】按钮 📋 复制，在目标位置单击【粘贴】按钮 📋 粘贴文本。

（3）选择要复制的文本，按【Ctrl+C】组合键剪切文本，在目标位置按【Ctrl+V】组合键粘贴文本。

（4）选定将要复制的文本，将鼠标指针移到选定的文本上，按住【Ctrl】键的同时，按住鼠标左键，鼠标指针变为 形状，拖曳鼠标到目标位置，然后松开鼠标，即可复制选中的文本。

3.4.4 其他输入方法

在输入文本内容时，除了常用的输入方法外，还可以使用触摸键盘输入。使用 Windows 10 系统自带的触摸键盘输入文字的具体操作步骤如下。

❶ 新建一个空白文档，然后将光标定位在将要输入内容的位置，然后在状态栏输入法的【触摸键盘】图标 上单击，即可弹出系统自带的触摸键盘。

❷ 在触摸键盘上使用鼠标选择拼音字母，选中的字母会变为白色，依次单击选择字母。

❸ 即可在文档中输入文字。

龙马

3.5 设置字体的外观

字体外观的设置，直接影响到文本内容的阅读效果，美观大方的文本样式可以给人以简洁、清新、赏心悦目的阅读感觉。

3.5.1 字体格式设置的方法

在 Word 2016 中，文本默认为宋体、五号、黑色，用户可以根据不同的内容，对其进行修改，其主要有 3 种方法。

1. 使用【字体】选项组设置字体

在【开始】选项卡下的【字体】选项组中单击相应的按钮来修改字体格式是最常用的字体格式设置方法。

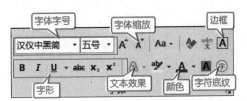

2. 使用【字体】对话框来设置字体

选择要设置的文字，单击【开始】选项卡下【字体】选项组右下角的按钮 或单击鼠标右键，在弹出的快捷菜单中选择【字体】选项，都会弹出【字体】对话框，从中可以设置字体的格式。

3. 使用浮动工具栏设置字体

选择要设置字体格式的文本，此时选中的文本区域右上角弹出一个浮动工具栏，单击相应的按钮来修改字体格式。

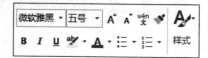

3·5·2 设置字符间距

字符间距主要指文档中字与字之间的间距、位置等，按【Ctrl+D】组合键打开【字体】对话框，选择【高级】选项卡，在【字符间距】区域，即可设置字体的【缩放】、【间距】和【位置】等。

> **提示** 【间距】：增加或减小字符之间的间距。在"磅值"框中键入或选择一个数值。
> 【为字体调整字间距】：自动调整特定字符组合之间的间距量，以使整个单词的分布看起来更加均匀。此命令仅适用于 TrueType 和 Adobe PostScript 字体。若要使用此功能，在"磅或更大"框中键入或选择要应用字距调整的最小字号。

3·5·3 设置文字的效果

为文字添加艺术效果，可以使文字看起来更加美观。

❶ 选择要设置的文本，在【开始】选项卡【字体】组中，单击【文本效果和版式】按钮 Ⓐ，在弹出的下拉列表中，可以选择文本效果，如选择第 2 行第 2 个效果。

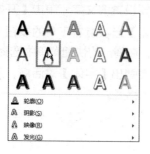

❷ 所选择的文本内容即会应用文本效果，如下图所示。

3.6 设置段落格式

本节视频教学录像：8 分钟

段落样式是指以段落为单位所进行的格式设置。本节主要讲解段落的对齐方式、段落的缩进、行距及段落间距等。

3.6.1 设置段落的对齐方式

整齐的排版效果可以使文本更为美观，对齐方式就是段落中文本的排列方式。Word 2016 中提供了 5 种常用的对齐方式，分别为左对齐、右对齐、居中对齐、两端对齐和分散对齐。

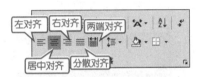

用户不仅可以通过工具栏中的【段落】选项组中的对齐方式按钮来设置对齐，还可以通过【段落】对话框来设置对齐。

单击【开始】选项卡下【段落】选项组右下角的按钮或单击鼠标右键，在弹出的快捷菜单中选择【段落】选项，都会弹出【段落】对话框。在【缩进和间距】选项卡下，单击

【常规】组中【对齐方式】右侧的下拉按钮，在弹出的列表中可选择需要的对齐方式。

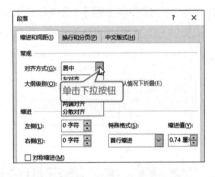

3.6.2 段落的缩进

段落缩进指段落的首行缩进、悬挂缩进和段落的左右边界缩进等。

段落缩进的设置方法有多种，可以使用精确的菜单方式、快捷的标尺方式，也可以使用【Tab】键和【开始】选项卡下的工具栏等。

❶ 打开随书光盘中的"素材 \ch03\ 办公室保密制度 .docx"文件，选中要设置缩进的文本，单击【段落】选项组右下角的 ⌐ 按钮，打开【段落】对话框，单击【特殊格式】下方文本框右侧的下拉按钮，在弹出的列表中选择【首行缩进】选项，在【缩进值】文本框输入"2字符"。

> 📝 **提示** 在【开始】选项卡下【段落】选项组中单击【减小缩进量】按钮 ⌐ 和【增加缩进量】按钮 ⌐ 也可以调整缩进。

❷ 效果如下图所示。

提示 在【段落】对话框中除了设置首行缩进外，还可以设置文本的悬挂缩进。

3.6.3 段落间距及行距

段落间距是指两个段落之间的距离，它不同于行距，行距是指段落中行与行之间的距离。使用菜单栏设置段落间距的操作方法如下。

❶ 打开随书光盘中的"素材 \ch03\ 办公室保密制度 .docx"文件，选中文本，单击【段落】选项组右下角的 ⌐ 按钮，在弹出的【段落】对话框中，选择【缩进和间距】选项卡。在【间距】组中分别设置【段前】和【段后】为"0.5行"；在【行距】下拉列表中选择【1.5 倍行距】选项。

❷ 单击【确定】按钮，效果如下图所示。

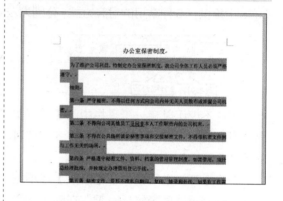

3.6.4 换行和分页

通常情况下，系统会对文档自动换行和分页。某些需要单独一页或另起一行显示的也可以采用手动分页或换行的方法进行设置。

1. 设置分页

设置分页的具体操作步骤如下所示。

❶ 在打开的"办公室保密制度 .docx"文件中，将鼠标光标定位到需要分页的位置。

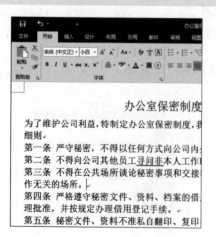

❷ 在【布局】选项卡下【页面设置】选项组中，单击【分隔符】按钮 分隔符· 右侧的下拉按钮，在其列表中选择【分页符】选项。

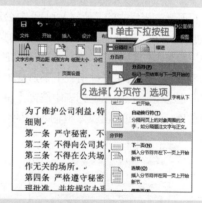

❸ 返回文档即可看到已经在插入点的位置开始新的一页。

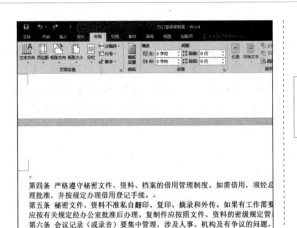

第四条 严格遵守秘密文件、资料、档案的借用管理制度。如需借用，须经总理批准，并按规定办理借用登记手续。

第五条 秘密文件、资料不准私自翻印、复印、摘录和外传。如果有工作需要应按有关规定经办公室批准后办理。复制件应按照文件、资料的密级规定管理。

第六条 会议记录（或录音）要集中管理，涉及人事、机构及有争议的问题，经办公室批准不得外借。

提示 也可以在【页面设置】对话框中的【页边距】选项卡中，在【纸张方向】区域设置纸张的方向。

2. 设置换行

设置换行的方法有两种，一种是使用换行标记，另一种是使用手动换行符。

（1）使用换行标记

新建一个空白文档，输入以下内容，如果文本需要另起一行，则可以按【Enter】键来结束上一段文本，这样就会在该段末尾留下一个段落标记"↙"。

书稿应突出主题，结构合理、层次分明，层级的多少应根据 的内容量和复杂程序设定，一般不超过四级，各章节的内容量应相对均衡，不易相差悬殊。标题级别应等级分明，不可上下级错位。

提示 在【Word 选项】对话框【显示】选项下的【始终在屏幕上显示这些格式标记】组下撤销选中相应的复选框即可取消这些标记。

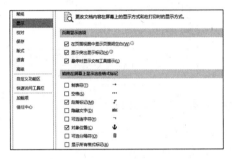

（2）使用手动换行符

按【Shift+Enter】组合键来结束一个段落，此时产生的是一个手动换行符"↓"。此时虽然可以达到换行的目的，但此段落不会结束，只是换行输入而已，与前一个段落仍是整体。

构合理、层次分明，层级的多少根据 的内节的内容量应相对均衡，不易相差悬殊。，不可上下级错位。容相对一致。

3.7 设置边框和底纹

🎬 本节视频教学录像：2 分钟

边框是指在一组字符或句子周围应用边框，底纹是指为所选文本添加底纹背景。在文档中，可以为选定的字符、段落、页面及图形设置各种颜色的边框和底纹，从而达到美化文档的效果。

1. 设置边框

下面主要讲解设置文字边框的具体的操作步骤。

❶ 选择要添加边框的文字。

设置边框和底纹

❷ 单击【开始】选项卡的【段落】选项组中

的【下边框】按钮 ⊞ 右边的倒三角按钮，在弹出的下拉列表中单击【边框和底纹】按钮。

❸ 弹出【边框和底纹】对话框，选择【边框】选项卡，在【设置】选项组选择【方框】选项，在【样式】列表框中选择边框的线型，单击【确

定】按钮完成对文本边框的设置。

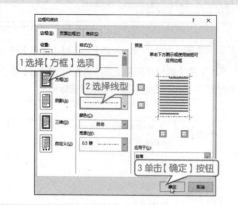

④ 最终效果如下图所示。

2. 设置底纹

添加底纹不同于添加边框，底纹只能对文字、段落添加，而不能对页面添加。

（1）使用【字符底纹】按钮

使用【字体】选项组中的【字符底纹】

按钮 **A**，可以快速地完成字符底纹的设置。选择需要设置底纹的文字，单击【开始】选项卡的【字体】选项组中的【字符底纹】按钮，即可为文字添加底纹。使用【字符底纹】按钮添加的底纹只有一种，即颜色为灰色且灰度为15%。

（2）使用【底纹】按钮

选择需要设置底纹的文字，单击【开始】选项卡的【段落】选项组中的【底纹】按钮右侧的倒三角按钮，在弹出的【主题颜色】选项组中选择需要的颜色，即可为文字添加底纹。

3.8 辅助工具的使用

本节视频教学录像：4分钟

Word 2016 中提供了许多辅助工具，可以帮助用户编辑和排版，如标尺、网格线和导航窗格等。本节介绍这些常用工具的使用方法。

3.8.1 使用标尺

标尺可以用来测量或对齐文档中的对象，作为字体大小、行距等的参考。使用选项卡 实现标尺的显示的具体步骤如下。

❶ 打开随书光盘中的"素材 \ch03\ 辅助工具的使用 .docx"文件，单击选中【视图】选项卡下【显示】选项组中的【标尺】复选框，此时可看到文档中已经显示标尺。

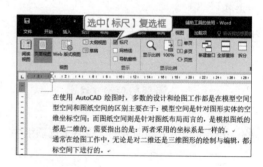

❷ 拖动水平标尺上的游标，可以快速地设置段落的左缩进、右缩进、首行缩进和悬挂缩进等。

3.8.2 使用网格线

使用网格线可以方便地将文档中的对象沿网格线对齐，例如移动对齐图形或文本框。具体的操作步骤如下。

打开随书光盘中的"素材 \ch03\ 辅助工具的使用 .docx"文件。单击选中【视图】选项卡下【显示】选项组中的【网格线】复选框，此时可看到文档中已经显示网格线。

3.8.3 使用导航窗格

导航窗格是在文档中一个单独的窗格中显示文档标题，可以使文档结构一目了然。可以通过按标题、页面或文本搜索来进行导航。

❶ 打开随书光盘中的"素材 \ch03\ 辅助工具的使用 .docx"文件。单击选中【视图】选项卡下【显示】选项组中的【导航窗格】复选框。

❷ 此时在文档的左侧可以看到导航窗格。

❸ 单击【导航窗格】中的【页面】选项，即可看到文档以页面形式在导航栏显示。

❹ 在【导航窗格】中的【搜索文档】文本框中输入"模型空间"，然后单击【结果】选项，即可看到"模型空间"的搜索结果在导航栏中显示。

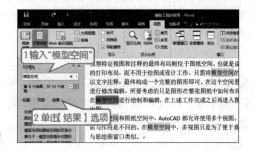

3.9 综合实战——公司内部通知

本节视频教学录像：6 分钟

通知是在学校、单位、公共场所经常可以看到的一种知照性公文。公司内部通知是一项仅限于公司内部人员知道或遵守的，为实现某一项活动或决策特别制定的说明性文件，常用的通知还有会议通知、比赛通知、放假通知和任免通知等。

【案例涉及知识点】

创建文档

设置字体

设置段落缩进和间距

添加边框和底纹

【操作步骤】

第 1 步：创建文档

创建文档的具体操作步骤如下。

❶ 新建一个空白文档，并保存为"办公室保密制度通知单 .docx"，然后打开此文档。

❷ 打开随书光盘中的"素材 \ch03\ 办公室保密制度通知单 .docx"文件，将内容全部复制到新建的文档中。

第 2 步：设置字体

设置字体的具体操作步骤如下。

❶ 选择"办公室保密制度通知单"文本。在【开始】选项卡下【字体】选项组中分别设置【字体】为"方正楷体简体"，【字号】为"二号"，【效果】为"加粗"和"居中"显示。

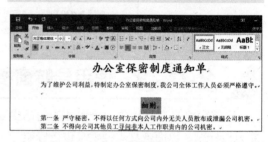

❷ 使用同样方式分别设置"细则"和"责任"，【字体】为"方正楷体简体"，【字号】为"小三"，【效果】为"加粗"和"居中"显示。

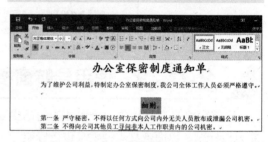

第 3 步：设置段落缩进和间距

设置段落缩进和间距的具体操作步骤如下。

❶ 选择正文内容，单击【开始】选项卡下【段落】选项组中的【段落设置】按钮，弹出【段落】对话框。分别设置【特殊格式】为"首行缩进"，【缩进值】为"2 字符"，【行距】为"1.5 倍"。

❷ 单击【确定】按钮，效果如下图所示。

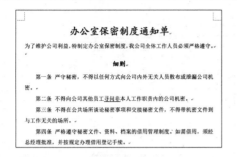

第 4 步：添加边框和底纹

添加边框和底纹的具体操作步骤如下。

❶ 按【Ctrl+A】组合键，选中所有文本，单击【开始】选项卡下【段落】选项组中【边框】按钮 田▼右侧的下拉按钮，在弹出的下拉列表中选择【边框和底纹】选项。

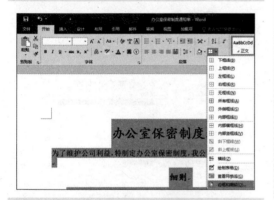

❷ 弹出【边框和底纹】对话框，在【设置】列表中选择【阴影】选项，在【样式】列表中选择一种线条样式，在【颜色】列表中选择【绿色，个性色 6，淡色 40%】选项，在【宽度】列表中选择【0.5 磅】选项。

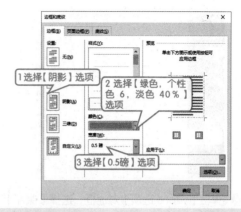

❸ 单击【底纹】选项卡，在【填充】颜色下拉列表中选择【绿色，个性色 6，淡色 60%】选项，单击【确定】按钮。

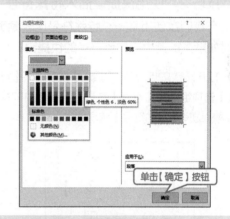

❹ 最终结果如下图所示。

高手私房菜

本节视频教学录像：3 分钟

技巧 1：如何让文档自动保存

用户在创建 Word 文档的过程中，有可能因为种种原因没有保存而丢失文档。如果能合理地使用文档的自动保存功能，就可以减少这方面的损失。设置自动保存文档的具体步骤如下。

❶ 在 Word 文档中，单击【文件】选项卡，　　　在弹出的列表中选择【选项】选项。

❷ 弹出【Word 选项】对话框，选择【保存】选项，在【保存自动恢复信息时间间隔】文本框中输入自动保存的时间，此处设置为"5 分

钟"。

技巧 2：使用快捷键插入特殊符号

当我们在使用某一个特殊符号比较频繁的情况下，每次都通过对话框来添加比较麻烦，此时如果在键盘中添加该符号的快捷键，那么用起来就会很方便了。

❶ 打开任意文档，单击【插入】选项卡下【符号】选项组中的【符号】按钮，在弹出的下拉列表中选择【其他符号】选项。

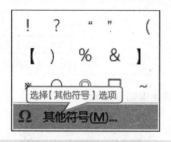

❷ 在弹出的【符号】对话框中选择"◇"选项，单击【快捷键】按钮。

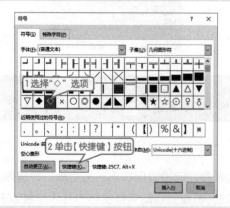

按钮，即可在【当前快捷键】文本框中出现此命令。

❹ 单击【关闭】按钮，返回【符号】对话框，即可看到"◇"符号的快捷键已经添加成功。

❸ 弹出【自定义键盘】对话框，在【请按新快捷键】中输入"Alt+X"，然后单击【指定】

第**4**章

文档的美化

本章视频教学录像：55 分钟

高手指引

一篇图文并茂的文档，不仅看起来生动形象、充满活力，还可以使文档更加美观。本章介绍如何设置页面的背景、使用文本、插入与绘制表格、插入图片及使用形状等内容。

重点导读

- ✛ 掌握文档背景的设置
- ✛ 掌握制作表格的方法
- ✛ 在 Word 中插入图片和 SmartArt 图形
- ✛ 掌握艺术字的设置
- ✛ 掌握超链接

4.1 页面背景

本节视频教学录像：6 分钟

在 Word 2016 中可以通过添加水印来突出文档的重要性或原创性，还可以通过设置页面颜色以及添加页面边框来设置文档的背景，使文档更加美观。

4.1.1 添加水印

水印是一种特殊的背景，可以设置在页面的任何位置。在 Word 2016 中，可将图片、文字等设置为水印。在文档中添加水印的具体操作步骤如下。

❶ 新建 Word 文档，单击【设计】选项卡下【页面背景】选项组中的【水印】按钮，在弹出的下拉列表中选择【自定义水印】选项。

❷ 弹出【水印】对话框，单击选中【文字水印】单选项，在【文字】文本框中输入"公司绝密"，并设置其【字体】为"楷体"，在颜色下拉列表中设置水印【颜色】为"红色"，【版式】为"斜式"，然后单击【确定】按钮。

❸ 添加水印的效果如下图所示。

> **提示** 用户也可使用 Word 中内置的水印样式，不仅方便快捷，而且样式也多。

4.1.2 设置页面颜色

在 Word 2016 中可以改变整个页面的背景颜色，或者对整个页面进行渐变、纹理、图案和图片的填充等。

1. 添加纯色背景

添加纯色背景的具体操作步骤如下。

❶ 新建 Word 文档，单击【设计】选项卡下【页面背景】选项组中的【页面颜色】按钮，在下拉列表中选择"蓝色"。

❷ 即可将页面颜色填充为浅蓝色。

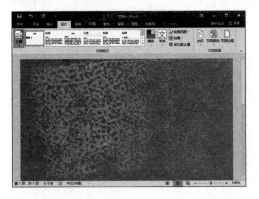

2. 添加图片背景

添加图片背景的具体操作步骤如下。

❶ 单击【设计】选项卡下【页面背景】选项组中的【页面颜色】按钮，在下拉列表中选择【填充效果】选项，在弹出的【填充效果】对话框中，选择【图片】选项卡，然后单击【选择图片】按钮。

❷ 在弹出的【插入图片】面板中，单击【来自文件】选项。

❸ 弹出【选择图片】对话框，选择需要插入的图片，单击【插入】按钮。

❹ 即可返回【填充效果】对话框，这里可以看到图片的预览效果，单击【确定】按钮。

❺ 最终的图片填充效果如下图所示。

4.1.3 设置页面边框

在 Word 2016 中也可为页面添加边框，具体操作步骤如下。

❶ 新建 Word 文档，单击【设计】选项卡下【页面背景】选项组中的【页面边框】按钮。

❷ 弹出【边框和底纹】对话框，【设置】选项为【三维】，在【样式】选项组中选择一种线型，设置【颜色】为"蓝色"，【宽度】为"3.0磅"。此外，还可以设置边框的应用范围。

❸ 单击【确定】按钮，设置的边框效果如下图所示。

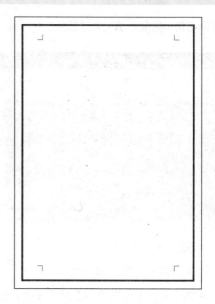

> 📝 **提示** 在【边框和底纹】对话框中，还可以在【艺术型】下拉列表中选择合适的艺术类边框样式。

4.2 使用文本框

📹 本节视频教学录像：5 分钟

在 Word 2016 文档中，可以通过插入文本框、设置首字下沉、首字悬挂以及设置艺术字样式 等使文字看起来更加美观。

4.2.1 插入文本框

文本框分为横排和竖排两类，可以根据需要插入相应的文本框。可以直接插入空白文本框 和在已有的文本上插入文本框。

1. 插入空白文本框

Word 2016 中内置了 35 种文本框样式，常用的文本框样式有空白文本框、简单文本框和奥斯汀提要栏等。在文档中插入空白文本框的具体操作步骤如下。

❶ 新建 Word 文档，单击文档中任意位置，然后单击【插入】选项卡下【文本】选项组中的【文本框】按钮，在弹出的下拉列表中选择【绘制文本框】选项。

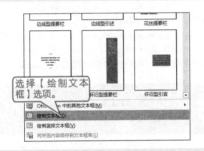

❷ 此时鼠标光标变成十字形状，在画布中单击，然后通过拖动绘制所需大小的文本框。

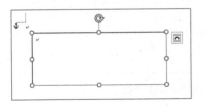

提示 单击【插入】选项卡【文本】组中的【文本框】按钮，在弹出的下拉列表中选择【绘制竖排文本框】选项，即可在文档中绘制竖排文本框。

2. 在已有的文本上插入文本框

❶ 打开随书光盘"素材 \ch05\ 销售报告表"文档，选中文档中的文字，单击【插入】选项卡下【文本】选项组中的【文本框】按钮，在弹出的下拉列表中选择【绘制文本框】选项。

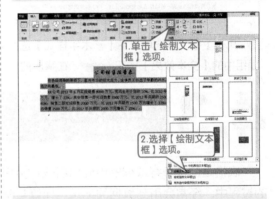

❷ 插入文本框后效果如下图所示。

4.2.2 添加艺术字效果

设置文字的艺术效果，是通过更改文字的填充、边框或者添加阴影、映像、发光、三维（3D）旋转或棱台等效果，更改文字的外观。添加艺术字效果的具体操作步骤如下。

❶ 打开随书光盘中的"素材 \ch05\ 公司宣传 .docx"文档，选中需要添加艺术效果的文字。单击【插入】选项卡下【文本】选项组中的【艺术字】按钮，在弹出的下拉列表中选择一种艺术字样式，这里选择"渐变填充 – 水绿色，着色 1，反射"。

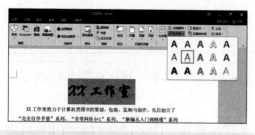

❷ 选择艺术字样式后的文字效果如下图所示。

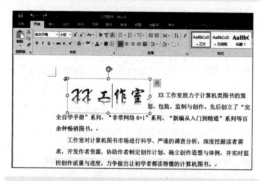

❸ 单击【格式】选项卡下【艺术字样式】选项组中的【文本效果】按钮，在弹出的

下拉列表中选择一种艺术字样式。

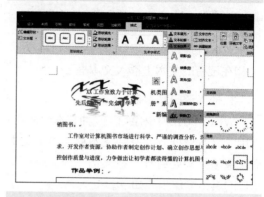

❹ 更改艺术字样式后效果如下图所示。

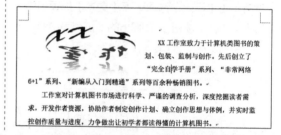

4.3 插入表格

本节视频教学录像：12 分钟

表格是由多个行或列的单元格组成，用户可以在单元格中添加文字或图片。在编辑文档的过程中。经常会用到数据的记录、计算与分析，此时表格是最理想的选择，因为表格可以使文本结构化、数据清晰化。

4.3.1 插入表格

Word 2016 提供有多种插入表格的方法，用户可根据需要选择。

1. 创建快速表格

可以利用 Word 2016 提供的内置表格模型来快速创建表格，但提供的表格类型有限，只适用于建立特定格式的表格。操作步骤如下。

❶ 新建 Word 文档，将鼠标光标定位至需要插入表格的地方。单击【插入】选项卡下【表格】选项组中的【表格】按钮，在弹出的下拉列表中选择【快速表格】选项，在弹出的子菜单中选择需要表格类型，这里选择"表格式列表"。

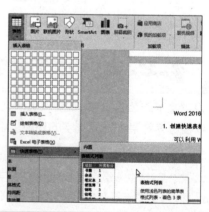

❷ 即可插入选择的表格类型，并根据需要替

换模板中的数据。

2. 使用表格菜单创建表格

使用表格菜单适合创建规则的、行数和列数较少的表格，最多可以创建 8 行 10 列的表格。

将鼠标光标定位在需要插入表格的地方。单击【插入】选项卡下【表格】选项组中的【表格】按钮，在【插入表格】区域内选择要插入表格的行数和列数，即可在指定位置插入表格。选中的单元格将以橙色显示，并在名称区域显示选中的行数和列数。

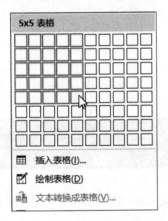

3. 使用【插入表格】对话框创建表格

使用表格菜单创建表格固然方便，可是由于菜单所提供的单元格数量有限，因此只能创建有限的行数和列数。而使用【插入表格】对话框，则不受数量限制，并且可以对表格的宽度进行调整。

将鼠标光标定位至需要插入表格的地方。单击【插入】选项卡下【表格】选项组中的【表格】按钮，在其下拉菜单中选择【插入表格】选项，在弹出的【插入表格】对话框可以设置表格尺寸。

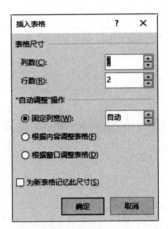

【"自动调整"操作】区域中各个单选项的含义如下所示。

【固定列宽】单选项：设定列宽的具体数值，单位是厘米。当选择为自动时，表示表格将自动在窗口填满整行，并平均分配各列为固定值。

【根据内容调整表格】单选项：根据单元格的内容自动调整表格的列宽和行高。

【根据窗口调整表格】单选项：根据窗口大小自动调整表格的列宽和行高。

4.3.2 绘制表格

当用户需要创建不规则的表格时，以上的方法可能就不适用了，此时可以使用表格绘制工具来创建表格。

1. 绘制表格

❶ 单击【插入】选项卡下【表格】选项组中的【表格】按钮，在下拉菜单中选择【绘制表格】选项，鼠标光标变为铅笔形状。

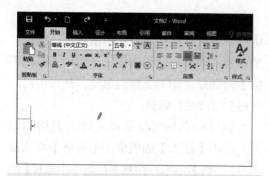

❷ 在需要绘制表格的地方单击并拖曳鼠标绘制出表格的外边界，形状为矩形。

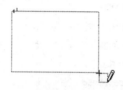

❸ 在该矩形中绘制行线、列线或斜线，直至满意为止。

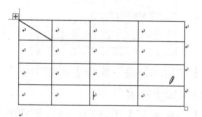

2. 使用橡皮擦修改表格

在建立表格的过程中，可以使用橡皮擦工具将多余的行线或列线擦掉。

❶ 在需要修改的表格内单击，单击【表格工具】▶【布局】选项卡下【绘图】选项组中的【橡皮擦】按钮，鼠标光标变为橡皮擦形状。

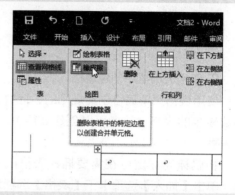

❷ 单击需要擦除的行线或列线即可。

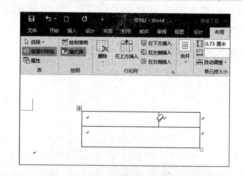

4.4 插入图片

📃 本节视频教学录像：7分钟

在文档中插入一些图片可以使文档更加生动形象，插入的图片可以是一个剪贴画、一张照片或一幅图画。

4.4.1 插入本地图片

Word 2016 支持更多的图片格式，例如".jpg"".jpeg"".jfif"".jpe"".png"".bmp"".dib"和".rle"等。在文档中添加图片的具体步骤如下。

❶ 新建一个 Word 文档，将光标定位于需要插入图片的位置，然后单击【插入】选项卡下【插图】选项组中的【图片】按钮。

❷ 在弹出的【插入图片】对话框中选择需要插入的图片，单击【插入】按钮，即可插入该图片。或者直接在文件窗口中双击需要插入的图片。

❸ 此时即可在文档中光标所在的位置插入所选择的图片。

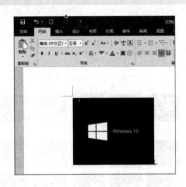

4.4.2 插入联机图片

用户可以从各种联机来源中查找和插入图片。

❶ 将光标定位于需要插入图片的位置，然后单击【插入】选项卡下【插图】选项组中的【联机图片】按钮。弹出【插入图片】对话框，在【必应图像搜索】文本框中输入要搜索的图片类型，这里输入"玫瑰花"，单击【搜索】按钮 。

❷ 显示搜索结果，选择需要的图片，单击【插入】按钮，即可将图片插入到 Word 文档中。

4.4.3 图片的编辑

图片在插入到文档中之后，图片的设置不一定符合要求，这时就需要对图片进行适当的调整。

❶ 插入图片后，选择插入的图片，单击【图片工具】➤【格式】选项卡下【图片样式】选项组中的 按钮，在弹出的下拉列表中选择任意选项，即可改变图片的样式。

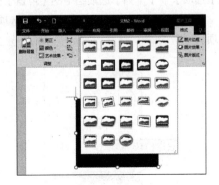

② 选择插入的图片，单击【图片工具】▶【格式】选项卡下【调整】选项组中【更正】按钮右侧的下拉按钮 ※更正· ，在弹出的下拉列表中选择任意选项 ，即可改变图片的锐化/柔化以及亮度/对比度。

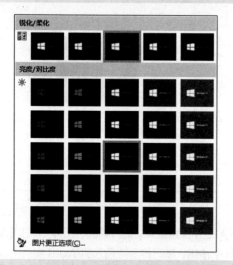

③ 选择插入的图片，单击【图片工具】▶【格式】选项卡下【调整】选项组中【颜色】按钮右侧的下拉按钮 ▦颜色· ，在弹出的下拉列表中选择任意选项，即可改变图片的饱和度和色调。

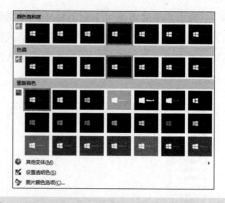

④ 选择插入的图片，单击【图片工具】▶【格式】选项卡下【调整】选项组中【艺术效果】按钮右侧的下拉按钮 艺术效果· ，在弹出的下拉列表中选择任意选项，即可改变图片的艺术效果。

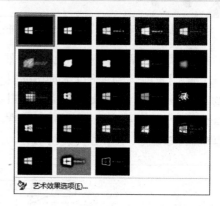

4·4·4 图片位置的调整

调整图片在文档中位置的方法有两种，一是使用鼠标拖曳移动至目标位置，二是使用【布局】对话框来调整图片位置。使用【布局】对话框调整图片位置的具体操作步骤如下。

① 打开随书光盘中的"素材\ch05\公司宣传2.docx"文档，选中要编辑的图片，单击【格式】选项卡下【排列】选项组中的【位置】按钮，在弹出的下拉列表中选择【其他布局选项】选项。

② 弹出【布局】对话框，选择【文字环绕】选项卡，在【环绕方式】组中选择【四周型】选项。

❸ 选择【位置】选项卡，在【水平】选项组中设置图片的水平对齐方式。这里单击选中【对齐方式】单选项，在其下拉列表框中选择【居中】选项。

❹ 效果如下图所示。

提示　使用【布局】对话框来调整图片位置的方法对"嵌入型"图片无效。

4.5 使用形状

本节视频教学录像：3 分钟

除了可以在文档中插入图表、图片之外，还可以在文档中插入形状，增加文档的可读性，使文档更加生动有趣。

1.绘制基本形状

使用【形状】按钮中的图形选项可以在文档中绘制基本形状，如直线、箭头、方框和 椭圆等。在文档中绘制基本形状的方法如下。

❶ 新建一个文档，将鼠标光标移动到要绘制形状的位置，然后单击【插入】选项卡下【插图】选项组中的【形状】按钮，在弹出的下拉 列表中选择【基本形状】组中的笑脸图形。

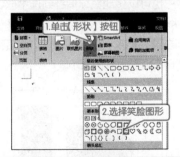

❷ 将鼠标移动到绘图画布区域，鼠标会变为＋形状。按下鼠标左键并拖曳鼠标到一定的位置，释放鼠标左键，在绘图画布上就会显示出绘制 的笑脸。

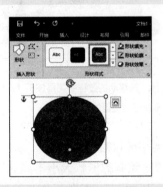

❸ 同样也可以在绘图画布上绘制箭头、矩形和椭圆等形状。

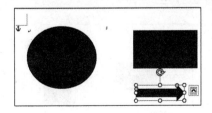

2. 调整形状的位置

如果绘制的形状的位置不合适，可以通过移动形状来调整。具体操作步骤如下。

❶ 新建一个文档，并在文档中绘制形状，选中要进行调整的形状。

❷ 按下鼠标左键，拖曳鼠标光标到指定的位置后，释放鼠标左键即可。

> **提示** 在移动的过程中如果按下【Alt】键，则可实现形状位置的微调。

3. 调整形状的大小

如果对绘制的形状大小不满意，可以对形状进行手动调节。具体操作步骤如下。

❶ 新建一个文档，并在文档中绘制形状，选中要进行调整的形状。

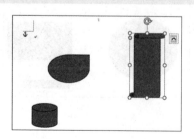

❷ 单击【格式】选项卡下【大小】选项组中的【大小】按钮，在弹出的【布局】对话框中选择【大小】选项卡，在【高度】和【宽度】选项组中的【绝对值】微调框中可以设置形状的高度和宽度。

❸ 设置完成后单击【确定】按钮，即可调整形状的大小。

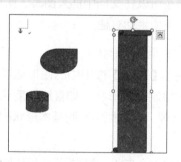

> **提示** 在【格式】选项卡的【大小】选项组中的文本框中可以直接输入调整形状大小的数值。

❹ 用户也可以移动鼠标指针到选中形状的右下角的控制点上，鼠标指针会变为形状。按下鼠标左键并拖曳到指定的位置，然后释放鼠标左键即可调整形状的大小。

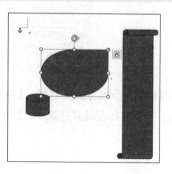

4. 形状的组合

在实际应用中，常常需要对多个形状进行整体操作。下面介绍组合形状的方法，具体操作步骤如下。

❶ 新建一个文档，然后在文档中绘制形状，按下【Ctrl】键或【Shift】键后依次选中文档中的多个形状，每个形状的周围会出现 8 个控制点。

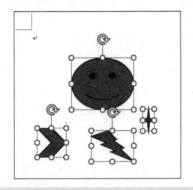

❷ 在选中的形状上单击鼠标右键，在弹出的快捷菜单中选择【组合】命令下的【组合】子命令。

❸ 此时在选中形状的最外围出现8个控制点，这表明这些形状已经组合成为一个整体。

❹ 如果用户需要对其中的某一个形状进行调整，就要先取消组合。取消组合的方法：选中组合的形状，单击鼠标右键，然后在弹出的快捷菜单中选择【组合】命令下的【取消组合】子命令。

5. 为形状添加效果

为了使绘制的形状更加美观，可以通过设置形状效果，为形状填充颜色、绘制边框以及添加阴影和三维效果等。调整形状的颜色并为形状添加棱台效果的具体操作步骤如下。

❶ 新建一个文档，并在文档中绘制形状。单击【格式】选项卡下的【形状样式】选项组中的【形状填充】按钮，在弹出的下拉列表中选择【黄色】选项。

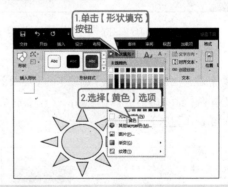

❷ 单击【形状轮廓】按钮，在弹出的下拉列表中选择一种颜色，即可更改形状轮廓的颜色。

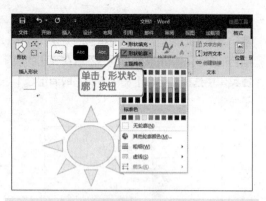

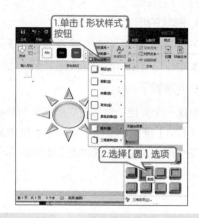

❸ 单击【格式】选项卡下【形状样式】选项组中的【形状效果】按钮，在弹出的下拉列表中选择【棱台】➤【棱台】➤【圆】选项。

❹ 最后设置效果如下图所示。

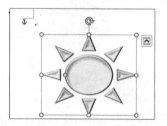

4.6 插入 SmartArt 图形

📼 本节视频教学录像：8 分钟

SmartArt 图形是用来表现结构、关系或过程的图表，以非常直观的方式与读者交流信息，它包括图形列表、流程图、关系图和组织结构图等各种图形。

4.6.1 插入 SmartArt 图形

在 Word 2016 中提供了非常丰富的 SmartArt 类型。在文档中插入 SmartArt 图形的具体操作步骤如下。

❶ 新建文档，单击【插入】选项卡的【插图】组中的【SmartArt】按钮，弹出【选择 SmartArt 图形】对话框。

❷ 选择【流程】选项卡，然后选择【流程箭头】

选项。

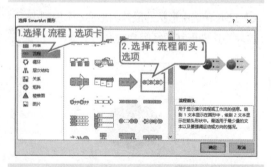

❸ 单击【确定】按钮，即可将图形插入文档中。

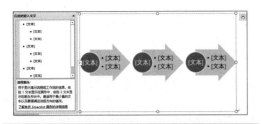

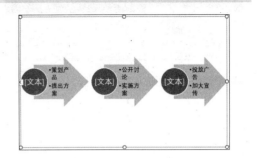

编辑。

④ 在 SmartArt 图形的【文本】处单击，输入相应的文字。输入完成后，单击 SmartArt 图形以外的任意位置，完成 SmartArt 图形的

4.6.2 修改 SmartArt 图形

使用默认的图形结构未必能够满足实际的需求，用户可以通过添加形状或更改级别来修改 SmartArt 图形。

1. 添加 SmartArt 形状

当默认的结构不能满足需要时，可以在指定的位置添加形状。具体操作步骤如下。

❶ 新建文档，插入 SmartArt 图形并在 SmartArt 图形上输入文字，选择需要插入形状位置之前的形状。

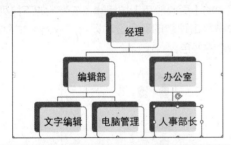

❷ 单击【设计】选项卡下【创建图形】选项组中【添加形状】按钮右侧的下拉按钮，在弹出的下拉列表中选择【在后面添加形状】选项。

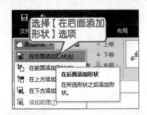

❸ 即可在该形状后添加新形状。

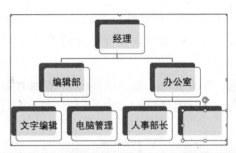

④ 在新添加的形状中插入文字，然后单击 SmartArt 图形以外的任意位置，完成 SmartArt 图形的编辑。

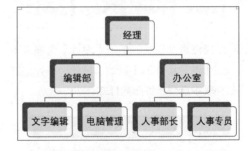

2. 更改形状的级别

更改形状级别的具体操作步骤如下。

❶ 选择【人事专员】形状，然后单击【设计】选项卡下【创建图形】选项组中的【降级】按钮。

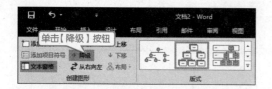

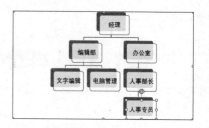

❷ 即可更改了所选形状的级别。

> **提示** 用户也可单击【升级】、【上移】、【下移】按钮来更改 SmartArt 图形的级别。

4.6.3 设置 SmartArt 布局和样式

当用户对默认的布局和样式不满意时，可以重新设置 SmartArt 图形的布局和样式。

1. 更改布局

用户可以调整整个 SmartArt 图形的布局。设置 SmartArt 图形布局的具体操作步骤如下。

❶ 新建文档，插入 SmartArt 图形并在 SmartArt 图形上输入文字。

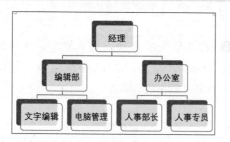

❷ 选择任意个形状，单击【设计】选项卡下【板式】选项组中的【其他】按钮。在弹出的下拉列表中选择一种布局样式。

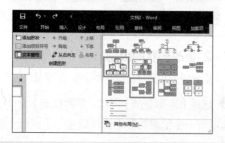

❸ 即可更改 SmartArt 图形的布局。

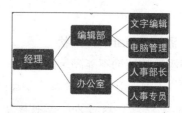

2. 更改样式

❶ 单击【设计】选项卡下【SmartArt 样式】组中的【更改颜色】按钮，在弹出的下拉列表中单击理想的颜色选项即可更改 SmartArt 图形的颜色。

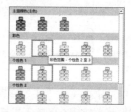

❷ 在【设计】选项卡的【SmartArt 样式】组中的【SmartArt 样式】列表中可以选择需要的外观样式。

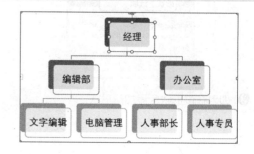

4.7 综合实战——制作教学教案

本节视频教学录像：11 分钟

教师在教学过程中离不开制作教学课件。一般的教案内容枯燥、烦琐，在这一节中通过在文档中设置页面背景、插入图片等操作，制作更加精美的教学教案，使阅读者心情愉悦。

第 1 步：设置页面背景颜色

通过对文档背景进行设置，可以使文档更加美观。

❶ 新建一个空白文档，保存为"教学课件.docx"，单击【设计】选项卡下【页面背景】选项组中的【页面颜色】按钮，在弹出的下拉列表中选择"灰色 -25%，背景 2"选项。

❷ 此时就将文档的背景颜色设置为"灰色"。

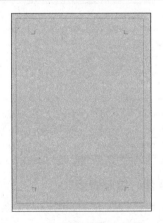

第 2 步：插入图片及艺术字

插入图片及艺术字的具体步骤如下。

❶ 单击【插入】选项卡下【插图】选项组中的【图片】按钮，弹出【插入图片】对话框，在该对话框中选择所需要的图片，单击【插入】按钮。

❷ 此时就将图片插入到文档中，调整图片大小后的效果如下图所示。

❸ 单击【插入】选项卡下【文本】选项组中的【艺术字】按钮，在弹出的下拉列表中选择一种艺术字样式。

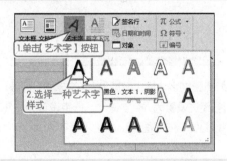

❹ 在"请在此放置你的文字"处输入文字，设置【字号】为"小初"，并调整艺术字的位置。

第3步：设置文本格式

设置完标题后，就需要对正文进行设置，具体步骤如下。

❶ 在文档中输入文本内容（用户不必全部输入，可打开随书光盘中的"素材\ch02\教学课件.docx"文件，复制并粘贴到新建文档中即可）。

❷ 将标题【教学目标及重点】、【教学思路】、【教学步骤】字体格式设置为"华文行楷、四号、蓝色"。

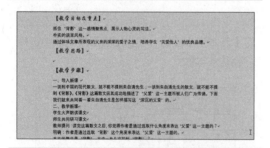

❸ 将正文字体格式设置为"华文宋体、五号"，首行缩进设置为"2字符"、行距设置为"1.5倍行距"，如下图所示。

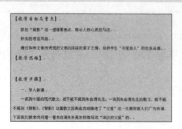

❹ 为【教学目标及重点】标题下的正文设置项目符号，如下图所示。

❺ 为【教学步骤】标题下的正文设置编号，如下图所示。

❻ 添加编号后，多行文字的段落，其段落缩进会发生变化，使用【Ctrl】键选择这些文本，然后打开【段落】对话框，将"左侧缩进"设置为"0"，"首行缩进"设置为"2字符"。

第4步：绘制表格

文本格式设置完后，可以为【教学思路】添加表格，具体步骤如下。

❶ 将鼠标光标定位至【教学思路】标题下，插入"3×6"表格，如下图所示。

❷ 调整表格列宽，并在单元格中输入表头和表格内容，并将第 1 列和第 3 列设置为"居中对齐"，第 2 列设置为"左对齐"。

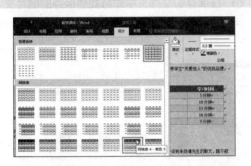

❸ 单击表格左上角的 ⊞ 按钮，选中整个表格，单击【表格工具】➤【设计】➤【s 表格样式】组中的【其他】按钮 ▾。

❹ 在展开的表格样式列表中，单击并选择所应用的样式即可，如下图所示。

❺ 此时，教学课件即制作完毕，按【Ctrl+S】组合键保存文档，最终效果如下图所示。

高手私房菜

本节视频教学录像：3 分钟

技巧 1：在页首表格上方插入空行

有些 Word 文档，没有输入任何文字而是直接插入了表格，如果用户想要在表格前面输入标题或文字，是很难操作的。下面介绍使用一个小技巧在页首表格上方插入空行，具体的操作步骤如下。

❶ 打开随书光盘中的"素材 \ch05\ 表格操作 .docx"文档，将鼠标光标置于任意一个单元格中或选中第一行单元格。

序号	产品	销量/吨
1	白菜	21307
2	海带	15940
3	冬瓜	17979
4	西红柿	25351
5	南瓜	17491
6	黄瓜	18852
7	玉米	21586
8	红豆	15263

❷ 单击【布局】选项卡下【合并】选项组中的【拆分表格】按钮 拆分表格，即可在第一行单元格上方插入一行空行。

序号	产品	销量/吨
1	白菜	21307
2	海带	15940
3	冬瓜	17979
4	西红柿	25351
5	南瓜	17491
6	黄瓜	18852
7	玉米	21586
8	红豆	15263

技巧 2：导出文档中的图片

如果发现某一篇文档中的图片比较好，希望得到这些图片，具体操作步骤如下。

① 在需要保存的图片上单击鼠标右键，在弹出的快捷菜单中选择【另存为图片】选项。

② 在弹出的【保存文件】对话框中选择保存的路径和文件名，在【保存类型】中选择【JPEG 文件交换格式】选项，单击【保存】按钮。

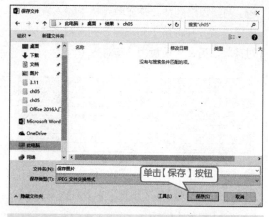

③ 在保存的文件夹中即可找到保存的图片文件。

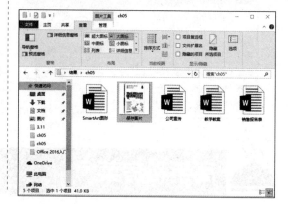

第 **5** 章

高级排版操作

 本章视频教学录像：40 分钟

高手指引

　　Word 2016 具有强大的排版功能，尤其是处理长文档时，可以快速地对其排版。本章主要介绍 Word 2016 的页面设置、样式与格式、特殊的中文版式、格式刷、分隔符、页眉和页脚以及目录与索引等常用功能，充分展示 Word 2016 在排版方面的强大功能。

重点导读

+ 掌握页面设置
+ 掌握 Office 2016 的基本操作

5.1 页面设置

本节视频教学录像：6 分钟

页面设置是指对文档页面布局的设置，主要包括设置文字方向、页边距、纸张大小、分栏等。Word 2016 有默认的页面设置，但默认的页面设置并不一定适合所有用户。用户可以根据需要对页面进行设置。

5.1.1 设置文字方向

在 Word 2016 中输入内容后，默认的文字排列方向是水平的。有时候为了排版上的美观，常常将文档的文字排列方向设置为垂直的。

❶ 打开随书光盘中的"素材 \ch05\ 植物与动物 .docx"，单击【布局】选项卡下【页面设置】选项组中的【文字方向】按钮，在弹出的下拉列表中选择【垂直】选项。

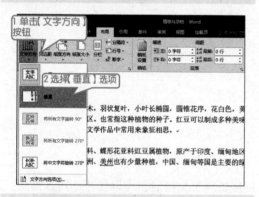

> **提示** 单击【布局】选项卡下【页面设置】选项组中的【文字方向】按钮，在弹出的下拉列表中选择【文字方向选项（X）】选项，可以弹出【文字方向 - 主文档】对话框，【文字方向 - 主文档】对话框中的各个选项含义如下。【方向】选项：在该区域可以选择文字显示方向。【预览】选项：在该区域可以预览设置文字后的显示效果。
>
> 【应用于（Y）】：单击【应用于（Y）：】右侧的向下按钮，在弹出的列表中可以选择设置文字方向是应用于整篇文档还是插入点之后。

❷ 文档中的文本内容将以"垂直"方式显示。

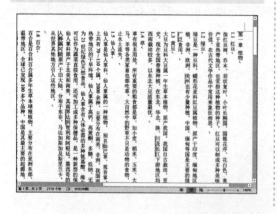

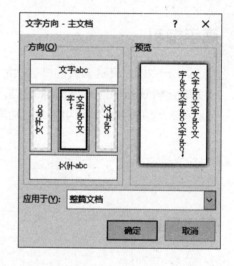

5.1.2 设置页边距

页边距有两个作用：一是出于装订的需要；二是形成更加美观的文档。设置页边距，包括上、下、左、右边距以及页眉和页脚距页边界的距离，使用该功能来设置页边距十分精确。

❶ 在【布局】选项卡【页面设置】选项组中单击【页边距】按钮，在弹出的下拉列表中选择一种页边距样式并单击，即可快速设置页边距。

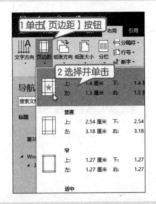

❷ 除此之外，还可以自定义页边距。单击【布局】选项卡下【页面设置】组中的【页边距】按钮，在弹出的下拉列表中单击选择【自定义边距】选项。

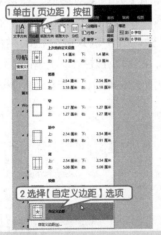

❸ 弹出【页面设置】对话框，在【页边距】

选项卡下【页边距】区域可以自定义设置"上""下""左"和"右"页边距，如将"上""下""内侧"和"外侧"页边距均设为"1厘米"，在【预览】区域可以查看设置后的效果。

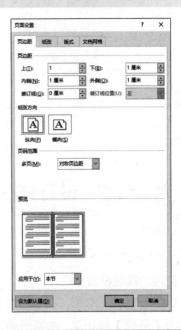

> **提示** 如果页边距的设置超出了打印机默认的范围，将出现【Microsoft Word】提示框，提示"部分边距位于页面的可打印区域之外。请尝试将这些边距移动到可打印区域内。"，单击【调整】按钮自动调整，当然也可以忽略后手动调整。页边距太窄会影响文档的装订，而太宽不仅影响美观还浪费纸张。一般情况下，如果使用 A4 纸，可以采用 Word 提供的默认值，具体设置可根据用户的要求设定。

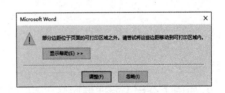

5.1.3 设置纸张

纸张的大小和纸张方向，也影响着文档的打印效果，因此设置合适的纸张在 Word 文档制作过程中也是非常重要的。设置纸张包括设置纸张的方向和大小，具体操作步骤如下。

❶ 单击【布局】选项卡下【页面设置】组中的【纸张方向】按钮，在弹出的下拉列表中

可以设置纸张方向为"横向"或"纵向"，如单击【横向】选项。

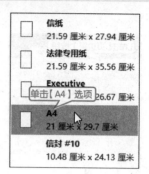

❷ 单击【布局】选项卡【页面设置】选项组中的【纸张大小】按钮，在弹出的下拉列表中可以选择纸张大小，如单击【A4】选项。

提示 也可以在【页面设置】对话框中的【页边距】选项卡中，在【纸张方向】区域设置纸张的方向。

5.1.4 设置分栏版式

在对文档进行排版时，常需要将文档进行分栏。在 Word 2016 中可以将文档分为两栏、三栏或更多栏，具体方法如下。

1. 使用功能区设置分栏

选择要分栏的文本后，在【布局】选项卡下单击【分栏】按钮，在弹出的下拉列表中选择对应的栏数即可。

2. 使用【分栏】对话框

在【布局】选项卡下单击【分栏】按钮，在弹出的下拉列表中选择【更多分栏】选项，弹出【分栏】对话框，在该对话框中显示了系统预设的 5 种分栏效果。在【栏数（N）】微调框中输入要分栏的栏数，如输入"5"，然后设置栏宽、分隔线后，在【预览】区域预览效果后，单击【确定】按钮即可。

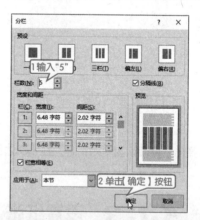

5.2 样式与格式

本节视频教学录像：7 分钟

样式包含字符样式和段落样式，字符样式的设置以单个字符为单位，段落样式的设置是以段落为单位。

5.2.1 查看 / 显示样式

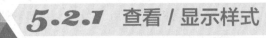

样式是被命名并保存的特定格式的集合，它规定了文档中正文和段落等的格式。段落样式应用于整个文档，包括字体、行间距、对齐方式、缩进格式、制表位、边框和编号等。字符样式可以应用于任何文字，包括字体、字体大小和修饰等。

使用【应用样式】窗格查看样式的具体操作如下。

❶ 打开随书光盘中的"素材 \ch05\ 植物与动物 .docx"文件，单击【开始】选项卡的【样式】选项组中的【其他】按钮，在弹出的下拉列表中选择【应用样式】选项。

❷ 弹出【应用样式】窗格。

❸ 将鼠标指针置于文档中的任意位置处，相对应的样式将会在【样式名】下拉列表框中显示出来。

5.2.2 应用样式

从上一节的【显示格式】窗格中可以看出，样式是被命名并保存的特定格式的集合，它规定了文档中正文和段落等的格式。段落样式应用于整个文档，包括字体、行间距、对齐方式、缩进格式、制表位、边框和编号等。字符样式可以应用于任何文字，包括字体、字体大小和修饰等。

1. 快速使用样式

在打开的"素材 \ch05\ 植物与动物 .docx"文件中，选择要应用样式的文本（或者将鼠标光标定位置要应用样式的段落内），这里将光标定位至第一段段内。单击【开始】选项卡下【样式】组右下角的按钮 ，从弹出【样式】下拉列表中选择【标题】样式，此时第一段即变为标题样式。

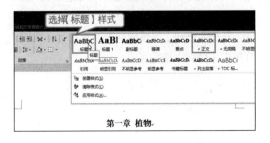

2. 使用样式列表

使用样式列表也可以应用样式。

❶ 选中需要应用样式的文本。

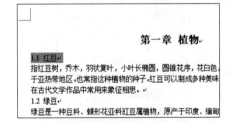

❷ 在【开始】选项卡的【样式】组中单击【样式】按钮 ，弹出【样式】窗格，在【样式】窗格的列表中单击需要的样式选项即可，如单击【目录 1】选项。

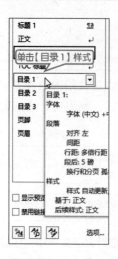

❸ 单击右上角的【关闭】按钮，关闭【样式】窗格，即可将样式应用于文档，效果如下图所示。

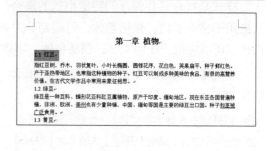

5.2.3 自定义样式

当系统内置的样式不能满足需求时，用户还可以自行创建样式，具体操作步骤如下。

❶ 打开随书光盘中的"素材 \ch05\ 植物与动物 .docx"文件，选中需要应用样式的文本，或者将插入符移至需要应用样式的段落内的任意一个位置，然后在【开始】选项卡的【样式】组中单击【样式】按钮 ⌐ ，弹出【样式】窗格。

❷ 单击【新建样式】按钮 ，弹出【根据格式设置创建新样式】窗口。

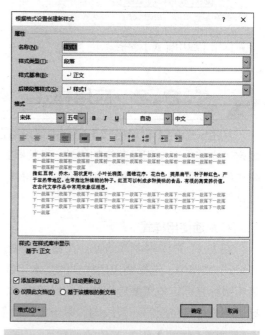

❸ 在【名称】文本框中输入新建样式的名称，例如输入"内正文"，在【属性】区域分别在【样式类型】、【样式基准】和【后续段落样式】下拉列表中选择需要的样式类型或样式基准，并在【格式】区域根据需要设置字体格式，并单击【倾斜】按钮 I 。

❹ 单击左下角的【格式】按钮，在弹出的下拉列表中选择【段落】选项。

❺ 弹出【段落】对话框，在【段落】对话框中设置"首行缩进，2字符"，单击【确定】按钮。

❻ 返回【根据格式设置创建新样式】对话框，在中间区域浏览效果，单击【确定】按钮。

❼ 在【样式】窗格中可以看到创建的新样式，在文档中显示设置后的效果。

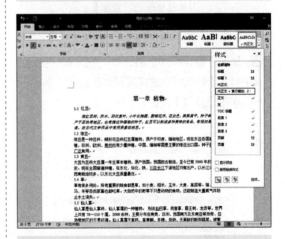

❽ 选择其他要应用该样式的段落，单击【样式】窗格中的【内正文】样式，即可将该样式应用到新选择的段落。

5.2.4 修改样式

当样式不能满足编辑需求时，则可以进行修改，具体操作步骤如下。

❶ 在【样式】窗格中单击下方的【管理样式】按钮 ❷。

❷ 弹出【管理样式】对话框，在【选择要编辑的样式】列表框中选择需要修改的样式名称，然后单击【修改】按钮。

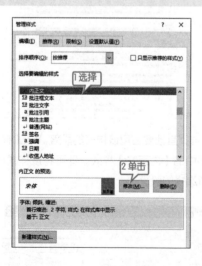

❸ 弹出【修改样式】对话框，参照新建样式的步骤❸-❻，分别设置字体、字号、加粗、段间距、对齐方式和缩进量等选项。单击【修改样式】对话框中的【确定】按钮，完成样式的修改。

❹ 最后单击【管理样式】窗口中的【确定】按钮返回，修改后的效果如下图所示。

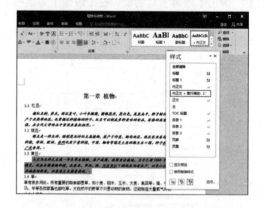

5.2.5 清除格式

当需要清除某段文字的格式时，选择该段文字，单击【开始】选项卡的【样式】选项组中的【其他】按钮 ▾，在弹出的下拉列表中选择【清除格式】选项。

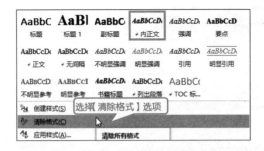

选择【清除格式】选项

清除所有格式

5.3 特殊的中文版式

本节视频教学录像：3 分钟

Word 2016 中包含有特殊的中文版式，用户可以根据需要设置。

5·3·1 纵横混排

纵横混排即对文档进行混合排版，纵横混排的操作方法如下所示。

❶ 打开随书光盘中的"素材 \ch05\ 植物与动物 .docx"文档，选中需要垂直排列的文本内容，单击【开始】选项卡下【段落】组中的【中文版式】按钮 ，在弹出的下拉列表中选择【纵横混排】选项。

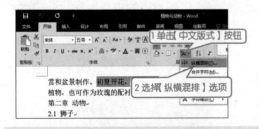

❷ 弹出【纵横混排】对话框，撤销选中【适应行宽】复选框，在【预览】区域可以预览设置后的效果，单击【确定】按钮。

❸ 纵横混排的效果如下图所示。

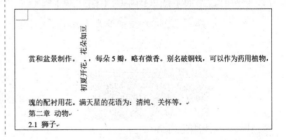

5·3·2 首字下沉

首字下沉是将文档中段首的第一个字符放大数倍，并以下沉的方式显示，以改变文档的版面样式。设置首字下沉效果的具体操作步骤如下。

❶ 在打开的"素材 \ch05\ 植物与动物 .docx"文档中，将鼠标光标定位到任一段的任意位置，单击【插入】选项卡下【文本】选

项组中的【首字下沉】按钮 ，在弹出的下拉列表中选择【首字下沉选项】选项。

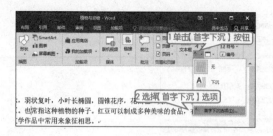

> **提示** 在将鼠标指针放置在任意文本前列，在下拉列表中选择【下沉】选项，可直接显示下沉效果。

❷ 弹出【首字下沉】对话框。在该对话框中设置首字的【字体】为"隶书"，在【下沉行数】微调框中设置【下沉行数】为"2"，在【距正文】微调框中设置首字与段落正文之间的距离为"0.5厘米"，单击【确定】按钮。

❸ 即可在文档中显示调整后的首字下沉效果。

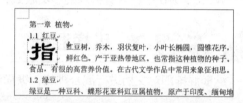

5.4 格式刷的使用

本节视频教学录像：2分钟

格式刷是 Word 2016 中使用频率非常高的一个功能，通过格式刷可以快速地将当前文本或段落的格式复制到另一文本或段落上，可以大大地减少排版方面的重复操作。使用格式刷的具体步骤如下。

❶ 选择要引用格式的文本，单击【开始】选项卡下【剪贴板】选项组中的【格式刷】按钮 格式刷 ，文档中的鼠标光标将变为 形状。

❷ 选中要改变段落格式的段落，即可将格式应用至所选段落。

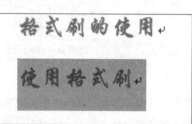

> **提示** 单击一次【格式刷】按钮 ，仅能使用一次该样式，连续两次单击【格式刷】按钮，就可多次使用该样式。

用户还可以使用快捷键进行格式复制。在选中复制格式的原段落后按【Ctrl+Shift+C】组合键，然后选择要改变格式的文本，再按【Ctrl+Shift+V】组合键即可。

5.5 使用分隔符

本节视频教学录像：4 分钟

排版文档时，部分内容需要另起一节或另起一页显示，这时就需要在文档中插入分节符或者分页符。

5·5·1 插入分页符

分页符用于分隔页面，在【分页符】选项组中又包含有分页符、分栏符和自动换行符。用户可以根据需要选择不同的分页符插入到文档中。下面以插入自动换行符为例，介绍在文档中插入分页符的具体操作步骤。

❶ 打开随书光盘中的"素材 \ch05\ 植物与动物 .docx"文件，移动光标到要换行的位置。单击【布局】选项卡下【页面设置】组中的【分隔符】按钮 ，在弹出的下拉列表中的【分页符】选项组中单击【自动换行符】选项。

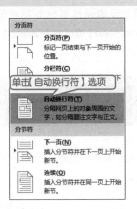

❷ 此时文档以新的一段开始，且上一段的段尾会添加一个自动换行符 。

> 第一章 植物
> 1.1 红豆
> 指红豆树，乔木，羽状复叶，小叶长楠圆，圆锥花序，花白色，荚果产于亚热带地区。也常指这种植物的种子。红豆可以制成多种美味的价值，在古代文学作品中常用来象征相思。
>
> 1.2 绿豆
> 绿豆是一种豆科、蝶形花亚科豇豆属植物，原产于印度、缅甸地区。

> 提示 【分页符】选项组中的各选项功能如下。
> 分页符：插入该分页符后，标记一页终止并在下一页显示；分栏符：插入该分页符后，分栏符后面的文字将从下一栏开始；自动换行符：插入该分页符后，自动换行符后面的文字将从下一段开始。

5·5·2 插入分节符

为了便于同一文档中不同部分的文本进行不同的格式化操作，可以将文档分隔成多节，节是文档格式化的最大单位。只有在不同的节中才可以设置与前面文本不同的页眉、页脚、页边距、页面方向、文字方向或者分栏等。分节可使文档的编辑排版更灵活，版面更美观。

【分节符】选项组中各选项的功能如下。

下一页：插入该分节符后，Word 将使分节符后的那一节从下一页的顶部开始。

连续：插入该分节符后，文档将在同一页上开始新节。

偶数页：插入该分节符后，将使分节符后的一节从下一个偶数页开始，对于普通的书就是从左手页开始。

奇数页：插入该分节符后，将使分节符后的一节从下一个奇数页开始，对于普通的书就是从右手页开始。

① 打开随书光盘中的"素材 \ch05\ 植物与动物 .docx"文件，移动光标到要换行的位置。单击【布局】选项卡下【页面设置】组中的【分隔符】按钮，在弹出的下拉列表中的【分节符】选项组中单击【下一页】选项。

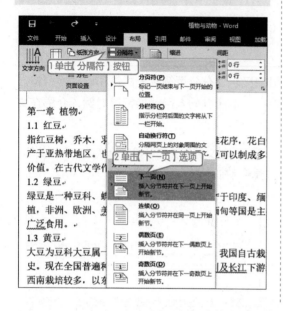

② 此时在插入分节符后，将在下一页开始新节。

> **提示** 移动光标到分节符标记之后，按【Backspace】键或者【Delete】键即可删除分节符标记。

5.6 添加页眉和页脚

本节视频教学录像：5 分钟

Word 2016 提供有丰富的页眉和页脚模板，使用户插入页眉和页脚变得更为快捷。

5.6.1 插入页眉和页脚

在页眉和页脚中可以输入创建文档的基本信息，例如在页眉中输入文档名称、章节标题或者作者名称等信息，在页脚中输入文档的创建时间、页码等，不仅能使文档更美观，还能向读者快速传递文档要表达的信息。在 Word 2016 中插入页眉和页脚的具体操作步骤如下。

1. 插入页眉
插入页眉的具体操作步骤如下。

① 打开随书光盘中的"素材 \ch05\ 植物与动物 .docx"文件，单击【插入】选项卡【页眉和页脚】组中的【页眉】按钮，弹出【页眉】下拉列表。

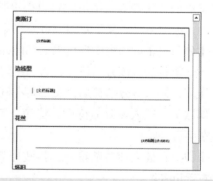

② 选择需要的页眉，如选择【边线型】选项，

Word 2016 会在文档每一页的顶部插入页眉，并显示【文档标题】文本域。

❸　在页眉的文本域中输入文档的标题和页眉，单击【设计】选项卡下【关闭】选项组中的【关闭页眉和页脚】按钮。

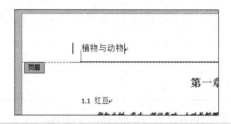

❹　插入页眉的效果如下图所示。

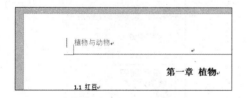

2. 插入页脚

插入页脚的具体操作步骤如下。

❶　在【设计】选项卡中单击【页眉和页脚】组中的【页脚】按钮，弹出【页脚】下拉列表，

这里选择【怀旧】选项。

❷　文档自动跳转至页脚编辑状态，输入页脚内容。

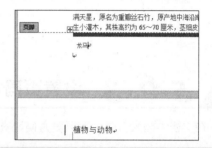

❸　单击【设计】选项卡下【关闭】选项组中的【关闭页眉和页脚】按钮，即可看到插入页脚的效果。

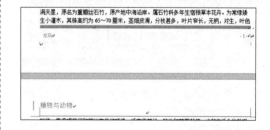

5.6.2　设置页眉和页脚

插入页眉和页脚后，还可以根据需要设置页眉和页脚，具体操作步骤如下。

❶　双击插入的页眉，使其处于编辑状态。单击【设计】选项卡下【页眉和页脚】组中的【页眉】按钮，在弹出的下拉列表中选择【镶边】样式。

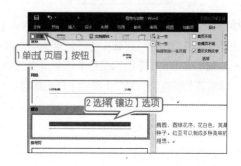

② 在【设计】选项卡下【选项】组中单击选中【奇偶页不同】复选框。

③ 选中页眉中的文本内容，在【开始】选项卡下设置其【字体】为"华文新魏"，【字号】为"三号"，【字体颜色】为"深红"。

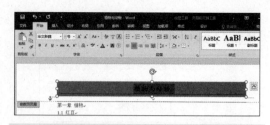

④ 返回至文档中，按【Esc】键即可退出页眉和页脚的编辑状态，效果如下图所示。

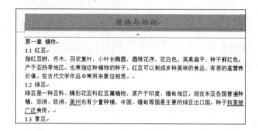

5.6.3 设置页码

在文档中插入页码，可以更方便地查找文档。在文档中插入页码的具体步骤如下。

① 打开随书光盘中的"素材 \ch05\ 植物与动物 .docx"文件，单击【插入】选项卡【页眉和页脚】组中的【页码】按钮 🄳 页码▾，在弹出的下拉列表中选择【设置页码格式】选项。

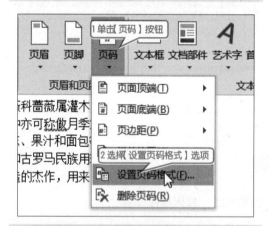

② 弹出【页码格式】对话框，单击【编号格式】选择框后的 ▾ 按钮，在弹出的下拉列表中选择一种编号格式。在【页码编号】组中单击选中【续前节】单选项，单击【确定】按钮即可。

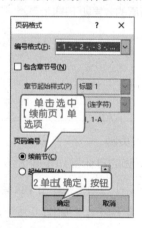

提示 【包含章节号】复选框：可以将章节号插入到页码中，可以选择章节起始样式和分隔符。
【续前节】单选项：接着上一节的页码连续设置页码。
【起始页码】单选项：选中此单选项后，可以在后方的微调框中输入起始页码数。

③ 单击【插入】选项卡的【页眉和页脚】选项组中的【页码】按钮。在弹出的下拉列表中选择【页面底端】选项组下的【普通数字2】选项，即可插入页码。

④ 单击【确定】按钮，即可在文档中插入页码。单击【关闭页眉和页脚】按钮退出页眉和页脚状态。

> 的能力。
>
> **1.8 满天星**
> 满天星，原名为重瓣丝石竹，原产地中海沿岸。属石竹科多年生宿根草本花卉。为常绿矮生小灌木，其株高约为 65～70 厘米。茎细皮滑，分枝甚多，叶片窄长，无柄，对生，叶色粉绿。喜温暖湿润和阳光充足的环境，适宜于花坛、路边和花篱栽植，也非常适合盆栽观
>
> -1-

5.7 创建目录和索引

本节视频教学录像：6 分钟

对于长文档来说，查看文档中的内容时，不容易找到需要的文本内容，这时就需要为其创建一个目录，使其方便查找。

5.7.1 创建目录

插入文档的页码并为目录段落设置大纲级别是提取目录的前提条件。设置段落级别并提取目录的具体操作步骤如下。

① 打开随书光盘中的"素材 \ch05\ 植物与动物 .docx"文件，将光标定位在"第一章 植物"段落任意位置，单击【引用】选项卡下【目录】选项组中的【添加文字】按钮 添加文字▾，在弹出的下拉列表中选择【1 级】选项。

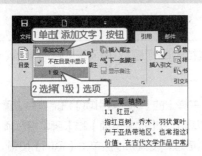

> **提示** 在 Word 2016 中设置大纲级别可以在设置大纲级别的文本位置折叠正文或低级别的文本，还可以将级别显示在【导航窗格】中便于定位，最重要的是便于提取目录。

② 将光标定位在"1.1 红豆"段落任意位置，单击【引用】选项卡下【目录】选项组中的【添加文字】按钮 ，在弹出的下拉列表中选择【2 级】选项。

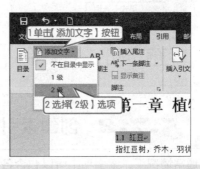

③ 使用【格式刷】快速设置其他标题级别。

④ 为文档插入页码，然后将光标移至"第一章"文字前面，按【Ctrl+Enter】组合键插入空白页，然后将光标定位在第 1 页中，单击【引用】选项卡下【目录】选项组中的【目录】按钮 ，在弹出的下拉列表中选择【自定义目录】选项。

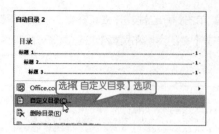

提示 单击【目录】按钮，在弹出的下拉列表中单击目录样式可快速添加目录至文档中。

⑤ 在弹出的【目录】对话框中，选择【格式】下拉列表中的【正式】选项，在【显示级别】微调框中输入或者选择显示级别为"2"，在预览区域可以看到设置后的效果。

⑥ 各选项设置完成后单击【确定】按钮，此时就会在指定的位置建立目录。

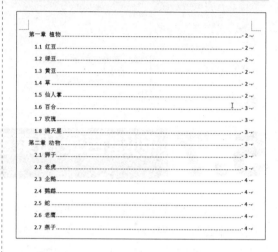

提示 提取目录时，Word 会自动将插入的页码显示在标题后。在建立目录后，还可以利用目录快速地查找文档中的内容。将鼠标指针移动到目录中要查看的内容上，按【Ctrl】键，鼠标指针就会变为形状，单击鼠标即可跳转到文档中的相应标题处。

5.7.2 创建索引

通常情况下，索引项中可以包含各章的主题、文档中的标题或子标题、专用术语、缩写和简称、同义词及相关短语等。

❶ 打开随书光盘中的"素材 \ch05\ 动物与植物 .docx"文件，选中需要标记索引项的文本，单击【引用】选项卡下【索引】选项组中的【标记索引项】按钮。

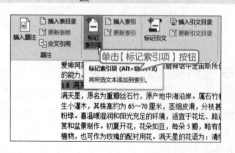

❷ 在弹出的【标记索引项】对话框中设置【主索引项】、【次索引项】和【所属拼音项】等索引信息，设置完成后单击【标记】按钮。

❸ 单击【关闭】按钮，查看添加索引的效果。

的能力。↵
1.8·满天星{·XE·"1.8·满天星":满天星"·}↵
满天星，原名为重瓣丝石竹，原产地中海沿岸。属石竹科
生小灌木，其株高约为 65～70 厘米，茎细皮滑，分枝甚
粉绿。喜温暖湿润和阳光充足的环境，适宜于花坛、路边
赏和盆景制作。初夏开花，花朵如豆，每朵 5 瓣，略有香
植物，也可作为玫瑰的配衬用花。满天星的花语为：清纯

> **提示** 用户还可以单击【标记全部】按钮，对文档内相同的内容添加标记。

5.8 综合实战——制作员工规章制度条例

本节视频教学录像：7 分钟

员工规章制度条例是为深化企业管理，调动员工的积极性，发挥员工的创造性，维护公司的利益和保障员工的合法权益，规范公司全体员工的行为和职业道德所建立的规章制度。每个公司根据其具体情况制定的规章制度也会有所不同。

【案例效果展示】

【案例涉及知识点】

　页面设置

　设置样式和段落格式

　使用分隔符

　添加页眉

　设置底纹及边框

【操作步骤】

第 1 步：页面设置

❶ 打开随书光盘中的"素材 \ch05\ 员工规章制度 .docx"，单击【布局】选项卡【页面设置】选项组中的【纸张大小】按钮 ，在弹出的列表中选择【法律专用纸】选项。

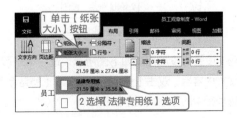

❷ 单击【页面设置】选项组中的【页边距】按钮，在弹出的列表中选择【适中】选项。

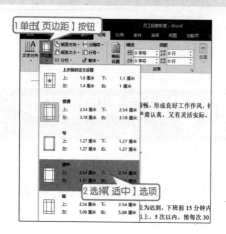

> **提示** 单击【段落】对话框中【缩进和间距】选项卡下【常规】组中【大纲级别】按钮右侧的下拉按钮，在弹出的下拉列表中也可以设置段落的大纲级别。

第2步：设置样式和段落格式

❶ 将光标放置在第一段中，单击【开始】选项卡下【段落】组中的【段落设置】按钮 ，在弹出的【段落】对话框中设置"段前缩进"和"2字符"，单击【确定】按钮。

❷ 设置的段落格式如下图所示，选中第一段文本内容后，双击【开始】选项卡下【剪贴板】选项组中的【格式刷】按钮 。

❸ 移动鼠标可看到鼠标变为" "形状，表示可以使用格式刷。将鼠标移动到其他段落所在的段落前，然后单击鼠标左键，就可以将其他段落应用该样式，使用同样的方法，将其他标题应用新的样式。

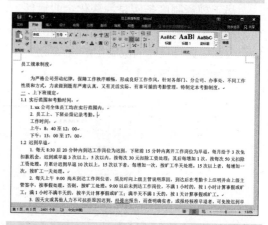

❹ 选中标题，在【开始】选项卡下【字体】选项组中设置标题【字体】为"华文新魏"，【字号】为"小二"，加粗并居中显示。

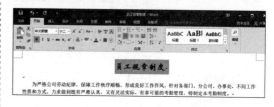

第3步：添加页眉、设置底纹及边框

❶ 单击【插入】选项卡【页眉和页脚】选项组中的【页眉】按钮 ，在弹出的列表中选择一种页眉样式，如选择【奥斯汀】，进入页眉可编辑状态，编辑页眉标题，单击【关闭页眉和页脚】按钮 。

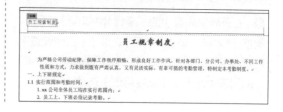

❷ 单击【页面背景】选项组中的【页面颜色】按钮，在弹出的列表中选择一种颜色即可为页面添加背景颜色，如选择"金色，个性色4，淡色80%"。

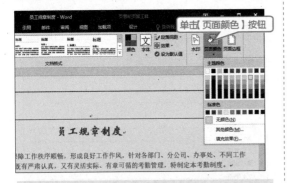

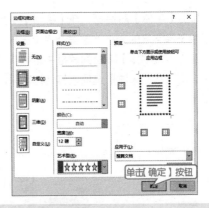

❸ 单击【页面背景】选项组中的【页面边框】按钮，弹出【边框和底纹】对话框，在【页面边框】选项卡下选择边框样式，单击【确定】按钮即可应用到当前文档中。

❹ 最终效果如下图所示，至此，一份简单的员工规章制度条例已制作完成，按【Ctrl+S】组合键保存即可。

高手私房菜

本节视频教学录像：2 分钟

技巧 1：快速清除段落格式

若想去除附加的段落格式，可以使用【Ctrl + Q】组合键。如果对某个使用了正文样式的段落进行了手动调节，如增加了左右的缩进，那么增加的缩进值就属于附加的样式信息。若想去除这类信息，可以将光标置于该段落中，然后按【Ctrl + Q】组合键。如有多个段落需做类似的调整，可以首先选定这多个段落，然后使用上述的组合键即可。

技巧 2：修改目录中的字体

如果不满意目录中字体的显示效果，只需要修改目录字体即可，而不需要修改文档中的标题字体。

❶ 在目录页面选择要修改的目录并单击鼠标右键，在弹出的快捷菜单中选择【字体】选项。

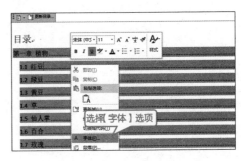

❷ 弹出【字体】对话框，在【字号】下拉列表框中选择字号的大小，这里选择【三号】选项；在【中文字体】下拉列表框中选择字体，这里选择【华文宋体】选项，其他选项采用默认设置。

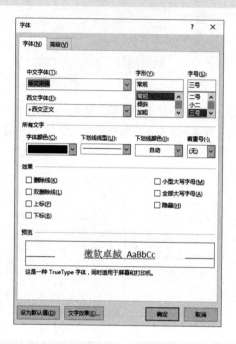

❸ 单击【确定】按钮，即可成功修改所选目录的字体。

目录
第一章 植物...
  1.1 红豆...
  1.2 绿豆...
  1.3 黄豆...
  1.4 草...
  1.5 仙人掌...
  1.6 百合...
  1.7 玫瑰...
  1.8 满天星...
第二章 动物...
  2.1 狮子...
  2.2 老虎...
  2.3 企鹅...
  2.4 鹦鹉...
  2.5 蛇...
  2.6 老鹰...
  2.7 燕子...

第

6

章

审阅文档

 本章视频教学录像：37 分钟

高手指引

　　使用 Word 编辑文档之后，通过审阅功能，才能递交出专业的文档。本章主要介绍批注、修订、错误处理、定位、查找和替换、域和邮件合并等审阅文档的操作。最后通过结合实战演练内容，充分展示 Word 2016 在审阅文档方面的强大功能。

重点导读

　　✚ 掌握对文档的错误处理的方法
　　✚ 掌握自动更正字母大小写的方法
　　✚ 掌握查找、定位与替换的方法
　　✚ 掌握批注与修订文档的方法
　　✚ 掌握域和邮件合并的方法

6.1 批注

本节视频教学录像：6 分钟

批注是文档的审阅者为文档添加的注释、说明、建议、意见等信息。在把文档分发给审阅者前设置文档保护，可以使审阅者只能添加批注而不能对文档正文进行修改，利用批注可以方便工作组的成员之间的交流。

6.1.1 添加批注

批注也是对文档的特殊说明，添加批注的对象可以是文本、表格或图片等文档内的所有内容。批注的文本将以有颜色的括号将批注的内容括起来，背景色也将变为相同的颜色。默认情况下，批注显示在文档页边距外的标记区，批注与被批注的文本使用与批注相同颜色的虚线连接。添加批注的具体操作步骤如下。

❶ 打开随书光盘中的"素材 \ch06\ 批注 .docx"文档，然后单击【审阅】选项卡，在文档中选择要添加批注的文字，然后单击【新建批注】按钮 。

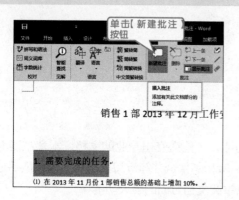

❷ 在后方的批注框中输入批注的内容即可。

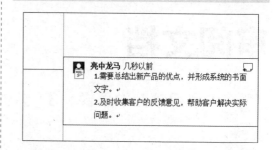

 提示 选择要添加批注的文本并单击鼠标右键，在弹出的快捷菜单中选择【新建批注】选项也可以快速添加批注。此外，还可以将【插入批注】按钮添加至快速访问工具栏。

6.1.2 编辑批注

如果对批注的内容不满意，还可以修改批注，修改批注有两种方法。

方法一：

在已经添加了批注的文本内容上单击鼠标右键，在弹出的快捷菜单中选择【编辑批注】命令，批注框将处于可编辑的状态，此时即可修改批注的内容。

> **提示** 在弹出的快捷菜单中选择【答复批注】命令，可以对批注进行答复，选择【将批注标记为完成】命令，可以将批注以"灰色"显示。

方法二：

直接单击需要修改的批注，即可进入编辑状态，编辑批注。

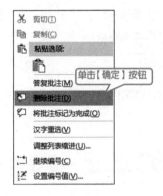

亮中龙马 10 分钟以前
1.需要总结出新产品的优点，并形成系统的书面文字。
2.及时收集客户的反馈意见，帮助客户解决实际问题。
3.员工可以抽出时间准备小节目。

6.1.3 删除批注

当不需要文档中的批注时，用户可以将其删除，删除批注常用的方法有两种。

1. 使用【删除】按钮

选择要删除的批注，此时【审阅】选项卡下【批注】组的【删除】按钮处于可用状态，单击该按钮即可将选中的批注删除。此时【删除】按钮又处于不可用状态。

2. 使用快捷菜单命令

在需要删除的批注或批注文本上单击鼠标右键，在弹出的快捷菜单中选择【删除批注】菜单命令也可删除选中的批注。

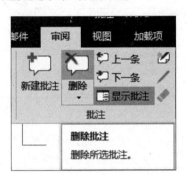

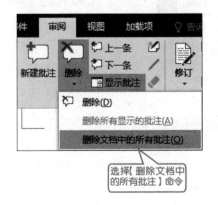

6.1.4 删除所有批注

单击【审阅】选项卡下【批注】组中的【删除】按钮下方的下拉按钮，在弹出的快捷菜单中选择【删除文档中的所有批注】命令，可删除所有的批注。

6.2 修订

本节视频教学录像：4分钟

修订是显示文档中所做的诸如删除、插入或其他编辑更改的标记。启用修订功能，审阅者的每一次插入、删除或是格式更改都会被标记出来。这样能够让文档作者跟踪多位审阅者对文档所做的修改，并接受或者拒绝这些修订。

6.2.1 修订文档

修订文档首先需要使文档处于修订的状态。

❶ 打开随书光盘的"素材 \ch06\ 修订.docx"文档，单击【审阅】选项卡下【修订】组中的【修订】按钮，即可使文档处于修订状态。

❷ 此后，对文档所做的所有修改将会被记录下来。

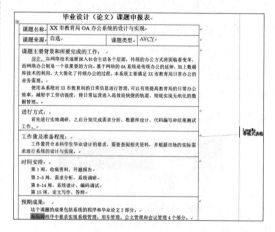

6.2.2 接受修订

如果修订的内容是正确的，这时就可以接受修订。将光标放在需要接受修订的内容处，然后单击【审阅】选项卡下【更改】组中的【接受】按钮，即可接受文档中的修订。此时系统将选中下一条修订。

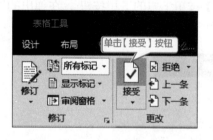

提示 将光标放在需要接受修订的内容处，然后单击鼠标右键，在弹出的快捷菜单中选择【接受修订】命令，也可接受文档中的修订。

6.2.3 接受所有修订

如果所有修订都是正确的，需要全部接受，可以使用【接受所有修订】命令。单击【审阅】选项卡下【更改】组中的【接受】按钮下方的下拉按钮，在弹出的下拉列表中选择【接受 所有修订】命令，即可接受所有修订。

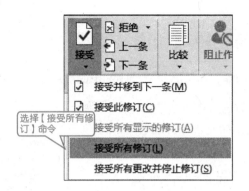

6.2.4 拒绝修订

如果要拒绝修订，可以将光标放在需要删除修订的内容处，单击【审阅】选项卡下【更改】组中的【拒绝】按钮下方的下拉按钮，在弹出的下拉列表中选择【拒绝更改】或【拒绝并移到下一条】命令，即可拒绝修订。此时系统将选中下一条修订。

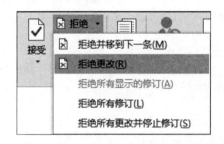

6.2.5 删除修订

单击【审阅】选项卡下【更改】组中【拒绝】按钮下方的下拉按钮，在弹出的快捷菜单中选择【拒绝所有修订】命令，即可删除文档中的所有修订。

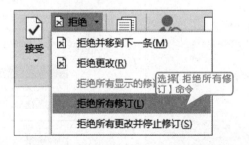

6.3 对文档的错误处理

本节视频教学录像：5 分钟

Word 2016 提供了强大的错误处理功能，包括检查拼写和语法、自定义拼写和语法检查、自动处理错误和自动更改字母大小写等，使用这些功能，用户可以减少文档中的各类错误。

6.3.1 自动拼写和语法检查

使用拼写和语法检查功能，可以减少文档中的单词拼写错误以及中文语法错误。

1. 开启检查拼写和校对语法

如果无意中输入了错误的文本，开启检查拼写和校对语法功能之后，Word 2016 就会在错误部分下用红色或绿色的波浪线进行标记。

❶ 打开随书光盘中的"素材 \ch06\ 错误处理 .docx"文档，其中包含了几处错误。

> 返一下面的句子。
>
> 1. 你几岁了？
> 翻译：Hwo old are you？
> 2. can I help you？
> 翻译：我可以帮你吗？

提示 素材中的"返一"应为"翻译"，"Hwo"应为"How"。

❷ 单击【文件】选项卡，在右侧列表中选择【选项】选项，打开【Word 选项】对话框。

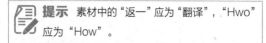

❸ 单击【校对】标签，然后在【在 Word 中更正拼写和语法时】组中单击选中【键入时检查拼写】、【键入时标记语法错误】、【经常混淆的单词】和【随拼写检查语法】复选框。

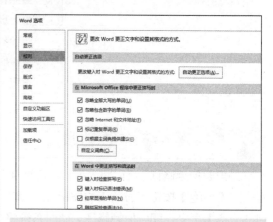

❹ 单击【确定】按钮，在文档中就可以看到在错误位置标示的提示波浪线。

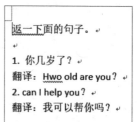

> 返一下面的句子。
>
> 1. 你几岁了？
> 翻译：Hwo old are you？
> 2. can I help you？
> 翻译：我可以帮你吗？

2. 检查拼写和校对语法功能使用

检查出错误后，可以忽略错误或者更正错误。

❶ 在打开的"错误处理 .docx"文档中，单击【审阅】选项卡【校对】组中的【拼写和语法】按钮，可打开【语法】窗格。

单击【拼写和语法】按钮

❷ 单击【忽略】按钮，下方的绿色波浪线将会消失。

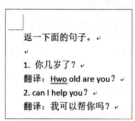

❸ 此时，【语法】窗格将变为【拼写检查】窗格，显示下一个拼写错误，在列表框中选择正确的单词，单击【更改】按钮。

提示　在拼写错误的单词上单击鼠标右键，在弹出的快捷菜单顶部会提示拼写正确的单词，选择正确的单词替换错误的单词后，错误单词下方的红色波浪线就会消失。

❹ 将会替换错误的单词。

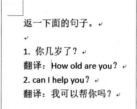

提示　完成拼写和语法检查后，会出现信息提示对话框，单击【确定】按钮即可。

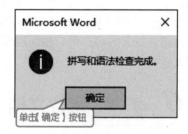

6.3.2　自动处理错误

使用自动更正功能可以检查和更正错误的输入。例如，输入"hwo"和一个空格，则会自动更正为"how"。如果用户键入"hwo are you"，则自动更正为"how are you"。

❶ 单击【文件】选项卡，然后单击左侧列表中的【选项】按钮，弹出【Word 选项】对话框。

❷ 选中【校对】选项，在自动更正选项组下单击【自动更正选项】按钮。

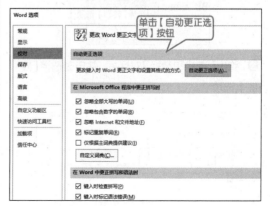

❸ 弹出【自动更正】对话框，在【自动更正】对话框中可以设置自动更正、数学符号自动更正、键入时自动套用格式、自动套用格式和操作等。

❹ 设置完成后单击【确定】按钮返回【Word选项】对话框，再次单击【确定】按钮返回到文档编辑模式。此时，键入"hwo are you"，则自动更正为"How are you"。

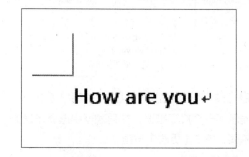

6.4 定位、查找与替换

本节视频教学录像：7分钟

利用 Word 可以进行定位，例如定位至文档的某一页、某一行等，查找功能可以帮助读者查找到要查找的内容，用户也可以使用替换功能将查找到的文本或文本格式替换为新的文本或文本格式。

6.4.1 定位文档

定位也是一种查找，它可以定位到一个指定位置，如某一行、某一页或某一节等。

❶ 打开随书光盘中的"素材\ch06\定位、查找与替换.docx"文档，单击【开始】选项卡【编辑】组中的【查找】按钮右侧的下拉按钮，在弹出的下拉菜单中选择【转到】选项。

❷ 弹出【查找和替换】对话框，并自动选择【定位】选项卡。

❸ 在【定位目标】列表框中选择定位方式（这里选择【行】），在右侧【输入行号】文本框中输入行号，如下图所示将定位到第 6 行。

❹ 单击【定位】按钮，即可定位至选择的位置。

1. 需要完成的任务。

(1) 在 2013 年 11 月份 1 部销售总额的基础上增加 10%。
(2) 带领新招聘的 4 位员工熟悉工作流程，使其能够独立开展工作。
(3) 所有员工必须熟悉新产品的特点，为明年新品销售打下坚实基础。
(4) 每位员工要在本月至少新增 4 位新客户。

6.4.2 查找

查找功能可以帮助用户定位到目标位置以便快速找到想要的信息，查找分为查找和高级查找。

1. 查找

❶ 在打开的"定位、查找与替换.docx"文档中，单击【开始】选项卡下【编辑】组中的【查找】按钮右侧的下拉按钮，在弹出的下拉菜单中选择【查找】命令.

❷ 在文档的左侧打开【导航】任务窗格，在下方的文本框中输入要查找的内容。这里输入"2016"。

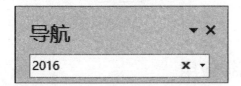

❸ 此时在文本框的下方提示"6 个结果"，并且在文档中查找到的内容都会以黄色背景显示。

2. 高级查找

使用【高级查找】命令可以打开【查找和替换】对话框来查找内容。

❶ 单击【开始】选项卡下【编辑】组中的【查找】按钮右侧的下拉按钮，在弹出的下拉菜单中选择【高级查找】命令，弹出【查找和替换】对话框。

❷ 在【查找】选项卡中的【查找内容】文本框中输入要查找的内容，单击【查找下一处】按钮，Word 即可开始查找。如果查找不到，则弹出提示信息对话框，提示未找到搜索项。单击【确定】按钮返回。如果查找到文本，Word 将会定位到文本位置并将查找到的文本背景用灰色显示。

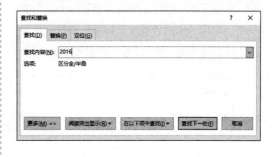

6.4.3 替换

替换功能可以帮助用户快捷地更改查找到的文本或批量修改相同的内容。

❶ 在打开的"定位、查找与替换 .docx"文档中，单击【开始】选项卡下【编辑】组中的【替换】按钮，弹出【查找和替换】对话框。

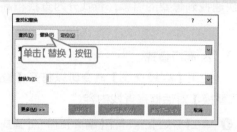

❷ 在【替换】选项卡中的【查找内容】文本框中输入需要被替换的内容（这里输入"1部"），在【替换为】文本框中输入替换后的新内容（这里输入"一部"）。

❸ 单击【查找下一处】按钮，定位到从当前

光标所在位置起，第一个满足查找条件的文本位置，并以灰色背景显示，单击【替换】按钮就可以将查找到的内容替换为新的内容。

❹ 如果用户需要将文档中所有相同的内容都替换掉，单击【全部替换】按钮 全部替换(A)，Word就会自动将整个文档内所有查找到的内容替换为新的内容，并弹出相应的提示框显示完成替换的数量。单击【确定】按钮关闭提示框。

6.4.4 查找和替换的高级应用

Word 2016 不仅能根据指定的文本查找和替换，还能根据指定的格式进行查找和替换，以满足复杂的查询条件。将段落标记统一替换为手动换行符的具体操作步骤如下。

❶ 在打开的"定位、查找与替换 .docx"文档中，单击【开始】选项卡下【编辑】组中的【替换】按钮 替换，弹出【查找和替换】对话框。

❷ 在【查找和替换】对话框中，单击【更多】按钮，在弹出的【搜索选项】组中可以选择需要查找的条件。将鼠标光标定位在【查找内容】文本框中，在【替换】组中单击【特殊格式】

按钮，在弹出的下拉菜单中选择【段落标记】命令。

❸ 将鼠标光标定位在【替换为】文本框中，

在【替换】组中单击【特殊格式】按钮，在弹出的下拉菜单中选择【手动换行符】命令。

❹ 单击【全部替换】按钮，即可将文档中的所有段落标记替换为手动换行符。此时，弹出提示框，显示替换总数。单击【确定】按钮即可完成文档的替换。

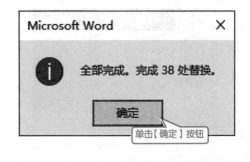

6.5 域和邮件合并

本节视频教学录像：3 分钟

邮件合并功能是先建立两个文档，即一个包括所有文件共有内容的主文档和一个包括变化信息的数据源，然后使用邮件合并功能在主文档中插入变化的信息。合成后的文件可以保存为 Word 文档打印出来，也可以以邮件形式发出去。

❶ 打开随书光盘中的"素材 \ch06\ 成绩通知单 .docx"文档，单击【邮件】选项卡下【开始邮件合并】组中【开始邮件合并】按钮右下角的下拉按钮，在弹出的列表中选择【普通 Word 文档】选项。

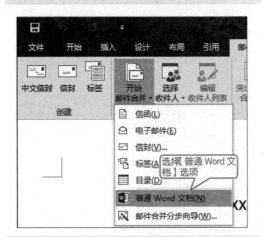

❷ 单击【开始邮件合并】组中【选择收件人】按钮右下角的下拉按钮，在弹出的下拉列表中选择【使用现有列表】选项。

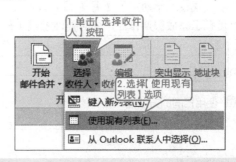

❸ 打开【选取数据源】对话框，选择数据源存放的位置，这里选择随书光盘中的"素材 \ch06\ 成绩单 .docx"文档，单击【打开】按钮。

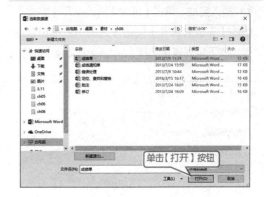

④ 将鼠标光标定位至"同学家长："文本前，单击【编写和插入域】选项组中【插入合并域】按钮 右下角的下拉按钮，在弹出的下拉列表中选择【姓名】选项。

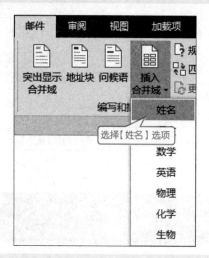

⑤ 即可将姓名域插入到鼠标光标所在的位置。

⑥ 使用相同的方法插入各科的成绩。

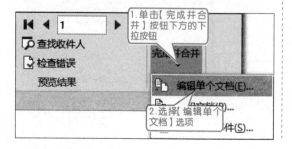

⑦ 插入完成，单击【邮件】选项卡下【完成】组中【完成并合并】按钮下方的下拉按钮，在弹出的下拉列表中选择【编辑单个文档】选项。

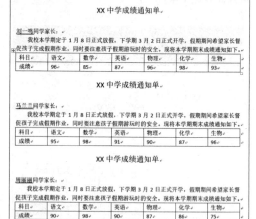

⑧ 弹出【合并到新文档】对话框，单击选中【全部】单选项，并单击【确定】按钮。

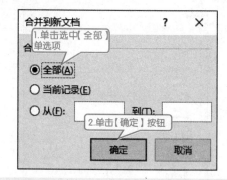

⑨ 即可新建名称为"信函 1"的 Word 文档，显示每个学生的成绩，完成成绩通知单的制作。

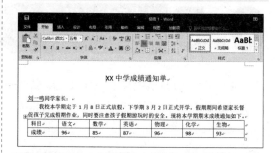

⑩ 每个通知单单独占用一个页面，可以删除相邻通知单之间的分隔符，使其集中显示，节约纸张。

6.6 综合实战——递交准确的年度报告

本节视频教学录像：8 分钟

年度报告是整个公司会计年度的财务报告及其他相关文件，也可以是公司一年历程的简单总结，如向公司员工介绍公司一年的经营状况、举办的活动、制度的改革以及企业的文化活动等内容，以激发员工工作热情、增进员工与领导之间的交流、利于公司的良性发展为目的。根据实际情况的不同，每个公司年度报告也不相同，但是对于年度报告的制作者来说，递交的年度报告必须是准确无误的。

【案例涉及知识点】

设置字体、段落样式

批注文档

修订文档

删除批注

查找和替换

接受和拒绝修订

【操作步骤】

第 1 步：设置字体、段落样式

本节主要涉及 Word 2016 的一些基本功能的使用，如设置字体、字号、段落等内容。

❶ 打开随书光盘中的"素材 \ch06\ 年度报告.docx"文档，选择标题文字，设置其【字体】为"华文行楷"，【字号】为"二号"，并设置【居中】显示。

❷ 设置标题段落间距【段后】为"0.5 行"，设置正文段落【首行缩进】为"2 字符"。设置文档中的图表【居中】显示，并根据需要设置其他内容的格式。

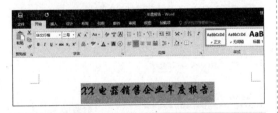

第 2 步：批注文档

通过批注文档，可以让作者根据批注内容修改文档。

❶ 选择"完善制度，改善管理"文本，单击【审阅】选项卡【批注】选项组中的【新建批注】按钮。

❷ 在新建的批注中输入"核对管理体系内容是否有误？"文本。

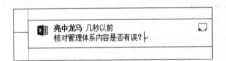

❸ 选择"开展企业文化活动，推动培训机制，稳定员工队伍"文本，新建批注，并添加批注内容"此处格式不正确。"

❹ 根据需要为其他存在错误的地方添加批注，最终结果如下图所示。

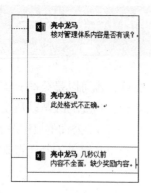

第 3 步：修订文档

根据添加的批注，可以对文档进行修订，改正错误的内容。

❶ 单击【审阅】选项卡下【修订】组中的【修订】按钮，使文档处于修订状态。

❷ 根据批注内容"核对管理体系内容是否有误？"，检查输入的管理体系内容，发现错误，则需要改正。这里将其下方第 2 行中的"目标管理"改为"后勤管理"。删除"目标"2 个字符并输入"后勤"。

❸ 将鼠标光标定位在"举办多次促销活动"文本内，单击【开始】选项卡下【剪贴板】组中的【格式刷】按钮，复制其格式。

❹ 选择"开展企业文化活动，推动培训机制，稳定员工队伍"文本，将复制的格式应用到选择的文本，完成字体格式的修订。使用相同的方法根据批注内容修改其他内容。

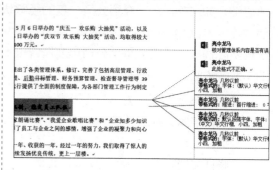

第 4 步：删除批注

根据批注的内容修改完文档之后，就可以将批注删除。

❶ 单击【审阅】选项卡【批注】选项组中【删除】按钮 下方的下拉按钮 ，在弹出的列表中选择【删除文档中的所有批注】选项。

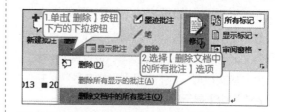

❷ 即可将文档中的所有批注删除。

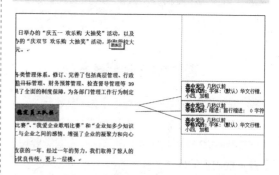

第 5 步：查找和替换

一些需要统一替换的词或内容可以利用 Word 2016 的查找和替换功能完成。

❶ 单击【开始】选项卡【编辑】选项组中的【替换】按钮 ，弹出【查找和替换】对话框。在【查找内容】文本框中输入"企业"，在【替

换为】文本框中输入"公司"，单击【全部替换】按钮，即可完成文本内容的替换。

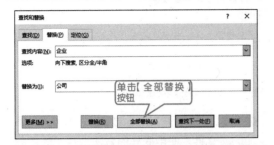

❷ 弹出信息提示框显示替换结果，单击【确定】按钮。

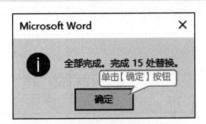

❸ 此时，可以看到替换的文本都以修订的形式显示。

第 6 步：接受或拒绝修订

根据修订的内容检查文档，如修订的内容无误，则可以接受全部修订。

❶ 单击【审阅】选项卡【更改】选项组中【接受】按钮下方的下拉按钮，在弹出的下拉列表中选择【接受所有修订】选项。

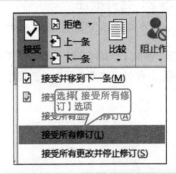

❷ 即可接受对文档所做的所有修订，并再次单击【修订】按钮，结束修订状态，最终结果如下图所示。

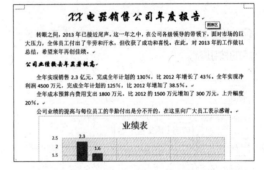

至此，就制作完成了一份准确的年度报告，用户就可以递交年度报告了。

高手私房菜

本节视频教学录像：3 分钟

技巧 1：在审阅窗格中显示修订或批注

当审阅修订和批注时，可以接受或拒绝每一项更改。在接受或拒绝文档中的所有修订和批注之前，即使是你发送或显示的文档中的隐藏更改，审阅者也能够看到。

❶ 单击【审阅】选项卡的【修订】组中的【审阅窗格】按钮右侧的下拉按钮，在弹出的下拉列表中选择【水平审阅窗格】选项。

❷ 即可打开【修订】水平审阅窗格，显示文档中的所有修订和批注

技巧 2：合并批注

可以将不同作者的修订或批注组合到一个文档中，具体操作步骤如下。

❶ 单击【审阅】选项卡的【比较】组中的【比较】按钮，在弹出的下拉列表中选择【合并】选项。

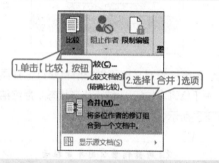

❷ 弹出【合并文档】对话框，单击【原文档】后的按钮 。

❸ 弹出【打开】对话框，选择原文档，这里选择"素材 \ch06\ 批注 .docx"文件，单击【确定】按钮。

❹ 返回至【合并文档】对话框，即可看到添加的原文件。使用同样的方法选择"修订的文档"，这里选择"素材 \ch06\ 多人批注 .docx"文件，在【合并文档】对话框中单击【确定】按钮。

❺ 即可新建一个文档，并将原文档和修订的文档合并在一起显示。

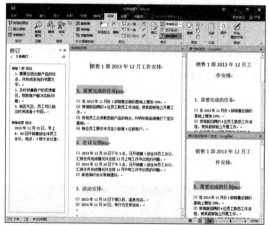

第 3 篇
Excel 2016 篇

第 **7** 章　基本表格制作

第 **8** 章　美化工作表

第 **9** 章　图形和图表

第 **10** 章　公式与函数

第 **11** 章　数据的分析与管理

第 **12** 章　数据透视表与数据透视图

第

7

章

基本表格制作

本章视频教学录像：56 分钟

高手指引

Excel 2016 是微软公司推出的 Office 2016 办公系列软件的一个重要组成部分，主要用于电子表格的处理，可以高效地完成各种表格的设计，进行复杂的数据计算和分析，大大提高了数据处理的效率。

重点导读

+ 掌握创建工作簿的方法
+ 掌握工作表的基本操作
+ 掌握单元格的基本操作
+ 掌握数据的输入和编辑

7.1 Excel 2016 的相关设置

本节视频教学录像：2 分钟

Excel 2016 打开之后，系统默认只有一个工作表，在需要时可以添加多个工作表，也可以设置打开 Excel 2016 之后，默认为多个工作表，具体方法如下。

❶ 打开 Excel 2016 应用程序，单击【文件】
➤【选项】，弹出【Excel 选项】对话框。

❷ 在左侧选择【常规】选项，在【常规】选项界面中的【新建工作簿时】区域，在【包含的工作表数】后面的微调框中输入"5"。

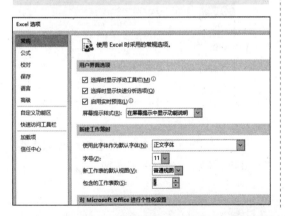

❸ 单击【确定】按钮，返回 Excel 工作簿中，单击【文件】选项卡。

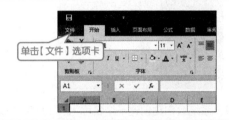

❹ 单击【新建】选项，在【新建】选项界面，单击【空白工作簿】，创建一个空白工作簿。

❺ 新创建的工作簿如下图所示，在工作簿下方显示有 5 个工作表。

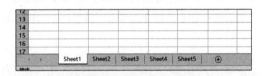

7.2 工作簿的基本操作

本节视频教学录像：8 分钟

工作簿是指在 Excel 中用来存储并处理工作数据的文件，在 Excel 2016 中，其扩展名是 .xlsx。通常所说的 Excel 文件指的就是工作簿文件。

7.2.1 创建空白工作簿

使用 Excel 工作，要创建一个工作簿。创建空白工作簿的方法有以下几种。

1. 启动自动创建

❶ 启动 Excel 2016 后，在打开的界面单击右侧的【空白工作簿】选项。

❷ 系统会自动创建一个名称为"工作簿1"的工作簿。

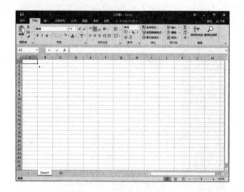

2. 使用【文件】选项卡

如果已经启动 Excel，可以单击【文件】选项卡，在弹出的下拉菜单中选择【新建】选项。在右侧【新建】区域单击【空白工作簿】

选项，即可创建一个空白工作簿。

> **提示** 另外选择【文件】选项卡下【新建】选项，在右侧的【新建】区域可以使用模板快速创建工作簿。

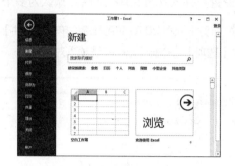

3. 使用快速访问工具栏

单击【自定义快速访问工具栏】按钮 ⁻，在弹出的下拉菜单中选择【新建】选项。将【新建】按钮固定显示在【快速访问工具栏】中，然后单击【新建】按钮 ，即可创建一个空白工作簿。

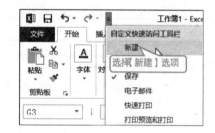

4. 使用快捷键

在打开的工作簿中，按【Ctrl + N】组合键即可新建一个空白工作簿。

 7.2.2 使用模板创建工作簿

Excel 2016 提供有很多工作簿模板，使用模板可以快速地创建工作簿。

❶ 选择【文件】选项卡，在弹出的下拉菜单中选择【新建】菜单项，在右侧的【新建】区域单击需要的工作簿模板，如单击【2016年季节性年历】模板。

❷ 弹出【学校体育预算】提示框，单击【创建】按钮。

❸ 系统将自动生成学校体育预算工作簿，且

工作簿中已经设置好了格式和内容。

7.2.3　工作簿的移动和复制

移动工作簿是指将工作簿从一个位置移动到另一个位置；复制工作簿是指在保留原工作簿的基础上，在指定的位置上建立源文件的复制。

1. 工作簿的移动

❶ 选择要移动的工作簿文件，如果要移动多个，则可在按住【Ctrl】键的同时单击要移动的工作簿文件。按【Ctrl+X】组合键剪切选择的工作簿文件，Excel 会自动地将选择的工作簿移动到剪贴板中。

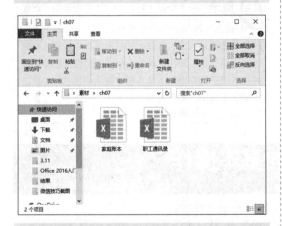

❷ 打开要移动到的目标文件夹，按【Ctrl+V】组合键粘贴文档，将剪贴板中的工作簿移动到当前的文件夹中。

2. 工作簿的复制

❶ 单击选择要移动的工作簿文件，如果要移动多个，则可在按住【Ctrl】键的同时单击要移动的工作簿文件。

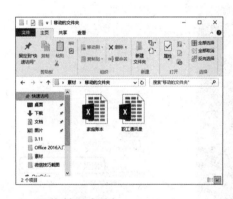

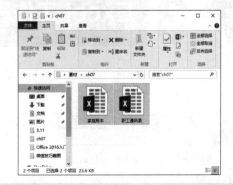

❷ 按【Ctrl+C】组合键，复制选择的工作簿

文件,打开要复制到的目标文件夹,按【Ctrl+V】组合键粘贴文档,将剪贴板中的工作簿复制到当前的文件夹中。

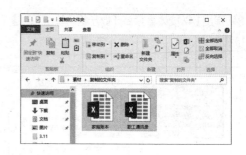

7.2.4 设置工作簿的属性

工作簿的属性包括大小、作者、创建日期、修改日期、标题、备注等信息,有些信息是由系统自动生成的,如大小、创建日期、修改日期等,有些信息是可以修改的,如作者、标题等。

❶ 选择【文件】选项卡,在弹出的列表中选择【信息】选项,窗口右侧就是此文档的信息,包括基本属性、相关日期、相关人员等,单击【显示所有属性】。

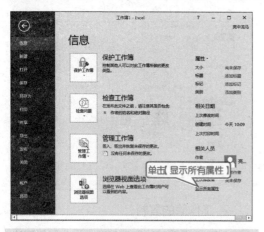

❷ 即可显示更多的属性,在【属性】列表下,对应的选项后填写相应的属性,如下图所示。

提示 在【标题】后方的文本框中单击,然后输入标题名称即可修改标题。在【作者】右侧的作者名称处右击,在弹出的快捷菜单中选择【编辑属性】菜单项。弹出【编辑人员】对话框,在【输入姓名或电子邮件地址】文本框中输入作者名称,单击【确定】按钮,即可完成作者设置。其他属性设置方法相同,这里不再赘述。

7.3 Excel 工作表的基本操作

📇 本节视频教学录像:14 分钟

创建新的工作簿时,Excel 2016 默认只有 1 个工作表。本节介绍工作表的基本操作。

7.3.1 创建工作表

创建新的工作簿时, Excel 2016 默认只有 1 个工作表,在使用 Excel 2016 过程中,有时候需要使用更多的工作表,则需要新建工作表。新建工作表的具体操作步骤如下。

❶ 在打开的 Excel 文件中，单击【新工作表】按钮 ⊕。

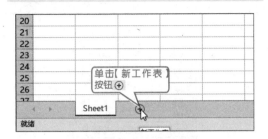

❷ 即可创建一个新工作表，如下图所示。

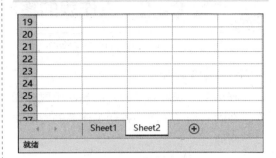

7.3.2 选择工作表

在对 Excel 工作进行操作之前需要选定它，选定工作表的方法有多种，本节就介绍 3 种情况下选择工作表的方法。

1. 用鼠标选定 Excel 表格

用鼠标选定 Excel 表格是最常用、最快速的方法，只需在 Excel 表格最下方的工作表标签上单击即可。

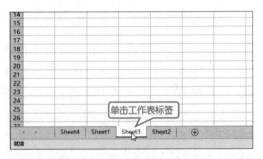

2. 选定连续的 Excel 表格

❶ 在 Excel 表格下方的第 1 个工作表标签上单击，选定该 Excel 表格。

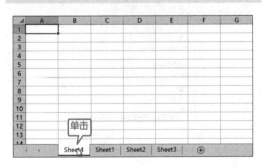

❷ 按住【Shift】键的同时选定最后一个表格的标签，即可选定连续的 Excel 表格。此时，工作簿标题栏上会多了"工作组"字样。

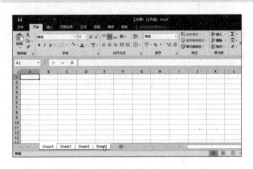

3. 选择不连续的工作表

要选定不连续的 Excel 表格，按住【Ctrl】键的同时选择相应的 Excel 表格即可。

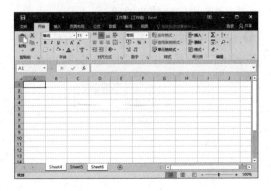

7·3·3 工作表的移动和复制

复制和移动工作表的具体步骤如下。

1. 移动工作表

移动工作表最简单的方法是使用鼠标操作，在同一个工作簿中移动工作表的方法有以下两种。

（1）直接拖曳法

❶ 选择要移动的工作表的标签，按住鼠标左键不放。

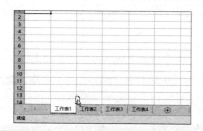

❷ 拖曳鼠标让指针到工作表的新位置，黑色倒三角会随鼠标指针移动，释放鼠标左键，工作表即被移动到新的位置。

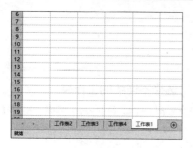

（2）使用快捷菜单法

❶ 在要移动的工作表标签上单击鼠标右键，在弹出的快捷菜单中选择【移动或复制】菜单项。

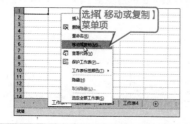

❷ 在弹出的【移动或复制工作表】对话框中选择要插入的位置。

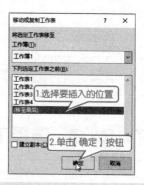

❸ 单击【确定】按钮，即可将当前工作表移动到指定的位置。

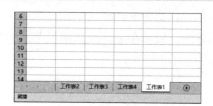

另外，不但可以在同一个 Excel 工作簿中移动工作表，还可以在不同的工作簿中移动。若要在不同的工作簿中移动工作表，则要求这些工作簿必须是打开的。具体的操作步骤如下。

❶ 在要移动的工作表标签上单击鼠标右键，在弹出的快捷菜单中选择【移动或复制】菜单项，弹出【移动或复制工作表】对话框，在【将选定工作表移至工作簿】下拉列表中选择要移动的目标位置。

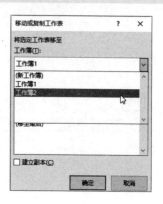

❷ 在【下列选定工作表之前】列表框中选择要插入的位置。

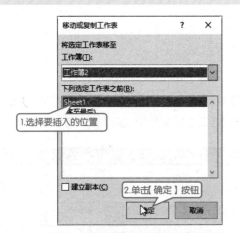

❸ 单击【确定】按钮，即可将当前工作表移动到指定的位置。

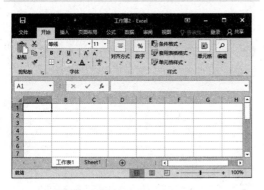

2. 复制工作表

用户可以在一个或多个 Excel 工作簿中复制工作表，有以下两种方法。

（1）使用鼠标复制

用鼠标复制工作表的步骤与移动工作表的步骤相似，只是在拖动鼠标的同时按住【Ctrl】键即可。

❶ 选择要复制的工作表"Sheet2"，按住【Ctrl】键的同时单击该工作表。

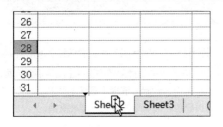

❷ 拖曳鼠标让指针到工作表的新位置，黑色倒三角会随鼠标指针移动，释放鼠标左键，工作表即被复制到新的位置。

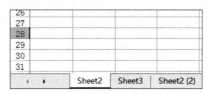

（2）使用快捷菜单复制

❶ 选择要复制的工作表，在工作表标签上单击鼠标右键，在弹出的快捷菜单中选择【移动或复制】菜单项。在弹出的【移动或复制工作表】对话框中选择要复制的目标工作簿和插入的位置，然后选中【建立副本】复选框。

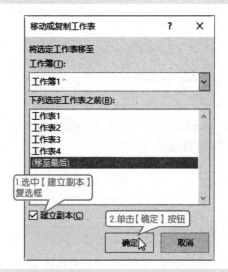

❷ 单击【确定】按钮，即可完成复制工作表的操作。

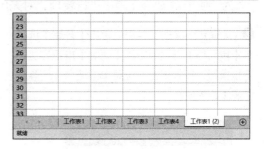

7·3·4 重命名工作表

每个工作表都有自己的名称，默认情况下以 Sheet1、Sheet2、Sheet3……命名工作表。用户可以对工作表进行重命名操作，以便更好地管理工作表。

重命名工作表的方法有以下两种。

1. 在标签上直接重命名

❶ 双击要重命名的工作表的标签 Sheet1（此时该标签以高亮显示），进入可编辑状态。

❷ 输入新的标签名，即可完成对该工作表标签进行的重命名操作。

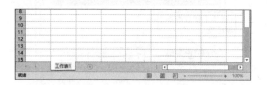

2. 使用快捷菜单重命名

❶ 在要重命名的工作表标签上单击鼠标右键，在弹出的快捷菜单中选择【重命名】菜单项。

❷ 此时工作表标签会高亮显示，在标签上输入新的标签名，即可完成工作表的重命名。

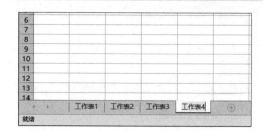

7·3·5 删除工作表

为了便于对 Excel 表格进行管理，对无用的 Excel 表格可以删除。

❶ 选择要删除的工作表，单击【开始】选项卡【单元格】选项组中的【删除】按钮右侧的下拉按钮，在弹出的下拉菜单中选择【删除工作表】菜单项。

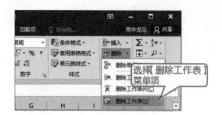

❷ 删除后的效果如下图所示。

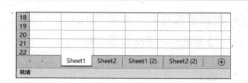

提示 在要删除的工作表的标签上单击鼠标右键，在弹出的快捷菜单中选择【删除】菜单项，也可以将工作表删除。选择【删除】菜单项，工作表即被永久删除，该命令的效果不能被撤销。

7·3·6 设置工作表标签颜色

Excel 系统提供有设置工作表标签颜色的功能，用户可以根据需要对标签的颜色进行设置，以便于区分不同的工作表。

❶ 选择要设置颜色的工作表标签"Sheet1"。

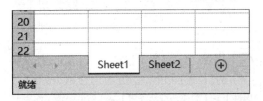

❷ 在【开始】选项卡中，单击【单元格】选项组中的【格式】按钮，在弹出的下拉菜单中选择【工作表标签颜色】菜单项，在其子菜单中选择一种颜色即可。

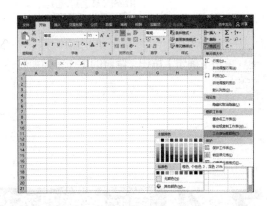

📝 **提示** 右键单击工作表标签，在弹出的快捷菜单中选择【工作表标签颜色】选项，也可以设置颜色类型。

 7·3·7 显示和隐藏工作表

可以把暂时不需要编辑或查看的工作表隐藏起来，使用时再取消隐藏。

1. 隐藏 Excel 表格

❶ 打开随书光盘中的"素材\ch07\职工通讯录.xlsx"文件，选择要隐藏的工作表标签（如"通讯录"）并单击鼠标右键，在弹出的快捷菜单中选择【隐藏】菜单项。

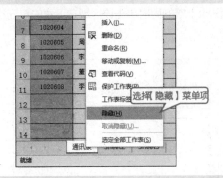

❷ 当前所选工作表即被隐藏起来。

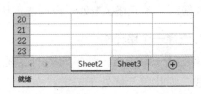

2. 显示工作表

❶ 在任意一个工作表标签上单击鼠标右键，在弹出的快捷菜单中选择【取消隐藏】菜单项。

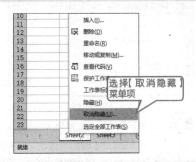

❷ 弹出【取消隐藏】对话框，选择要恢复隐藏的工作表名称。

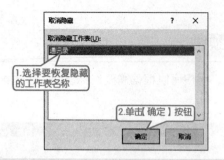

③ 单击【确定】按钮，隐藏的工作表即被显示出来。

> **提示** 单击【开始】选项卡下【单元格】组中的【格式】按钮，在弹出的下拉列表中选择【可见性】➤【隐藏与取消隐藏】➤【取消隐藏工作表】命令，也可以显示工作表。

7.4 单元格的基本操作

本节视频教学录像：10 分钟

创建新的工作簿时，Excel 2016 默认只有 1 个工作表。本节介绍工作表的基本操作。

7.4.1 选择单元格

对单元格进行编辑操作，首先要选择单元格或单元格区域。注意，启动 Excel 并创建新的工作簿时，单元格 A1 处于自动选定状态。

1. 选择一个单元格

单击某一单元格，若单元格的边框线变成粗线，则此单元格处于选定状态。当前单元格的地址显示在名称框中，在工作表格区内，鼠标指针会呈白色 "✛" 字形状。

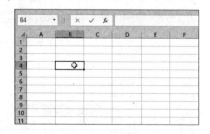

> **提示** 在名称框中输入目标单元格的地址，如 "B7"，按【Enter】键即可选定第 B 列和第 7 行交汇处的单元格。此外，使用键盘上的上、下、左、右 4 个方向键，也可以选定单元格。

2. 选择连续的单元格区域

在 Excel 工作表中，若要对多个单元格进行相同的操作，可以先选择单元格区域。

❶ 单击该区域左上角的单元格 A2，按住【Shift】键的同时单击该区域右下角的单元格 C6。

❷ 此时即可选定单元格区域 A2:C6，结果如下图所示。

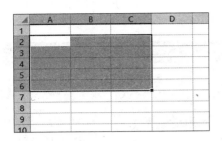

> **提示** 将鼠标指针移到该区域左上角的单元格 A2 上，按住鼠标左键不放，向该区域右下角的单元格 C6 拖曳，或在名称框中输入单元格区域名称 "A2:C6"，按【Enter】键，均可选定单元格区域 A2:C6。

3. 选择不连续的单元格区域

选择不连续的单元格区域也就是选择不相邻的单元格或单元格区域，具体操作步骤如下。

❶ 选择第 1 个单元格区域（例如，单元格区域 A2:C3）后，按住【Ctrl】键不放，拖动鼠标选择第 2 个单元格区域（例如，单元格区域 C6:E8）。

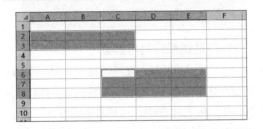

❷ 使用同样的方法可以选择多个不连续的单元格区域。

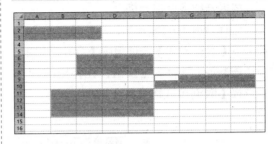

4. 选择所有单元格

选择所有单元格，即选择整个工作表，方法有以下两种。

（1）单击工作表左上角行号与列标相交处的【选定全部】按钮 ◢，即可选定整个工作表。

（2）按【Ctrl+A】组合键也可以选择整个表格。

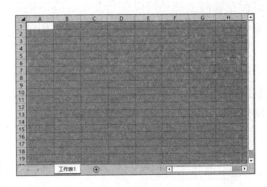

7.4.2 单元格的合并和拆分

合并与拆分单元格是最常用的单元格操作，它不仅可以满足用户编辑表格中数据的需求，也可以使工作表整体更加美观。

1. 合并单元格

合并单元格是指在 Excel 工作表中，将两个或多个选定的相邻单元格合并成一个单元格。如选择单元格区域 A1:C1，单击【开始】选项卡下【对齐方式】选项组中【合并后居中】按钮 台，即可合并且居中显示该单元格。

2. 拆分单元格

在 Excel 工作表中，还可以将合并后的单元格拆分成多个单元格。

选择合并后的单元格，单击【开始】选项卡下【对齐方式】选项组中【合并后居中】按钮 右侧的下拉按钮，在弹出的列表中选择【取消单元格合并】选项。该表格即

被取消合并，恢复成合并前的单元格。

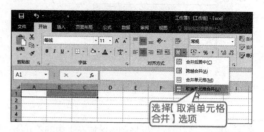

选择【取消单元格合并】选项

7·4·3 调整列宽和行高

在 Excel 工作表中，使用鼠标可以快速调整行高和列宽，其具体操作步骤如下。在 Excel 工作表中，当单元格的宽度或高度不足时，会导致数据显示不完整，这时就需要调整列宽和行高。

1. 调整单行或单列

如果要调整行高，将鼠标指针移动到两行的列号之间，当指针变成 ✚ 形状时，按住鼠标左键向上拖动可以使行变小，向下拖动则可使行变高。拖动时将显示出以点和像素为单位的宽度工具提示。如果要调整列宽，将鼠标指针移动到两列的列标之间，当指针变成 ✚ 形状时，按住鼠标左键向左拖动可以使列变窄，向右拖动则可使列变宽。

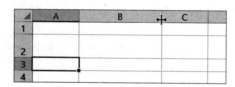

2. 调整多行或多列

如果要调整多行或多列的宽度，选择要更改的行或列，然后拖动所选行号或列标的下侧或右侧边界，调整行高或列宽。

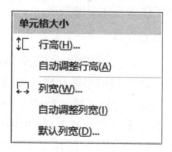

3. 调整整个工作表的行或列

如果要调整工作表中所有列的宽度，单击【全选】按钮 ◢，然后拖动任意列标题的边界调整行高或列宽。

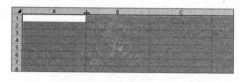

4. 自动调整行高与列宽

除了手动调整行高与列宽外，还可以将单元格设置为根据单元格内容自动调整行高或列宽。在工作表中，选择要调整的行或列，如这里选择 E 列。在【开始】选项卡中，单击【单元格】选项组中的【格式】按钮 格式，在弹出的下拉菜单中选择【自动调整行高】或【自动调整列宽】菜单项即可。

单元格大小
↕ 行高(H)...
自动调整行高(A)
↔ 列宽(W)...
自动调整列宽(I)
默认列宽(D)...

7·4·4 清除单元格的操作

在单元格中输入数据时，还可以清除单元格中的格式操作、文本操作或超链接等，具体操作步骤如下。

① 如图所示，选中需要清除操作的单元格。

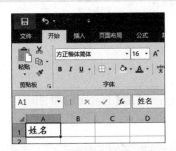

② 单击【开始】选项卡下【编辑】组中的【清除】按钮，在弹出的下拉列表中选择【清除格式】选项。

③ 如图所示，单元格中所设置的格式操作被清除。由之前的"方正楷体简体"，字号为"20"的字体格式转换为系统默认的"宋体"字体，字号为"11"的格式，如下图所示。

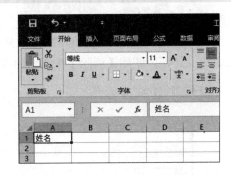

提示 在弹出的下拉列表中，选择相应的选项即可删除相应的操作，如选择【清除内容】选项，可将单元格中的数据删除，选择【全部删除】选项，可将单元格中的所有操作删除。

7.5 数据的输入和编辑

本节视频教学录像：14 分钟

Excel 允许在使用时根据需要在单元格中输入文本、数值、日期、时间以及计算公式等，在输入前应先了解各种类型的表格信息和输入格式。

7·5·1 在单元格中输入数据

在单元格中输入数据，某些输入的数据 Excel 会自动地根据数据的特征进行处理并显示出来。本小节介绍 Excel 如何自动地处理这些数据以及输入的技巧。

单元格中的文本包括汉字、英文字母、数字和符号等。每个单元格最多可包含 32 767 个字符。例如，在单元格中输入"5 个小孩"，Excel 会将它显示为文本形式；若将"5"和"小孩"分别输入到不同的单元格中，Excel 则会把"小孩"作为文本处理，而将"5"作为数值处理。

	A	B	C	D
1	5个小孩		5	
2				
3		小孩		
4				
5				

选择要输入的单元格，从键盘上输入数据后按【Enter】键，Excel 会自动识别数据类型，并将单元格对齐方式默认设置为"左

对齐"。

如果单元格列宽容纳不下文本字符串，多余字符串会在相邻单元格中显示，若相邻的单元格中已有数据，就截断显示。

如果在单元格中输入的是多行数据，在换行处按【Alt+Enter】组合键，可以实现换行。换行后在一个单元格中将显示多行文本，行的高度也会自动增大。

	A	B	C	D	E
1	姓名	性别	家庭住址	联系方式	
2	张亮	男	北京市朝阳区		
3	李艳	女	上海市徐	021-12345XX	
4					

	A	B	C	D	E
1	姓名	性别	家庭住址	联系方式	
2	张亮	男	北京市朝阳区		
3	李艳	女	上海市徐汇区	021-12345XX	
4					

7·5·2 删除数据

选择输入错误或者希望删除的数据，然后按【Backspace】或【Delete】键即可将其删除，除此之外，还可以使用【清除】按钮清除数据。

❶ 选择要删除数据的单元格。

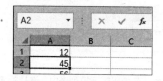

❷ 单击【开始】选项卡下【编辑】组中的【清除】按钮右侧的下拉按钮，在弹出的下拉列表中选择【清除内容】选项，即可清除选择的数据。

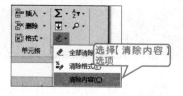

❸ 删除后的效果如下图所示。

A2		×	✓	fx
	A	B	C	
1	12			
2				
3	56			
4				
5				

> **提示** 【全部清除】选项：清除所选单元格的全部内容，包括内容、格式和注释等。
> 【清除格式】选项：仅清除应用于所选单元格的格式。
> 【清除内容】选项：仅清除所选单元格的内容。
> 【清除批注】选项：清除附加到所选单元格的注释。
> 【清除超链接】选项：清除所选单元格中的超链接。

7·5·3 修改数据

当数据输入错误时，左键单击需要修改数据的单元格，然后输入要修改的数据，则该单元格将自动更改数据。

❶ 右键单击需要修改数据的单元格，在弹出的快捷菜单中选择【清除数据】选项。

❷ 数据清除之后，在原单元格中重新输入数据即可。

> **提示** 选中单元格，单击键盘上的【Backspace】键可快速将数据清除，或者选择要修改数据的单元格，直接输入数据，也可以对数据进行修改。

7·5·4 编辑数据

如果输入的数据格式不正确，也可以对数据进行编辑。一般是对单元格或单元格区域中的数据格式进行修改。

❶ 右键单击需要编辑数据的单元格，在弹出的快捷菜单中选择【设置单元格格式】选项。

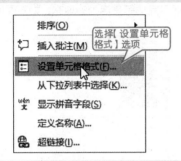

❷ 弹出【设置单元格】对话框，在左侧【分类】区域选择需要的格式，在右侧设置相应的格式。如单击【分类】区域的【数值】选项，在右侧设置小数位数为"2"位，然后单击【确定】按钮。

❸ 编辑后的格式如下图所示。

	A	B	C	D
1	商品名称	价格		
2	笔记本	8.00		
3	圆珠笔	1.00		
4	钢笔	15.00		
5				
6				

> **提示** 选中要修改的单元格或单元格区域，按【Ctrl+1】组合键，同样可以调出【设置单元格格式】对话框，在对话框中可以进行数据格式的设置。

7·5·5 填充数据

利用 Excel 的自动填充功能，可以方便快捷地输入有规律的数据。有规律的数据是指等差、等比、系统预定义的数据填充序列和用户自定义的序列。

选中某个单元格，其右下角的绿色的小方块即为填充柄。

当鼠标指针指向填充柄时，会变成黑色的加号。

使用填充柄可以在表格中输入相同的数据，相当于复制数据。具体的操作步骤如下。

❶ 选定单元格 A1，输入"填充"。

❷ 将鼠标指针指向该单元格右下角的填充柄，然后拖曳鼠标至单元格A4，结果如下图所示。

使用填充柄还可以填充序列数据，如等差或等比序列。首先选取序列的第1个单元格并输入数据，再在序列的第2个单元格中输入数据，之后利用填充柄填充，前两个单元格内容的差就是步长。下面举例说明。

❶ 分别在单元格A1和A2中输入"20160101"和"20160102"。选中单元

格A1和A2，将鼠标指针指向该单元格右下角的填充柄。

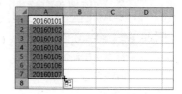

❷ 待鼠标指针变为 ✚ 时，拖曳鼠标至单元格A5，即可完成等差序列的填充，如下图所示。

7.5.6 长文本自动换行

设置长文本自动换行可以将比较长的文本在一个单元格内显示，设置自动换行的具体操作步骤如下。

❶ 在单元格A1中输入文本"保护环境，人人有责。"，然后右键单击A1单元格，在弹出的快捷菜单中选择【设置单元格格式】选项。

❷ 弹出【设置单元格格式】对话框，在【对齐】选项卡下【文本控制】区域内，单击选中【自动换行】复选框，然后单击【确定】按钮。

❸ 最终效果如下图所示。

7.6 综合实战——制作工作计划进度表

本节视频教学录像：5 分钟

工作计划进度表是有计划地进行工作进程的表格，它包含员工正在工作的内容与计划完成时间以及已完成部分或不能按时完成的原因等。工作计划进度表，可以使公司的领导清晰地了解员工的工作情况。

第 1 步：创建工作簿并设置工作表标签的颜色

❶ 新建空白工作簿。

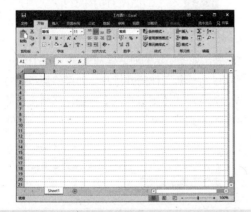

❷ 单击左下角的【新工作表】按钮 ⊕，创建一个新工作表，如下图所示。

❸ 鼠标在工作表标签上双击，重命名工作表。

❹ 在【开始】选项卡中，单击【单元格】选项组中的【格式】按钮，在弹出的下拉菜单中选择【工作表标签颜色】菜单项，为工作表设置工作表标签的颜色。

第 2 步：输入数据

❶ 输入工作计划进度表中的各种数据，并对数据列进行填充，合并单元格并调整行高与列宽。

❷ 设置工作簿中的文本段落格式和文本对齐方式，并设置边框和背景。

高手私房菜

本节视频教学录像：3 分钟

技巧 1：修复损坏的工作簿

如果工作簿损坏了不能打开，可以使用 Excel 2016 自带的修复功能修复。具体的操作步骤如下。

❶ 启动 Excel 2016，选择【文件】选项卡，在列表中选择【打开】选项。

❷ 弹出【打开】对话框，从中选择要打开的工作簿文件，单击【打开】按钮右侧的下拉箭头，在弹出的下拉菜单中选择【打开并修复】菜单项。

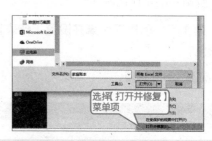

❸ 弹出如图所示的对话框，单击【修复】按钮，Excel 将修复工作簿并打开；如果修复不能完成，则可单击【提取数据】按钮，只将工作簿中的数据提取出来。

技巧 2：设置启动 Excel 2016 时，自动打开某文件夹中所有工作簿

在工作中，有时为了节约时间，可以设置 Excel 2016 在启动时，自动打开某文件夹下所有工作簿，具体操作步骤如下。

❶ 启动 Excel 软件，单击【文件】▶【选项】选项命令，弹出【Excel 选项】对话框。

❷ 在左侧选择【高级】选项，在右侧【常规】区域【启动时打开此目录中的所有文件】右侧的文本框中输入要打开文件的保存路径，如下图所示。

❸ 单击【确定】按钮，关闭 Excel 2016 软件，再次启动，则自动打开所输入路径下的所有文件。

第 **8** 章

美化工作表

 本章视频教学录像：25 分钟

高手指引

　　工作表的美化是表格制作的一项重要内容，通过对表格格式的设置，可以使表格的框线、底纹以不同的形式表现出来；同时还可以设置表格的文本样式等，使表格层次分明、结构清晰、重点突出显示。Excel 2016 为工作表的美化设置提供了方便的操作方法和多项功能。

重点导读

　　✚ 掌握工作表中字体的设置方法
　　✚ 掌握单元格的设置方法
　　✚ 掌握引用单元格样式

8.1 设置单元格

本节视频教学录像：14 分钟

设置单元格包括设置数字格式、对齐方式以及边框和底纹等，设置单元格的格式不会改变数据的值，只影响数据的显示及打印效果。

8.1.1 设置数字格式

在 Excel 2016 中，用数字表示的内容很多，例如小数、货币、百分比和时间等。在单元格中改变数值的小数位数、为数值添加货币符号的具体操作步骤如下。

❶ 打开随书光盘中的"素材 \ch08\ 设置数字格式 .xlsx"文件，选择单元格区域 B4:E16。

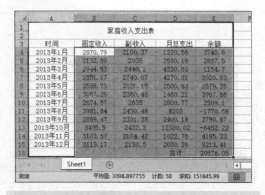

❷ 在【开始】选项卡中单击【数字】选项组中的【减少小数位数】按钮。如图所示，可以看到选中区域的数值减少一位小数，并进行了四舍五入操作。

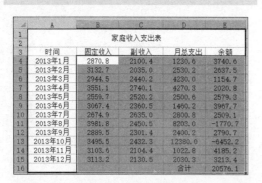

❸ 单击【数字】选项组中的【会计数字格式】按钮右侧的下拉按钮，在弹出的下拉列表中选择【¥ 中文】选项。

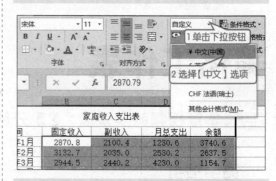

❹ 单元格区域的数字格式被自动应用为【会计专用】格式，数字前添加了货币符号，效果如下图所示。

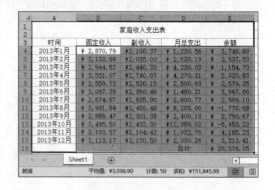

8.1.2 设置对齐方式

Excel 2016 允许为单元格数据设置的对齐方式有左对齐、右对齐和合并居中对齐等。

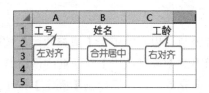

> **提示** 默认情况下，单元格的文本是左对齐，数字是右对齐。

【开始】选项卡中的【对齐方式】选项组中，对齐按钮的功能如下。

（1）【顶端对齐】按钮 ☰

单击该按钮，可使选定的单元格或单元格区域内的数据沿单元格的顶端对齐。

（2）【垂直居中】按钮 ☰

单击该按钮，可使选定的单元格或单元格区域内的数据在单元格内上下居中。

（3）【底端对齐】按钮 ☰

单击该按钮，可使选定的单元格或单元格区域内的数据沿单元格的底端对齐。

（4）【方向】按钮 ✤

单击该按钮，将弹出下拉菜单，可根据各个菜单项左侧显示的样式进行选择。

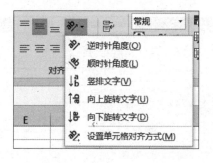

（5）【左对齐】按钮 ☰

单击该按钮，可使选定的单元格或单元格区域内的数据在单元格内左对齐。

（6）【居中】按钮 ☰

单击该按钮，可使选定的单元格或单元格区域内的数据在单元格内水平居中显示。

（7）【右对齐】按钮 ☰

单击该按钮，可使选定的单元格或单元格区域内的数据在单元格内右对齐。

（8）【减少缩进量】按钮 ☰

单击该按钮，可以减少边框与单元格文字间的边距。

（9）【增加缩进量】按钮 ☰

单击该按钮，可以增加边框与单元格文字间的边距。

（10）【自动换行】按钮 ☰

单击该按钮，可以使单元格中的所有内容以多行的形式全部显示出来。

（11）【合并后居中】按钮 ☰

单击该按钮，可以使选定的各个单元格合并为一个较大的单元格，并将合并后的单元格内容水平居中显示。

单击此按钮右边的 ▾ 按钮，可弹出如下图所示的菜单，用来设置合并的形式。

8.1.3 设置边框和底纹

在 Excel 2016 中，单元格四周的灰色网格线默认是不能被打印出来的。为了使表格更加规范、美观，可以为表格设置边框和底纹。

1. 设置边框

设置边框主要有以下两种方法。

（1）选中要添加边框的单元格区域，单击【开始】选项卡下【字体】选项组中【边框】按钮 右侧的下拉按钮，在弹出的列表中选择【所有边框】选项，即可为表格添加所有边框。

（2）按【Ctrl+1】组合键，打开【设置单元格格式】对话框，选择【边框】选项卡，在【线条样式】列表框中选择一种样式，然后在【颜色】下拉列表中选择颜色，在【预置】区域单击【外边框】选项。使用同样方法设置【内边框】选项，单击【确定】按钮，即可添加边框。

2. 设置底纹

为了使工作表中某些数据或单元格区域更加醒目，可以为这些单元格或单元格区域设置底纹。

选择要添加背景的单元格区域，按【Ctrl+1】组合键，打开【设置单元格格式】对话框，选择【填充】选项卡，选择要填充

的背景色。也可以单击【填充效果】按钮，在弹出的【填充效果】对话框中设置背景颜色的填充效果，然后单击【确定】按钮，返回【设置单元格格式】对话框，单击【确定】按钮，工作表的背景就变成指定的底纹样式了。

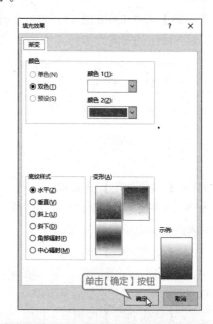

8.2 快速套用表格样式

本节视频教学录像：3 分钟

Excel 预置有 60 种常用的格式，用户可以自动地套用这些预先定义好的格式，以提高工作的效率。自动套用表格格式的具体步骤如下。

❶ 打开随书光盘中的"素材 \ch08\ 设置表格样式 .xlsx"文件，选择要套用格式的单元格区域 A4:G18，单击【开始】选项卡下【样式】选项组中的【套用表格格式】按钮 套用表格格式，在弹出的下拉菜单中选择【浅色】选项中的一种。

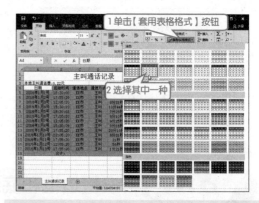

❷ 将会弹出【套用表格格式】对话框，单击【确定】按钮。

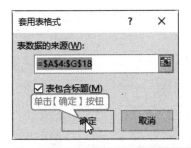

❸ 即可套用该浅色样式，如下图所示。

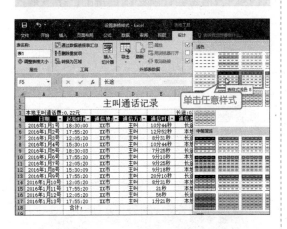

❹ 在此样式中单击任意一个单元格，功能区就会出现【表格工具】➤【设计】选项卡，单击【表格样式】选项组中的任意样式，即可更改样式。

![表格工具设计选项卡及表格样式列表]

> 提示　也可单击【表格样式】选项组右侧的下拉按钮，在弹出的列表中选择【清除】选项，即可删除表格样式。

❺ 在单元格中单击鼠标右键，在弹出的快捷菜单中选择【表格】➤【转换为区域】选项。

❻ 弹出【Microsoft Excel】提示框，单击【是】按钮。

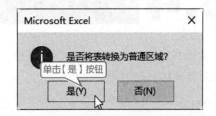

❼ 即可将表格转换为普通区域，效果如下图所示。

![转换为普通区域后的主叫通话记录表]

8.3　设置单元格样式

📹 本节视频教学录像：2 分钟

　　单元格样式是一组已定义的格式特征，使用 Excel 2016 中的内置单元格样式可以快速改变文本样式、标题样式、背景样式和数字样式等。同时，用户也可以创建自己的自定义单元格样式。

❶ 打开随书光盘中的"素材 \ch08\ 设置单元格样式 .xlsx"文件，选择要套用格式的单元格区域 A1:E15，单击【开始】选项卡下【样式】选项组中【单元格样式】按钮 单元格样式· 右侧的下拉按钮。

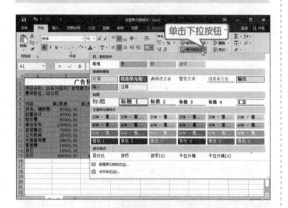

❷ 在弹出的下拉菜单的【数据和模型】中选择一种样式，即可改变单元格中文本的样式。

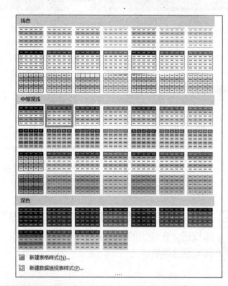

8.4 综合实战——美化会计科目表

本节视频教学录像：2 分钟

会计在日常工作中需要做很多表格，其中美化这些表格是会计所必须具备的，接下来我们来对会计科目表进行美化。

❶ 打开随书光盘中的"素材 \ch08\ 会计科目表 .xlsx"文件，选中单元格 A1，设置其字体格式为"方正楷体简体"，字号大小为"28"，加粗。

❷ 选中单元格区域 A2:G22，单击【开始】选项卡下【样式】组中的【套用单元格格式】按钮 套用表格格式· ，在弹出的下拉列表中选择一种格式。

❸ 弹出【套用表格式】对话框，单击【确定】按钮。

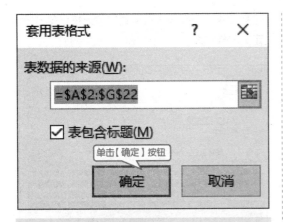

④ 设置后的格式如图所示，单击【开始】选项卡下【字体】组中的【下框线】按钮 ⊞ ▾ 右侧的下拉按钮，在弹出的下拉列表中选择【所有框线】选项。

⑤ 最终效果如下图所示。

高手私房菜

本节视频教学录像：4 分钟

技巧 1：自定义单元格样式

如果内置的快速单元格样式都不适合，可以自定义单元格样式。

❶ 在【开始】选项卡中，单击【样式】选项组中的【单元格样式】按钮，在弹出的下拉列表中选择【新建单元格样式】选项。

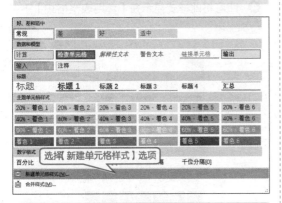

❷ 弹出【样式】对话框，输入样式名称。

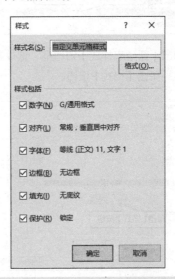

❸ 单击【格式】按钮，在【设置单元格格式】对话框中设置数字、字体、边框、填充等样式

后单击【确定】按钮。返回值【样式】对话框，再次单击【确定】按钮。

❹ 新建的样式即可出现在【单元格】样式下

拉列表中。选择要设置样式的单元格，单击自定义的样式即可。

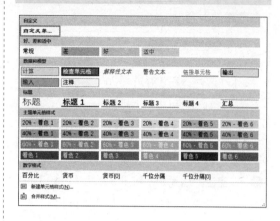

技巧 2：自定义快速表格格式

定义快速表格格式的操作和自定义快速单元格样式类似。

❶ 在【开始】选项卡中，单击【样式】选项组中的【套用表格格式】按钮，在弹出的下拉列表中选择【新建表格样式】选项。

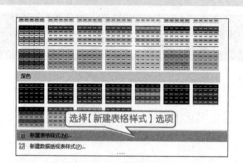

❷ 弹出【新建表样式】对话框，选择要设置表元素，单击【格式】按钮。

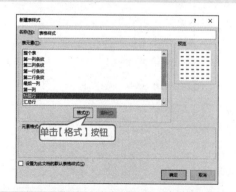

❸ 在对话框中根据需要进行设置，设置后单击【确定】按钮，返回至【新建表快速样式】

对话框后，选择其他要设置的表元素，并进行设置，设置完成单击【确定】按钮。

❹ 即可将此样式显示在【套用表格格式】下拉列表中。

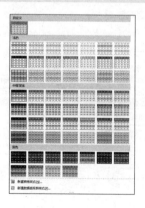

第

9 章

图形和图表

 本章视频教学录像：1 小时 9 分钟

高手指引

使用图表不仅能使数据的统计结果更直观、更形象，而且能够清晰地反映数据的变化规律和发展趋势。通过本章的学习，让用户对图表的类型、图表的组成、图表的操作以及图形操作等能够熟练掌握并能灵活运用。

重点导读

+ 掌握图表的特点及使用分析
+ 掌握创建图表的方法
+ 掌握图表的基本操作
+ 掌握迷你图的创建
+ 掌握使用插图的方法

9.1 图表的特点及使用分析

本节视频教学录像：14 分钟

图表可以非常直观地反映工作表与数据之间的关系，可以方便地对比与分析数据。用图表表示数据，可以使结果更加清晰、直观和易懂，为使用数据提供了方便。

1. 图表的特点

（1）直观形象

在如下图所示的图表中，可以非常直观地显示每位同学两个学期的成绩进步情况。

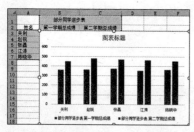

（2）种类丰富

Excel 2016 提供有 14 种内部的图表类型，每一种图表类型又有多种子类型，还可以自己定义图表。用户可以根据实际情况，选择原有的图表类型或者自定义图表。

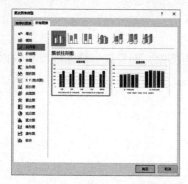

（3）双向联动

在图表上可以增加数据源，使图表和表格双向结合，更直观地表达丰富的含义。

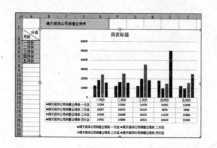

（4）二维坐标

一般情况下，图表上有两个用于对数据进行分类和度量的坐标轴，即分类（x）轴和数值（y）轴。在 x、y 轴上可以添加标题，以更明确图表所表示的含义。

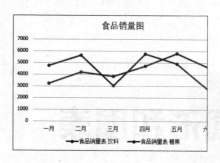

2. 图表的使用分析

Excel 2016 有多不同类型的图表，而每种图表都有与之匹配的应用范围，下面我们着重介绍几种比较常用的图表的应用范围。

（1）柱形图

柱形图是最普通的图表类型之一。柱形图把每个数据显示为一个垂直柱体，高度与数值相对应，值的刻度显示在垂直轴线的左侧。创建柱形图时可以设定多个数据系列，每个数据系列以不同的颜色表示。

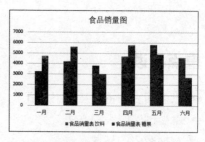

（2）折线图

折线图通常用来描绘连续的数据，对于标识数据趋势很有用。折线图的分类轴显示相等的间隔。

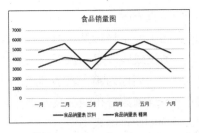

（3）饼图

饼图是把一个圆面划分为若干个扇形面，每个扇形面代表一项数据值。饼图一般显示的数据系列适合表示数据系列中每一项占该系列总值的百分比。

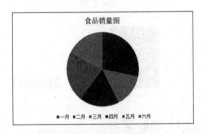

（4）条形图

条形图类似于柱形图，实际上是顺时针旋转 90°的柱形图，主要强调各个数据项之间的差别情况。使用条形图的优点是分类标签更便于阅读。

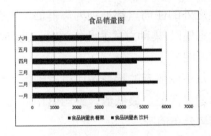

（5）面积图

面积图是将一系列数据用线段连接起来，每条线以下的区域用不同的颜色填充。面积图强调幅度随时间的变化，通过显示所绘数据的总和，说明部分和整体的关系。

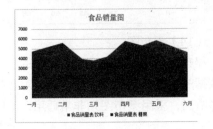

（6）xy 散点图

xy 散点图用于比较几个数据系列中的数值，或者将两组数值显示为 xy 坐标系中的系列。xy 散点图通常用来显示两个变量之间的关系。

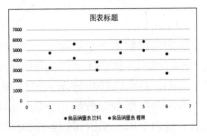

（7）股价图

股价图用来描绘股票的价格走势，对于显示股票市场信息很有用。这类图表需要 3 到 5 个数据系列。

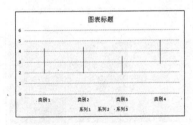

（8）曲面图

曲面图是在曲面上显示两个或更多的数据系列。曲面中的颜色和图案用来指示在同一取值范围内的区域。数值轴的主要单位刻度决定使用的颜色数，每个颜色对应一个主要单位刻度。

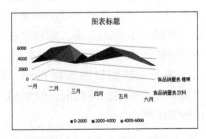

（9）雷达图

雷达图对于每个分类都有一个单独的轴线，轴线从图表的中心向外伸展，并且每个数据点的值均被绘制在相应的轴线上。

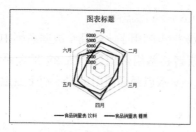

（10）树状图

树状图提供数据的分层视图，方便比较分类的不同级别。树状图可以按颜色和接近度显示类别，并可以轻松显示大量数据，这一点其他图表类型难以做到。当层次结构内存在空（空白）单元格时可以绘制树状图，树状图非常适合比较层次结构内的比例。

从下图所示的树状图可以看出，办公软件、编程语言、图像处理和移动数码，不同层次结构内所占的比例。

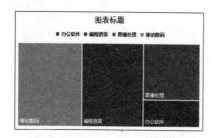

（11）旭日图

旭日图非常适合显示分层数据，当层次结构内存在空（空白）单元格时可以绘制。层次结构的每个级别均通过一个环或圆形表示，最内层的圆表示层次结构的顶级，不含任何分层数据（类别的一个级别）的旭日图与圆环图类似，但具有多个级别的类别的旭日图显示外环与内环的关系。旭日图在显示一个环如何被划分为作用片段时最有效。

从下图所示的旭日图可以看出不同季度、月份、周产品的销售情况，及销量所占的总销量的比例。

（12）直方图

直方图类似于柱形图，由一系列高度不等的纵向条纹或线段显示数据分布的频率，图表中的每一列称为箱，表示频数，可以清楚地显示各组频数分布情况及差别，包括直方图和 排列图两种图表类型。

从下图所示的直方图可以看出横坐标轴是每列考试成绩的值域区间，纵坐标轴显示了每个值域区间的人数情况。

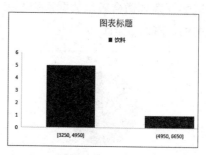

（13）箱形图

箱形图又称为盒须图、盒式图或箱线图，显示数据到四分位点的分布，突出显示平均值和离群值。箱形图具有可垂直延长的名为"须线"的线条，这些线条指示超出四分位点上限 和下限的变化程度，处于这些线条或须线之外的任何点都被视为离群值。当有多个数据集以 某种方式彼此相关时，就可以使用箱形图。

从下图所示的箱形图可以看到各季度销售情况最高值、最低值、平均值和中间值等的结构分布情况。

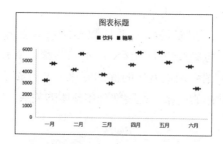

（14）瀑布图

瀑布图是柱形图的变形，悬空的柱子代表数据的增减，在处理正值和负值对初始值的影响时，采用瀑布图则非常适用，可以直观地展现数据的增加变化。

从右图所示的瀑布图中可以清晰地看到每个时间段的收益情况，图中采用不同的颜色区分正数和负数。

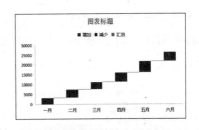

9.2 创建图表

本节视频教学录像：4 分钟

Excel 2016 可以创建嵌入式图表和图表工作表，嵌入式图表就是与工作表数据在一起或者与其他嵌入式图表在一起的图表，而工作表图表是特定的工作表，只包含单独的图表。

9.2.1 使用快捷键创建图表

按【Alt+F1】组合键可以创建嵌入式图表，按【F11】键可以创建工作表图表。使用按键创建图表的具体步骤如下。

❶ 打开随书光盘中的"素材 \ch09\ 支出明细表 .xlsx"文件，选择单元格区域 A2:E9。

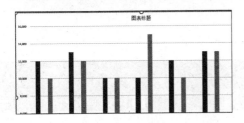

❷ 按【F11】键，即可插入一个名为"Chart1"的工作表，并根据所选区域的数据创建图表。

❸ 如果选中需要创建图表的单元格区域，按【Alt+F1】组合键，可在当前工作表中快速插入簇状柱形图图表。

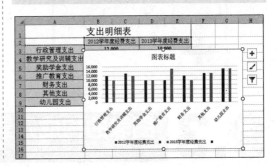

9.2.2 使用功能区创建图表

在 Excel 2016 的功能区中也可以方便地创建图表，具体的操作步骤如下。

❶ 打开随书光盘中的"素材 \ch09\ 支出明细表 .xlsx"文件，选择 A2:E9 单元格区域。

	支出明细表			
项目	2011学年度	2012学年度	2013学年度	2014学年度
行政管理支出	12,000	11,200	10,000	11,900
教学研究及训辅支出	13,000	12,470	12,000	12,160
奖助学金支出	10,000	22,300	10,000	11,200
推广教育支出	10,000	11,800	15,000	11,350
财务支出	12,000	11,960	10,000	11,000
其他支出	13,000	22,080	13,000	11,950

❷ 在【插入】选项卡下的【图表】选项组中，

单击【插入柱形图】按钮，在弹出的下拉列表框中选择【二维柱形图】中的【簇状柱形图】选项。

选择【簇状柱形图】选项

❸ 即可在该工作表中生成一个柱形图表，效果如下图所示。

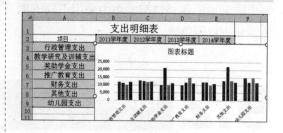

9.2.3 使用图表向导创建图表

使用图表向导也可以创建图表，具体的操作步骤如下。

❶ 打开随书光盘中的"素材\ch09\支出明细表.xlsx"文件，选择 A2:E9 单元格区域。在【插入】选项卡中单击【图表】选项组右下角的【查看其他图表】按钮，弹出【插入图表】对话框。

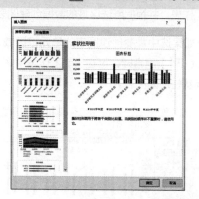

❷ 选择【推荐的图表】列表中的【堆积柱形图】选项后，单击【确定】按钮，效果如下图所示。

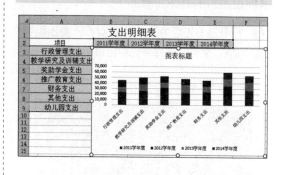

9.3 图表的构成元素

本节视频教学录像：3 分钟

图表主要由图表区、绘图区、图表标题、数据标签、坐标轴、图例、数据表和三维背景等部分组成。

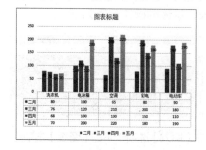

1. 图表区

整个图表以及图表中的数据称为图表区。在图表区中，当鼠标指针停留在图表元素上方时，Excel 会显示元素的名称，以方便用户查找图表元素。

2. 绘图区

绘图区主要显示数据表中的数据，数据

随着工作表中数据的更新而更新。

3. 图表标题

创建图表完成后，图表中会自动创建标题文本框位置，只需在文本框中输入标题即可。

4. 数据标签

图表中绘制的相关数据点的数据来自数据的行和列。如果要快速标识图表中的数据，可以为图表的数据添加数据标签，在数据标签中可以显示系列名称、类别名称和百分比。

5. 坐标轴

默认情况下，Excel 会自动确定图表坐标轴中图表的刻度值，也可以自定义刻度，以满足使用需要。当在图表中绘制的数值涵盖范围大时，可以将垂直坐标轴改为对数刻度。

6. 图例

图例用方框表示，用于标识图表中的数据系列所指定的颜色或图案。创建图表后，图例以默认的颜色来显示图表中的数据系列。

7. 数据表

数据表是反映图表中源数据的表格，默认的图表一般都不显示数据表。单击【图表工具】▶【设计】选项卡下【图表布局】组中的【添加图表元素】按钮，在弹出的下拉列表中选择【数据表】选项，在其子菜单中选择相应的选项即可显示数据表。

8. 背景

背景主要用于衬托图表，可以使图表更加美观。

9.4 图表的操作

本节视频教学录像：14 分钟

图表操作包括编辑图表、美化图表及显示与隐藏图表等。

9.4.1 编辑图表

创建完图表之后，如果对创建的图表不是很满意，可以对图表进行编辑和修改。

1. 更改图表类型

如果创建图表时选择的图表类型不能直观地表达工作表中的数据，则可以更改图表的类型，具体操作步骤如下。

❶ 打开随书光盘中的"素材 \ch09\ 海华销售表 .xlsx"文件，并创建折线图。

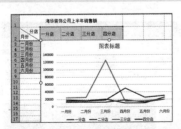

❷ 选择图表，在【设计】选项卡下【类型】

选项组中单击【更改图标类型】按钮，弹出【更改图表类型】对话框。在【所有图表】选项卡下，选择【柱形图】中的【三维堆积柱形图】选项。

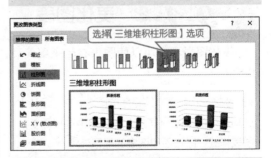

❸ 单击【确定】按钮，即可将折线图更改为柱形图，效果如下图所示。

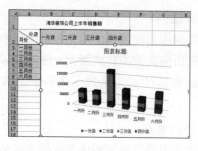

2. 添加图表元素

为创建的图表添加标题的具体操作步骤如下。

❶ 接上面操作,选择图表,在【设计】选项卡中,单击【图表布局】组中的【添加图表元素】按钮,在弹出的下拉菜单中选择【网格线】➤【主轴主要垂直网格线】菜单项。

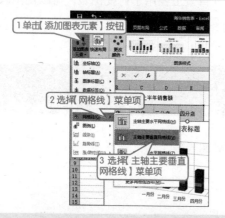

❷ 即可在图表中插入网格线,在"图表标题"文本处将标题命名为"海华装饰公司上半年销售表"。

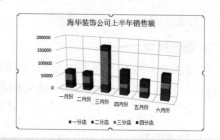

❸ 再次单击【图表布局】组中的【添加图表元素】按钮,在弹出的下拉菜单中选择【数据表】➤【显示图例项标示】菜单项。

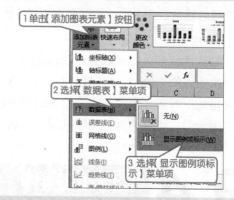

❹ 最终效果如下图所示。

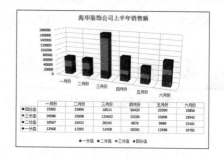

9.4.2 美化图表

美化图表不仅可以使图表看起来更美观,还可以突出显示图表中的数据,具体操作步骤如下。

❶ 选择 9.4.1 小节编辑后的图表,在【设计】选项卡下的【图表样式】选项组中选择需要的图表样式,即可更改图表的显示外观。

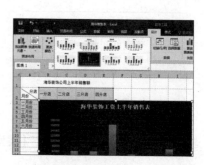

❷ 单击【格式】选项卡下【形状样式】选项
组的【设置形状格式】按钮，打开【设置图表
区格式】窗格，在【填充】选项卡下的【填充】
组下根据需要自定义设置图表的填充样式。

❸ 设置完成，即可看到设置后的图表效果。

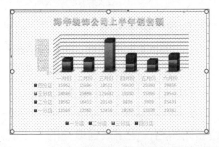

❹ 选择图表中的标题文字，在【格式】选项
卡中，单击【艺术字样式】选项组中的【快速
样式】按钮，在弹出的艺术字样式下拉列表中
选择需要的样式。

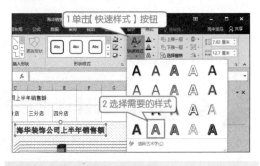

❺ 设置后的效果如下图所示。

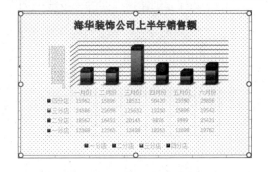

9.5 迷你图的基本操作

本节视频教学录像：5 分钟

迷你图是一种小型图表，可放在工作表内的单个单元格中。由于其尺寸已经过压缩，因此，迷你图能够以简明且非常直观的方式显示大量数据集所反映出的图案。使用迷你图可以显示一系列数值的趋势，如季节性增长或降低、经济周期或突出显示最大值和最小值。将迷你图放在它所表示的数据附近时会产生最大的效果。若要创建迷你图，必须先选择要分析的数据区域，然后选择要放置迷你图的位置。

9.5.1 创建迷你图的优点及条件

迷你图不是对象，而是单元格背景中的一个微型图表。

1. 迷你图优点

（1）通过在数据旁边插入迷你图可通过清晰简明的图形表示方法显示相邻数据的趋势，而且迷你图只需占用少量空间。

（2）可以快速查看迷你图与其基本数据之间的关系，而且当数据发生更改时，可

以立即在迷你图中看到相应的变化。

（3）通过在包含迷你图的相邻单元格上使用填充柄，为以后添加的数据行创建迷你图。

（4）在打印包含迷你图的工作表时将会打印迷你图。

2. 创建迷你图条件

（1）只有在 Excel 2010 及 Excel 2016 中创建的数据表才能创建迷你图，低版本 Excel 文档创建的数据表即使使用 Excel 2016 版本软件打开也无法创建迷你图。

（2）创建迷你图必须使用一行或一列作为数据源，但可以同时为多行或多列数据创建一组迷你图。

9.5.2 创建迷你图的方法

创建迷你图时可以为一行或一列创建迷你图，还可以创建一组迷你图。

1. 为一行一列创建迷你图

（1）选择要创建迷你图的一行或一列。

（2）单击【插入】选项卡下【迷你图】组中的【折线图】图表按钮。

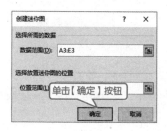

2. 创建一组迷你图

（1）使用插入法创建。在【创建迷你图】对话框中选择所需的数据区域以及放置迷你图的位置区域，单击【确定】按钮。

（2）使用填充法创建。为一行或一列创建迷你图后，使用数据填充的方法填充其他单元格区域。

（3）使用组合法创建。按住【Ctrl】键的同时，选择要组合的迷你图单元格或单元格区域，单击【设计】选项卡下【分组】组中的【组合】按钮。

（3）在打开的【创建迷你图】对话框中选择所需的数据以及放置迷你图的位置，单击【确定】按钮即可。

9.5.3 插入迷你图

迷你图是绘制在单元格中的一个微型图表，用迷你图可以直观地反映数据系列的变化趋势。创建迷你图的具体操作步骤如下。

❶ 打开随书光盘中的"素材 \ch09\ 月销量对比图 .xlsx"文件。

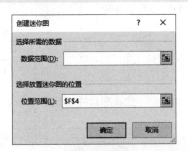

❷ 单击 F4 单元格，在【插入】选项卡下【迷你图】选项组中单击【折线图】按钮，弹出【创建迷你图】对话框。

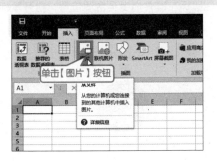

❸ 单击【数据范围】文本框右侧的 按钮，选择 B4:E4 区域，单击 按钮返回，可以看到 B4:E4 数据源已添加到【数据范围】中。

❹ 单击【确定】按钮，即可在 F4 单元格中创建折线迷你图，使用同样的方法创建其他迷你图，效果如下图所示。

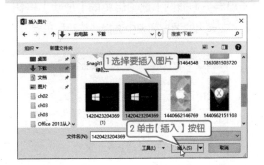

9.6 使用插图

本节视频教学录像：14 分钟

在工作表中插入图片，可以使工作表更加生动形象。这些图片可以在磁盘上，也可以在网络驱动器上，甚至在 Internet 上。

9.6.1 插入图片

在工作表中插入图片，可以使工作表更加生动形象。用户可以根据需要，将电脑磁盘中存储的图片导入到工作表中。

❶ 将鼠标光标定位于需要插入图片的位置。单击【插入】选项卡下【插图】选项组中的【图片】按钮 。

❷ 弹出【插入图片】对话框，在【查找范围】列表框中选择图片的存放位置，选择要插入的图片，单击【插入】按钮，即可完成图片插入。

9.6.2 插入联机图片

用户可以通过"联机图片"，搜索网络中的图片并插入到 Excel 工作表中，具体操作步骤如下。

❶ 选择要插入联机图片的位置，单击【插入】选项卡下【插图】选项组中的【联机图片】按钮 。

❷ 弹出【插入图片】对话框，在【必应图像搜索】右侧的搜索框中输入"树"，单击【搜索】按钮 。

❸ 即可显示搜索到的有关"树"的剪贴画，选择需要插入的图片，单击【插入】按钮。

❹ Excel 会下载该图片并插入到工作表中。

9.6.3 插入形状

利用 Excel 2016 系统提供的形状，可以绘制出各种形状。Excel 2016 内置多种图形，分别为线条、矩形、基本形状、箭头总汇、公式形状、流程图、星与旗帜和标注，用户可以根据需要从中选择适当的图形。

在 Excel 工作表中绘制形状的具体步骤如下。

❶ 选择要插入剪贴画的位置，单击【插入】选项卡下【插图】选项组中的【形状】按钮 ，在弹出的图形列表中选择"笑脸"形状。

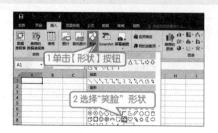

❷ 在工作表中选择要绘制形状的起始位置，按住鼠标左键并拖曳至合适位置，松开鼠标左键，即可完成形状的绘制。

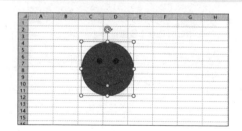

9.7 使用 SmartArt 图形

本节视频教学录像：6 分钟

SmartArt 图形是数据信息的艺术表示形式，可以在多种不同的布局中创建 SmartArt 图形。SmartArt 图形用于向文本和数据添加颜色、形状和强调效果。在 Excel 2016 中创建 SmartArt 图形非常方便，比如创建某公司组织结构图，只需单击鼠标即可。

9.7.1 创建组织结构图

在创建 SmartArt 图形之前，应清楚需要通过 SmartArt 图形表达什么信息以及是否希望信息以某种特定方式显示。创建组织结构图的具体操作步骤如下。

❶ 选择要插入剪贴画的位置，单击【插入】选项卡下【插图】选项组中的【SmartArt】按钮 ，弹出【选择 SmartArt 图形】对话框，选择【层次结构】选项，在右侧的列表框中单击选择【组织结构图】选项，单击【确定】按钮。

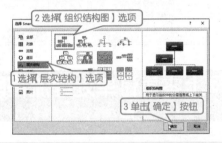

❷ 即可在工作表中插入 SmartArt 图形。

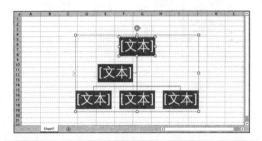

❸ 在【文本】框中输入如下图所示的文字。

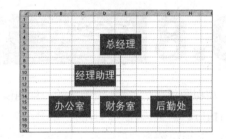

9.7.2 改变 SmartArt 图形布局

可以通过改变 SmartArt 图形的布局来改变外观，以使图形更能体现出层次结构。

1. 改变悬挂结构

❶ 选择 SmartArt 图形的最上层形状，在【设计】选项卡下【创建图形】选项组中，单击【布局】按钮，在弹出的下拉菜单中选择【两者】选项，如右图所示。

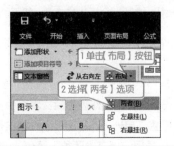

❷ 执行上述操作即可改变 SmartArt 图形结构，如下图所示。

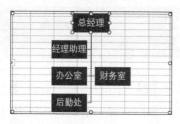

2. 改变布局样式

❶ 单击【SmartArt 工具】▶【设计】选项卡下【版式】选项组右侧的【其他】按钮，在弹出的列表中选择【层次结构】形式，如下图所示。

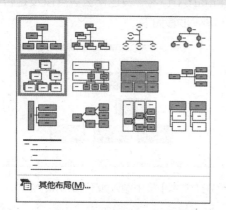

❷ 执行上述操作即可快速更改 SmartArt 图形的布局，如下图所示。

❸ 也可以在列表中选择【其他布局】选项，在弹出的【选择 SmartArt 图形】对话框中选择需要的布局样式，如下图所示。

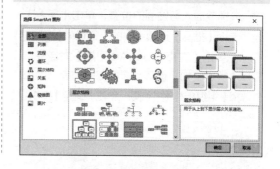

9.8 综合实战——绘制网上零售订单处理流程图

🎬 本节视频教学录像：8 分钟

　　流程图是表达过程、流程等的一种图像形式，由一些图框和流程线组成，在表达工艺流程、项目执行、营销流程等内容时，都会用到流程图，网上零售订单处理流程图属于流程图中的一种，它可以清晰地反映各环节的流程顺序。

第 1 步：设置标题

❶ 启动 Excel 2016，新建一个空白文档，在【插入】选项卡中，单击【文本】选项组中的【文本框】按钮，绘制一个横排文本框，如下图所示。

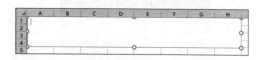

❷ 将光标定位在工作表中的文本框中，输入"网上零售订单处理流程图"，并将字号设为"28"，套用"填充 - 蓝色，着色 1，轮廓 - 背景 1，清晰阴影 - 着色 1"艺术字样式，并

在【文本效果】▶【映像】中，设置文本为"紧密映像，接触"效果，设置后的效果如下图所示。

第 2 步：插入 SmartArt 图形

❶ 在【插入】选项卡中，单击【插图】选项组中的【SmartArt】按钮，弹出【选择 SmartArt 图形】对话框，如下图所示。

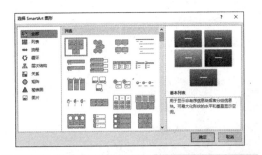

② 选择【流程】选项，在右侧选择【垂直蛇形流程】样式，单击【确定】按钮，如下图所示。

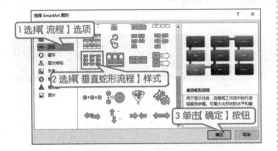

③ 执行上述操作后即可在工作表中插入 SmartArt 图形，并在图中【文本】文本框处输入下图所示的文本内容。

④ 选择"提交订单"形状并单击鼠标右键，在弹出的快捷菜单中选择【更改形状】菜单项，然后从其下级子菜单中选择【椭圆】形状，如下图所示。

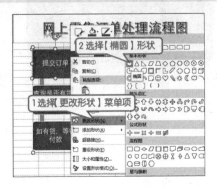

⑤ 重复步骤 4，修改"订单处理完毕"形状，如下图所示。

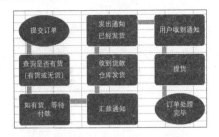

第 3 步：修饰 SmartArt 图形

① 选择 SmartArt 图形，在【SmartArt 工具】➤【设计】选项卡中，单击【SmartArt 样式】选项组中的【其他】按钮，在弹出的下拉列表中的【三维】栏中选择【优雅】图标，改变后的样式如下图所示。

② 选择 SmartArt 图形，在【SmartArt 工具】➤【设计】选项卡中，单击【SmartArt 样式】选项组中的【更改颜色】按钮，在弹出的下拉列表中选择【彩色】选项中的一种样式，如下图所示。

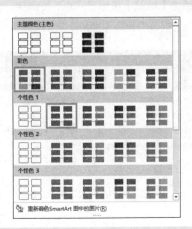

③ 选择样式后，最终效果如下图所示。

143

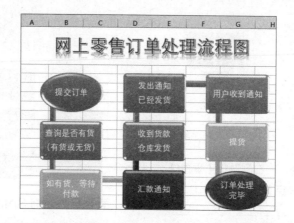

 高手私房菜

本节视频教学录像：1分钟

技巧：将图表变为图片

在实际应用中，有时会需要将图表变为图片或图形，如要发布到网上或粘贴到 PPT 中等。

❶ 打开随书光盘中的"素材 \ch07\ 食品销量图表 .xlsx"文件，选择图表，按【Ctrl+C】组合键复制图表。

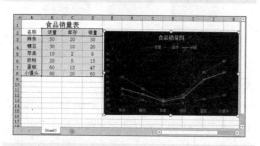

❷ 选择【开始】选项卡，在【剪贴板】选项组中单击【粘贴】按钮下的下拉箭头，在弹出的下拉列表中选择【图片】按钮。

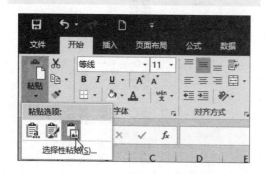

❸ 即可将图表以图片的形式粘贴到工作表中。

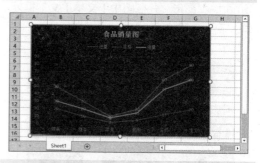

❹ 选择图片，还可以在【格式】选项卡下对图片进行简单的编辑。

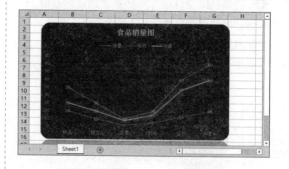

第

10

章

公式与函数

本章视频教学录像：40 分钟

高手指引

面对大量的数据，如果逐个计算、处理，会浪费大量的人力和时间，灵活使用公式和函数可以大大提高数据分析的能力和效率。本章主要介绍公式与函数的使用方法，通过对各种函数类型的学习，可以熟练掌握常用函数的使用技巧和方法，并能够举一反三，灵活运用。

重点导读

+ 认识公式和函数
+ 掌握公式的用法
+ 掌握函数的用法

10.1 认识公式与函数

本节视频教学录像：7分钟

公式与函数是 Excel 的重要组成部分，有着非常强大的计算功能，为用户分析和处理工作表中的数据提供了很大的方便。

10.1.1 公式的概念

公式就是一个等式，是由一组数据和运算符组成的序列。使用公式时必须以等号"="开头，后面紧接数据和运算符。下图为应用公式的两个例子。

例子中体现了 Excel 公式的语法，即公式是由等号"="、数据和运算符组成，数据可以是常数、单元格引用、单元格名称和工作表函数等。

10.1.2 函数的概念

Excel 中所提到的函数其实是一些预定义的公式，它们使用一些被称为参数的特定数值按特定的顺序或结构进行计算。每个函数描述都包括一个语法行，它是一种特殊的公式，所有的函数必须以等号"="开始，它是预定义的内置公式，必须按语法的特定顺序进行计算。

【插入函数】对话框为用户提供了一个使用半自动方式输入函数及其参数的方法。使用【插入函数】对话框可以保证正确的函数拼写，以及顺序正确且确切的参数个数。

打开【插入函数】对话框有以下 3 种方法。

（1）在【公式】选项卡中，单击【函数库】选项组中的【插入函数】按钮。

（2）单击编辑栏中的【插入函数】按钮。

（3）按【Shift+F3】组合键。

10.1.3 函数的分类和组成

Excel 2016 提供了丰富的内置函数，按照函数的应用领域分为 13 大类，用户可以根据需要直接进行调用，函数类型及其作用如下表所示。

函数类型	作用
财务函数	进行一般的财务计算
日期和时间函数	可以分析和处理日期及时间
数学与三角函数	可以在工作表中进行简单的计算
统计函数	对数据区域进行统计分析
查找与引用函数	在数据清单中查找特定数据或查找一个单元格引用
数据库函数	分析数据清单中的数值是否符合特定条件
逻辑函数	进行逻辑判断或者复合检验
信息函数	确定存储在单元格中数据的类型
工程函数	用于工程分析
多维数据集函数	用于从多维数据库中提取数据集和数值
兼容函数	这些函数已由新函数替换，新函数可以提供更好的精确度，且名称更好地反映其用法
Web 函数	通过网页链接直接用公式获取数据

在 Excel 中，一个完整的函数式通常由 3 部分构成，分别是标识符、函数名称、函数参数，其格式如下。

1. 标识符

在单元格中输入计算函数时，必须先输入 "=", 这个 "=" 称为函数的标识符。如果不输入 "=", Excel 通常将输入的函数式作为文本处理，不返回运算结果。

2. 函数名称

函数标识符后面的英文是函数名称。大多数函数名称是对应英文单词的缩写。有些函数名称是由多个英文单词（或缩写）组合而成的，例如，条件求和函数 SUMIF 是由求和 SUM 和条件 IF 组成的。

3. 函数参数

函数参数主要有以下几种类型。

（1）常量参数

常量参数主要包括数值（如 123.45）、文本（如计算机）和日期（如 2016-5-25）等。

（2）逻辑值参数

逻辑值参数主要包括逻辑真（TRUE）、逻辑假（FALSE）以及逻辑判断表达式（例如，单元格 A3 不等于空表示为 "A3<>()"）的结果等。

（3）单元格引用参数

单元格引用参数主要包括单个单元格的引用和单元格区域的引用等。

（4）名称参数

在工作簿文档中各个工作表中自定义的名称，可以作为本工作簿内的函数参数直接引用。

（5）其他函数式

用户可以用一个函数式的返回结果作为另一个函数式的参数。对于这种形式的函数式，通常称为 "函数嵌套"。

（6）数组参数

数组参数可以是一组常量（如 2、4、6），也可以是单元格区域的引用。

10.2 快速计算

本节视频教学录像：3 分钟

在 Excel 2016 中，不使用功能区中的选项，也可以快速完成单元格的计算。

10.2.1 自动显示计算结果

自动计算的功能就是对选定的单元格区域查看各种汇总数值。使用自动求和功能的具体步骤如下。

❶ 打开随书光盘中的"素材 \ch10\ 快速计算.xlsx"工作簿，选择单元格区域 C2:C6。在状态栏上单击鼠标右键，在弹出的快捷菜单中选择【求和】菜单项。

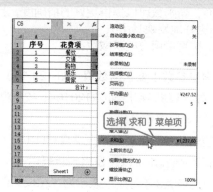

❷ 此时任务栏中即可显示汇总求和的结果。

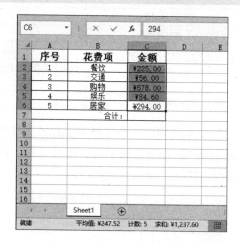

10.2.2 自动求和

在日常工作中，最常用的计算是求和，Excel 将它设定成工具按钮 Σ·，放在【开始】选项卡的【编辑】选项组中，该按钮可以自动设定对应的单元格区域的引用地址。具体的操作步骤如下。

❶ 打开随书光盘中的"素材 \ch10\ 快速计算.xlsx"工作簿，选择单元格 C7。

	A	B	C	D
1	序号	花费项	金额	
2	1	餐饮	¥225.00	
3	2	交通	¥56.00	
4	3	购物	¥578.00	
5	4	娱乐	¥84.60	
6	5	居家	¥294.00	
7			合计：	
8				
9				

❷ 单击【公式】选项卡下【函数库】选项组中的【自动求和】按钮 Σ，在弹出的下拉列表中选择【求和】选项。

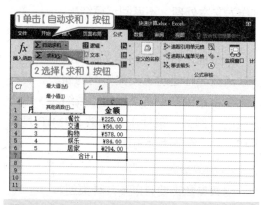

❸ 求和函数 SUM() 即会出现在单元格 C7 中，并且有默认参数 C2:C6，表示求该区域的数据总和，单元格区域 C2:C6 被闪烁的虚线框包围，在此函数的下方会自动显示有关该函数的格式及参数。

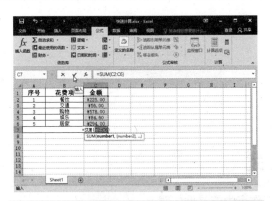

格区域中数值的和。

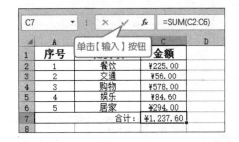

④ 如果要使用默认的单元格区域，可以单击编辑栏上的【输入】按钮✔，或者按【Enter】键，即可在 C7 单元格中计算出 C2:C6 单元

提示 使用【自动求和】按钮 Σ 自动求和 ▾，不仅可以一次求出一组数据的总和，而且可以在多组数据中自动求出每组的总和。

10.3 公式

本节视频教学录像：8 分钟

在 Excel 2016 中，应用公式可以帮助分析工作表中的数据，例如对数值进行加、减、乘、除等运算。

10.3.1 输入公式

在单元格中输入公式的方法可分为手动输入和单击输入。

1. 手动输入

在选定的单元格中输入"="，并输入公式"3+5"。输入时字符会同时出现在单元格和编辑栏中，按【Enter】键后该单元格会显示出运算结果"8"。

2. 单击输入

单击输入公式更简单快捷，也不容易出错。例如，在单元格 C1 中输入公式"=A1+B1"，可以按照以下步骤进行单击输入。

① 分别在 A1、B1 单元格中输入"3"和"5"，选择 C1 单元格，输入"="。

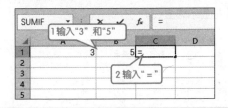

② 单击单元格 A1，单元格周围会显示一个活动虚框，同时单元格引用会出现在单元格 C1

和编辑栏中。

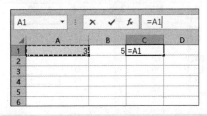

③ 输入"加号（+）"，单击单元格 B1。单元格 B1 的虚线边框会变为实线边框。

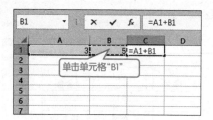

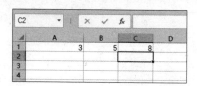

④ 按【Enter】键后，效果如下图所示。

10.3.2 移动和复制公式

创建公式后，有时需要将其移动或复制到工作表中的其他位置。

1. 移动公式

移动公式是将创建好的公式移动到其他单元格，具体操作步骤如下。

❶ 打开随书光盘中的"素材\ch09\期末成绩表.xlsx"工作簿，在单元格 E2 中输入公式"=B2+C2+D2"，按【Enter】键即可求出总成绩。

❷ 选择单元格 E2，在该单元格边框上按住鼠标左键，将其拖曳到其他单元格，释放鼠标左键后即可移动公式。移动后，值不发生变化。

提示 移动公式时还可以先对移动的公式进行"剪切"操作，然后在目标单元格中进行"粘贴"操作。

在 Excel 2016 中，在移动公式时，无论使用哪种单元格引用，公式内的单元格引用都不会更改，即还保持原始的公式内容。

2. 复制公式

复制公式是将创建好的公式复制到其他单元格，具体操作步骤如下。

❶ 打开随书光盘中的"素材\ch09\期末成绩表.xlsx"工作簿，在单元格 E2 中输入公式"=B2+C2+D2"，按【Enter】键即可求出总成绩。

❷ 选择 E2 单元格，单击【开始】选项卡下【剪贴板】选项组中的【复制】按钮，该单元格边框显示为虚线。

❸ 选择单元格 E6，单击【开始】选项卡下【剪贴板】选项组中的【粘贴】按钮，将公式粘贴到该单元格中，可以发现，公式的值发生了变化。

	A	B	C	D	E	
1	姓名	数学	英语	哲学	总成绩	
2	关利	48	65	59	172	
3	赵锐	56	64	66		
4	张磊	65	57	58		
5	江涛	65	75	85		
6	陈晓华	68	66	57	191	
7	李小林	70	90	80	(Ctrl) ▾	
8	成军	78	48	75		
9	王军	78	61	56		
10	王天	85	92	88		
11	王征	85	85	88		

Sheet1 Sh ... ⊕

❹ 按【Ctrl】键或单击右侧的图标，弹出如下现象，单击相应的按钮，即可应用粘贴格式、数值、公式、源格式、链接和图片等。若单击【数值】按钮，表示只粘贴数值，则粘贴后 E6 单元格中的值仍为 "172"。

📝 **提示** 复制公式时还可以拖动包含公式的单元格右下角的填充柄，快速复制同一个公式到其他单元格中。

10.3.3 审核和编辑公式

单元格中的公式也像单元格中的其他数据一样可以进行修改、复制和移动等编辑操作，还可以审核输入的格式。

1. 编辑公式

在进行数据运算时，如果发现输入的公式有误，可以对其进行编辑。具体操作步骤如下。

❶ 新建一个文档，输入如下图所示内容，在 C1 单元格中输入公式 "=A1+B1"，按【Enter】键计算出结果。

C1		× ✓ fx	=A1+B1
	A	B	C	D
1	5	6	11	
2				
3				
4				

❷ 选择 C1 单元格，在编辑栏中对公式进行修改，如将 "=A1+B1" 改为 "=A1*B1"。按【Enter】键完成修改，结果如下图所示。

C1		× ✓ fx	=A1*B1
	A	B	C	D
1	5	6	30	
2				
3				

2. 审核公式

利用 Excel 提供的审核功能，可以方便地检查工作表中涉及到公式的单元格之间的关系。

当公式使用引用单元格或从属单元格时，检查公式的准确性或查找错误的根源会很困难，而 Excel 提供有帮助检查公式的功能。可以使用【追踪引用单元格】和【追踪从属单元格】按钮，以追踪箭头显示或追踪单元格之间的关系。追踪单元格的具体操作步骤如下。

❶ 新建一个文档，分别在 A1、B1 单元格中输入 "45" 和 "51"，在 C1 单元格中输入公式 "=A1+B1"，按【Enter】键计算出结果。

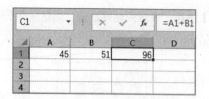

❷ 选中 C1 单元格，单击【公式】选项卡下【公式审核】选项组中的【追踪引用单元格】按钮 追踪引用单元格 。

❸ 在 C1 单元格中按【Ctrl+C】组合键，在 D1 单元格中按【Ctrl+V】组合键完成复制。选中 C1 单元格，单击【公式】选项卡下【公式审核】选项组中的【追踪从属单元格】按钮 追踪从属单元格 。

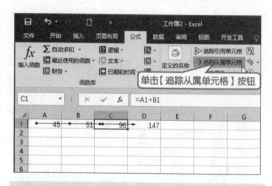

❹ 要移去工作表上的所有追踪箭头，单击【公式】选项卡下【公式审核】选项组中的【移去箭头】按钮，或单击【移去箭头】按钮右侧的下拉按钮，在弹出的下拉菜单汇总选择移去箭头的不同方式即可。

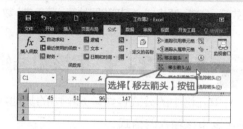

10.3.4 使用公式计算字符

公式中不仅可以进行数值的计算，还可以进行字符的计算，具体操作步骤如下。

❶ 新建一个文档，输入如下图所示的内容。

❷ 选择单元格 D1，在编辑栏中输入 "=(A1+B1)/C1"。

❸ 按【Enter】键，在单元格 D1 中即可计算出公式的结果并显示为 "2"。

❹ 选择单元格 D2，在编辑栏中输入 "="；单击单元格 A2，在编辑栏中输入 "&"；单击单元格 B2，输入 "&"；单击单元格 C2，编辑栏中显示 "=A2&B2&C2"。

⑤ 按【Enter】键，在单元格 D2 中会显示"中华人民共和国"，这是公式"=A2&B2&C2"的计算结果。

10.4 函数

本节视频教学录像：14 分钟

Excel 函数是一些已经定义好的公式，大多数函数是经常使用的公式的简写形式。函数通过参数接收数据并返回结果。大多数情况下返回的是计算的结果，也可以返回文本、引用、逻辑值或数组等。

10.4.1 函数的输入与修改

本节主要讲述如何输入函数和编辑函数，具体操作步骤如下。

1. 函数的输入

手动输入和输入普通的公式一样，这里不再介绍。下面介绍使用函数向导输入函数，具体的操作步骤如下。

❶ 启动 Excel 2016，新建一个空白文档，在单元格 A1 中输入"-100"。

❷ 选择 B1 单元格，单击【公式】选项卡下【函数库】选项组中的【插入函数】按钮，弹出【插入函数】对话框。在对话框的【或选择类别】列表框中选择【数学与三角函数】选项，在【选择函数】列表框中选择【ABS】选项（绝对值函数），列表框下方会出现关于该函数的简单提示，单击【确定】按钮。

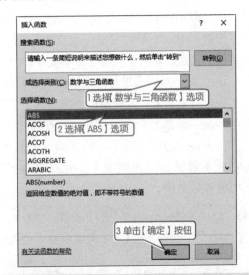

❸ 弹出【函数参数】对话框，在【Number】文本框中输入"A1"，单击【确定】按钮。

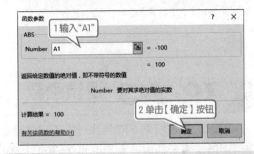

❹ 单元格 A1 的绝对值即可求出，并显示在单元格 B1 中。

	A	B	C
1	-100	100	
2			
3			

2. 函数的修改

如果要修改函数表达式，可以选定修改函数的所在单元格，将鼠标光标定位在编辑栏中的错误处，利用【Delete】键或【Backspace】键删除错误的内容，输入正确的内容即可。如果是函数的参数输入有误，选定函数所在单元格，单击编辑栏中的【插入函数】按钮，再次打开【函数参数】对话框，重新输入正确的函数参数即可。

10.4.2 财务函数

使用财务函数可以进行常用的财务计算，如确定贷款的支付额、投资的未来值或净现值，以及债券或息票的价值，财务函数可以帮助适用者缩短工作时间，提高工作效率。本节主要介绍的 RATE 函数表示返回未来款项的各期利率。

通过 RATE 函数，可以计算出贷款后的年利率和月利率，从而选择更合适的还款方式。

RATE 函数

语法：RATE(nper,pmt,pv,fv,type,guess)

参数：nper：是总投资（或贷款）期。

pmt：是各期所应付给（或得到）的金额。

pv：是一系列未来付款当前值的累积和。

fv：是未来值，或在最后一次支付后希望得到的现金余额。

type：是数字 0 或 1，用以指定各期的付款时间是在期初还是期末，0 为期末，1 为期初。

guess：为预期利率（估计值），如果省略预期利率，则假设该值为 10%，如果函数 RATE 不收敛，则需要改变 guess 的值。通常情况下当 guess 位于 0 和 1 之间时，函数 RATE 是收敛的。

❶ 打开随书光盘中的"素材 \ch05\ 贷款利率 .xlsx"工作簿，在 B4 单元格中输入公式"=RATE(B2,C2,A2)"，按【Enter】键，即可计算出贷款的年利率。

❷ 在单元格 B5 中输入公式"=RATE(B2*12,D2,A2)"，即可计算出贷款的月利率。

10.4.3 逻辑函数

逻辑函数是根据不同条件进行不同处理的函数，条件格式中使用比较运算符指定逻辑式，并用逻辑值表示结果。本节主要介绍的 IF 函数是根据指定的条件来判断其"真"（TRUE）、"假"（FALSE），从而返回其相对应的内容。

在对员工进行绩效考核评定时，可以根据员工的业绩来分配奖金。例如当业绩大于或等于 10000 时，给予奖金 2000 元，否则给予奖金 1000 元。

IF 函数

语法：IF(logical_test,value_if_true,value_if_false)

参数：logical_test：表示逻辑判决表达式；

value_if_true：表示当判断条件为逻辑"真"（TRUE）时，显示该处给定的内容。如果忽略，返回"TRUE"；

value_if_false：表示当判断条件为逻辑"假"（FALSE）时，显示该处给定的内容。如果忽略，返回"FALSE"。

❶ 打开随书光盘中的"素材 \ch05\ 员工业绩表 .xlsx"工作簿，在单元格 C2 中输入公式"=IF(B2>=10000,2000,1000)"，按【Enter】键即可计算出该员工的奖金。

❷ 利用填充功能，填充其他单元格，计算其他员工的奖金。

10.4.4 文本函数

文本函数是在公式中处理文字串的函数，主要用于查找、提取文本中的特定字符，转换数据类型，以及结合相关的文本内容等。本节主要介绍的 LEN 函数用于返回文本字符串中的字符数。

正常的手机号码是有 11 位数字组成的，验证信息登记表中的手机号码的位数是否正确，可以使用 LEN 函数。

LEN 函数

语法：LEN (text)

参数：text 表示要查找其长度的文本，或包含文本的列。空格作为字符计数。

❶ 打开随书光盘中的"素材 \ch05\ 信息登记表 .xlsx"工作簿，选择 D2 单元格，在公式编辑栏中输入"=LEN(C2)"，按【Enter】键即可验证该员工手机号码的位数。

❷ 利用快速填充功能，完成对其他员工手机号码位数的验证。

提示　如果要返回是否为正确的手机号码位数，可以使用 IF 函数结合 LEN 函数来判断，公式为"=IF(LEN(C2)=11," 正确 "," 不正确 ")"。

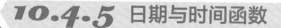

10.4.5 日期与时间函数

日期和时间函数主要用来获取相关的日期和时间信息，经常用于日期的处理。其中，"=NOW()"可以返回当前系统的时间、"=YEAR()"可以返回指定日期的年份等，本节主要介绍 DATE 函数，表示特定日期的连续序列号。

某公司从 2016 年开始销售饮品，在 2016 年 1 月到 2016 年 5 月进行了各种促销活动，领导想知道各种促销活动的促销天数，此时可以利用 DATE 函数计算。

DATE 函数

语法：DATE(year,month,day)。

参数：year 为指定的年份数值（小于 9999），month 为指定的月份数值（不大于 12），day 为指定的天数。

❶ 打开随书光盘中的"素材\ch05\产品促销天数.xlsx"工作簿，选择单元格 H4，在其中输入公式"=DATE(E4,F4,G4)-DATE(B4,C4,D4)"，按【Enter】键，即可计算出"促销天数"。

❷ 利用快速填充功能，完成其他单元格的操作。

10.4.6 查找与引用函数

Excel 提供的查找和引用函数可以在单元格区域查找或引用满足条件的数据，特别是在数据比较多的工作表中，用户不需要指定具体的数据位置，让单元格数据的操作变得更加灵活。本节主要介绍 CHOOSE 函数，用于从给定的参数中返回指定的值。

使用 CHOOSE 函数可以根据工资表生成员工工资单，具体操作步骤如下。

CHOOSE 函数

语法：CHOOSE(index_num, value1, [value2], …)

参数：index_num 必要参数，数值表达式或字段，它的运算结果是一个数值，且是界于 1 和 254 之间的数字；或者为公式或对包含 1 到 254 之间某个数字的单元格的引用。

value1,value2,…value1 是必需的，后续值是可选的。这些值参数的个数介于 1 到 254 之间，函数 CHOOSE 基于 index_num 从这些值参数中选择一个数值或一项要执行的操作。参数可以为数字、单元格引用、已定义名称、公式、函数或文本。

① 打开随书光盘中的"素材 \ch05\ 工资条 .xlsx"工作簿，在 A9 单元格中输入公式"=CHOOSE(MOD(ROW(A1),3)+1,"",A$1,OFFSET(A$1,ROW(A2)/3,))"，按【Enter】键确认。

提示　在公式"=CHOOSE(MOD(ROW(A1),3)+1,"",A$1,OFFSET(A$1,ROW(A2)/3,))"中 MOD(ROW(A1),3)+1 表示单元格 A1 所在的行数除以 3 的余数结果加 1 后，作为 index_num 参数，Value1 为""，Value2 为"A$1"，Value3 为"OFFSET(A$1,ROW(A2)/3,)"。OFFSET(A$1,ROW(A2)/3,) 返回的是在 A$1 的基础上向下移动 ROW(A2)/3 行。

② 利用填充功能，填充单元格区域 A9:F9。

③ 再次利用填充功能，填充单元格区域 A10:F25。

10.4.7　数学与三角函数

数学和三角函数主要用于在工作表中进行数学运算，使用数学和三角函数可以使数据的处理更加方便和快捷。本节主要讲述 SUMIF 函数，可以对区域中符合指定条件的值求和。例如，假设在含有数字的某一列中，需要对大于 5 的数值求和，就可以采用如下公式：

=SUMIF(B2:B25,">5")

在记录日常消费的工作表中，可以使用 SUMIF 函数计算出每月生活费用的支付总额，具体操作步骤如下。

SUMIF 函数

语法：SUMIF (range, criteria, sum_range)

参数：range：用于条件计算的单元格区域，每个区域中的单元格都必须是数字或名称、数组或包含数字的引用，空值和文本值将被忽略。

criteria：用于确定对哪些单元格求和的条件，其形式可以为数字、表达式、单元格引用、文本或函数。例如，条件可以表示为 32、">32"、B5、32、"32" 或 TODAY() 等。

sum_range：要求和的实际单元格（如果要对未在 range 参数中指定的单元格求和）。如果省略 sum_range 参数，Excel 会对在范围参数中指定的单元格（即应用条件的单元格）求和。

❶ 打开随书光盘中的"素材 \ch05\ 生活费用明细表 .xlsx"工作簿。

❷ 选择 E12 单元格，在公式编辑栏中输入公式"=SUMIF(B2:B11," 生活费用 ",C2:C11)"，按【Enter】键即可计算出该月生活费用的支付总额。

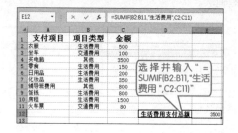

选择并输入" = SUMIF(B2:B11,"生活费用 ",C2:C11)"

10.4.8 其他函数

前面介绍了 Excel 中一些常用的函数，下面介绍一些其他常用的函数。

1. 统计函数

统计函数可以帮助 Excel 用户从复杂的数据中筛选有效数据。由于筛选的多样性，Excel 中提供了多种统计函数。

常用的统计函数有【COUNTA】函数、【AVERAGE】函数（返回其参数的算术平均值）和【ACERAGEA】函数（返回所有参数的算术平均值）等。公司考勤表中记录了员工是否缺勤，现在需要统计缺勤的总人数，这里使用【COUNTA】函数。

COUNTA 函数

功能：用于计算区域中不为空的单元格个数。

语法：COUNTA(value1,[value2], …)

参数：value1：必要。表示要计算值的第一个参数；

value2, …：可选。表示要计算的值的其他参数，最多可包含 255 个参数。

使用 COUNTA 函数统计参加运动会的人数，空白单元格为没有人参加，具体的操作步骤如下。

❶ 打开随书光盘中的"素材 \ch05\ 运动会 100 米跑步成绩表 .xlsx"工作簿。

❷ 在 单 元 格 C12 中 输 入 公 式 "=COUNTA(B4:E9)"，按【Enter】键即可返回参加 2014 秋季运动会 100 米的人数。

选择并输入" = COUNTA(B4:E9)"

2. 工程函数

工程函数可以解决一些数学问题。如果能够合理地使用工程函数，可以极大地简化程序。

常用的工程函数有【DEC2BIN】函数（将十进制转化为二进制）、【BIN2DEC】函数（将二进制转化为十进制）、【IMSUM】函数（两个或多个复数的值）。

3. 信息函数

信息函数是用来获取单元格内容信息的函数。信息函数可以在满足条件时返回逻辑值，从而获取单元格的信息。还可以确定存储在单元格中的内容的格式、位置、错误信息等类型。

常用的信息函数有【CELL】函数（引用区域的左上角单元格样式、位置或内容等信息）、【TYPE】函数（检测数据的类型）。

4. 多维数据集函数

多维数据集函数可用来从多维数据库中提取数据集和数值，并将其显示在单元格中。

常用的多维数据集函数有【CUBEKPI MEMBER】函数（返回重要性能指示器 (KPI) 属性，并在单元格中显示 KPI 名称）、【CUBEMEMBER】函数（返回多维数据集中的成员或元组，用来验证成员或元组存在于多维数据集中）和【CUBEMEMB ERPROPERTY】函数（返回多维数据集中成员属性的值，用来验证某成员名称存在于多维数据集中，并返回此成员的指定属性）等。

5.Web 函数

Web 函数是 Excel 2016 版本中新增的一个函数类别，它可以通过网页链接直接用公式获取数据，无需编程，无需启用宏。

常用的 Web 函数有【ENCODEURL】函数、【FILTERXML】函数（使用指定的 Xpath 从 XML 内容返回特定数据）和【WebSERVICE】函数（从 Web 服务返回数据）。

【ENCODEURL】函数是 Excel 2016 版本中新增的 Web 类函数中的一员，它可以将包含中文字符的网址进行编码。当然也不仅仅局限于网址，对于使用 UTF-8 编码方式对中文字符进行编码的场合都适用。将网络地址中的汉字转换为字符编码，可以使用【ENCODEURL】函数进行转换。

【ENCODEURL】函数

功能：对 URL 地址（主要是中文字符）进行 UTF-8 编码。

语法：ENCODEURL(text)

参数：text 表示需要进行 UTF-8 编码的字符或包含字符的引用单元格。

10.5 综合实战——销售奖金计算表

本节视频教学录像：6 分钟

销售奖金计算表是公司根据每位员工每月或每年的销售情况计算月奖金或年终奖的表格。员工合理有效的统计销售业绩好，公司获得的利润就高，相应员工得到的销售奖金也就越多。人事部门合理有效地统计员工的销售奖金是非常必要和重要的，不仅能提高员工的待遇，还能充分调动员工的工作积极性，从而推动公司销售业绩的发展。

【案例效果展示】

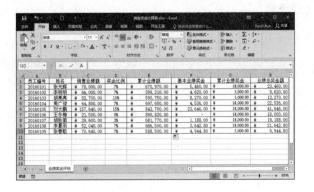

【案例涉及知识点】

使用【SUM】函数计算累计业绩

使用【VLOOKUP】函数计算销售业绩额和累计业绩额

使用【HLOOKUP】函数计算奖金比例

使用【IF】函数计算基本业绩奖金和累计业绩奖金

【操作步骤】

第1步：使用【SUM】函数计算累计业绩

❶ 打开随书光盘中的"素材 \ch10\ 销售奖金计算表 .xlsx"工作簿，包含 3 个工作表，分别为"业绩管理""业绩奖金标准"和"业绩奖金评估"。单击【业绩管理】工作表。选择单元格 C3，在编辑栏中直接输入公式"=SUM(D3:O3)"，按【Enter】键即可计算出该员工的累计业绩。

❷ 利用自动填充功能，将公式复制到该列的其他单元格中。

第2步：使用【VLOOKUP】函数计算销售业绩额和累计业绩额

❶ 单击"业绩奖金标准"工作表。

提示 "业绩奖金标准"主要有以下几条：单月销售额在 34999 元及以下的，没有基本业绩奖；单月销售额在 35000~49999 元的，按销售额的 3% 发放业绩奖金；单月销售额在 50000~79999 元的，按销售额的 7% 发放业绩奖金；单月销售额在 80000~119999 元的，按销售额的 10% 发放业绩奖金；单月销售额在 120000 元及以上的，按销售额的 15% 发放业绩奖金，但基本业绩奖金不得超过 48000 元；累计销售额超过 600000 元的，公司给予一次性 18000 元的奖励；累计销售额在 600000 元及以下的，公司给予一次性 5000 元的奖励。

❷ 设置自动显示销售业绩额。单击"业绩奖金评估"工作表，选择单元格 C2，在编辑栏中直接输入公式"=VLOOKUP(A2,业绩管理!$A$3:$O$11,15,1)"，按【Enter】键确认，即可看到单元格 C2 中自动显示员工"张光辉"的 12 月份的销售业绩额。

提示 公式"=VLOOKUP(A2,业绩管理!$A$3:$O$11,15,1)"中第 3 格参数设置为"15"表示取满足条件的记录在"业绩管理!$A$3:$O$11"区域中第 15 列的值。

❸ 按照同样的方法设置自动显示累计业绩额。选择单元格 E2，在编辑栏中直接输入公式"=VLOOKUP(A2,业绩管理

!$A$3:$C$11,3,1)"，按【Enter】键确认，即可看到单元格 E2 中自动显示员工"张光辉"的累计销售业绩额。

❹ 使用自动填充功能，完成其他员工的销售业绩额和累计销售业绩额的计算。

第 3 步：使用【HLOOKUP】函数计算奖金比例

❶ 选择单元格 D2，输入公式"=HLOOKUP(C2,业绩奖金标准!$B$2:$F$3,2)"，按【Enter】键即可计算出该员工的奖金比例。

提示　公式"=HLOOKUP(C2,业绩奖金标准!$B$2:$F$3,2)"中第 3 个参数设置为"2"表示取满足条件的记录在"业绩奖金标准!$B$2:$F$3"区域中第 2 行的值。

❷ 使用自动填充功能，完成其他员工的奖金比例计算。

第 4 步：使用【IF】函数计算基本业绩奖金和累计业绩奖金

❶ 计算基本业绩奖金。在"业绩奖金评估"工作表中选择单元格 F2，在编辑栏中直接输入公式"=IF(C2<=400000,C2*D2,"48,000")"，按【Enter】键确认。

提示　公式"=IF(C2<=400000,C2*D2,"48,000")"的含义为：当单元格数据小于等于 400000 时，返回结果为单元格 C2 乘以单元格 D2，否则返回 48000。

❷ 使用自动填充功能，完成其他员工的销售业绩奖金的计算。

❸ 使用同样的方法计算累计业绩奖金。选择单元格 G2，在编辑栏中直接输入公式"=IF(E2>600000,18000,5000)"，按【Enter】键确认，即可计算出累计业绩奖金。

	E	F	G	H
1	累计业绩额	基本业绩奖金	累计业绩奖金	业绩总奖
2	¥ 670,970.00	¥ 5,460.00	¥ 18,000.00	
3	¥ 399,310.00	¥ 4,620.00		
4	¥ 590,750.00	¥ 8,270.00		
5	¥ 697,650.00	¥ 4,536.00		
6	¥ 843,700.00	¥ 23,646.00		
7	¥ 890,820.00	¥ -		
8	¥ 681,770.00	¥ 1,188.00		
9	¥ 686,500.00	¥ 3,642.80		
10	¥ 588,500.00	¥ 4,944.80		
11				

❹ 使用自动填充功能，完成其他员工的累计业绩奖金的计算。

	E	F	G	H
1	累计业绩额	基本业绩奖金	累计业绩奖金	业绩总奖
2	¥ 670,970.00	¥ 5,460.00	¥ 18,000.00	
3	¥ 399,310.00	¥ 4,620.00	¥ 5,000.00	
4	¥ 590,750.00	¥ 8,270.00	¥ 5,000.00	
5	¥ 697,650.00	¥ 4,536.00	¥ 18,000.00	
6	¥ 843,700.00	¥ 23,646.00	¥ 18,000.00	
7	¥ 890,820.00	¥ -	¥ 18,000.00	
8	¥ 681,770.00	¥ 1,188.00	¥ 18,000.00	
9	¥ 686,500.00	¥ 3,642.80	¥ 18,000.00	
10	¥ 588,500.00	¥ 4,944.80	¥ 5,000.00	

第 5 步：计算业绩总奖金额

❶ 在单元格 H2 中输入公式 "=F2+G2"，按【Enter】键确认，计算出业绩总奖金额。

H2 · : × ✓ *fx* =F2+G2

	F	G	H	I
1	基本业绩奖金	累计业绩奖金	业绩总奖金额	
2	¥ 5,460.00	¥ 18,000.00	¥ 23,460.00	
3	¥ 4,620.00	¥ 5,000.00		
4	¥ 8,270.00	¥ 5,000.00		
5	¥ 4,536.00	¥ 18,000.00		
6	¥ 23,646.00	¥ 18,000.00		
7	¥ -	¥ 18,000.00		
8	¥ 1,188.00	¥ 18,000.00		
9	¥ 3,642.80	¥ 18,000.00		
10	¥ 4,944.80	¥ 5,000.00		

❷ 使用自动填充功能，计算出所有员工的业绩总奖金额。

	F	G	H	I
1	基本业绩奖金	累计业绩奖金	业绩总奖金额	
2	¥ 5,460.00	¥ 18,000.00	¥ 23,460.00	
3	¥ 4,620.00	¥ 5,000.00	¥ 9,620.00	
4	¥ 8,270.00	¥ 5,000.00	¥ 13,270.00	
5	¥ 4,536.00	¥ 18,000.00	¥ 22,536.00	
6	¥ 23,646.00	¥ 18,000.00	¥ 41,646.00	
7	¥ -	¥ 18,000.00	¥ 18,000.00	
8	¥ 1,188.00	¥ 18,000.00	¥ 19,188.00	
9	¥ 3,642.80	¥ 18,000.00	¥ 21,642.80	
10	¥ 4,944.80	¥ 5,000.00	¥ 9,944.80	
11				
12				

◀ ▶ 业绩奖金标准 业绩... ⊕ : ◀

至此，销售奖金计算表制作完毕，用户保存该表即可。

高手私房菜

📇 本节视频教学录像：2 分钟

技巧：搜索需要的函数

由于 Excel 函数的种类较多，在使用函数时，可以利用"搜索函数"功能来查找相应的函数，具体的操作步骤如下。

❶ 选择需要输入函数的单元格，单击【公式】选项卡【函数库】组中的【插入函数】按钮，弹出【插入函数】对话框。

的关键字，如"引用"，单击【转到】按钮，系统会将相似的函数列在下面的【选择函数】列表框中，可以根据需要选择相应的函数。

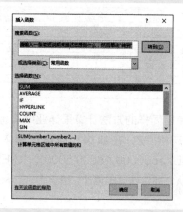

❷ 在【搜索函数】文本框中输入要搜索函数

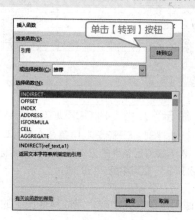

第

11

章

数据的分析与管理

 本章视频教学录像：43 分钟

高手指引

　　使用 Excel 2016 可以对表格中的数据进行简单分析，通过 Excel 的排序功能可以将数据表中的内容按照特定的规则排序；使用筛选功能可以将满足用户条件的数据单独显示；设置数据的有效性可以防止输入错误数据；使用条件格式功能可以直观地突出显示重要值；使用合并计算和分类汇总功能可以对数据进行分类或汇总。

重点导读

+ 掌握数据筛选方法
+ 掌握数据排序方法
+ 掌握数据合并计算的方法
+ 了解数据的分类汇总方式

11.1 数据的筛选

本节视频教学录像：8 分钟

在数据清单中，如果用户要查看一些特定数据，就需要对数据清单进行筛选，即从数据清单中选出符合条件的数据，将其显示在工作表中，不满足筛选条件的数据行将自动隐藏。

11.1.1 自动筛选

通过自动筛选操作，用户就能够筛选掉那些不符合要求的数据。自动筛选包括单条件筛选和多条件筛选。

1. 单条件筛选

所谓的单条件筛选，就是将符合一种条件的数据筛选出来。在期中考试成绩表中，将"16 计算机"班的学生筛选出来，具体的操作步骤如下。

❶ 打开随书光盘中的"素材 \ch13\ 期中考试成绩表 .xlsx"工作簿，选择数据区域内的任一单元格。

❷ 在【数据】选项卡中，单击【排序和筛选】选项组中的【筛选】按钮，进入【自动筛选】状态，此时在标题行每列的右侧出现一个下拉箭头。

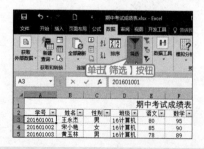

❸ 单击【班级】列右侧的下拉箭头，在弹出的下拉列表中取消【全选】复选框，选择【16 计算机】复选框，单击【确定】按钮。

1. 取消【全选】复选框
2. 选择【16计算机】复选框
3. 单击【确定】按钮

❹ 经过筛选后的数据清单如下图所示，可以看出仅显示了"16 计算机"班学生的成绩，其他记录被隐藏。

2. 多条件筛选

多条件筛选就是将符合多个条件的数据筛选出来。将期中考试成绩表中英语成绩为60 分和 70 分的学生筛选出来的具体操作步骤如下。

❶ 打开随书光盘中的"素材 \ch13\ 期中考试成绩表 .xlsx"工作簿，选择数据区域内的任一单元格。在【数据】选项卡中，单击【排序和筛选】选项组中的【筛选】按钮，进入【自动筛选】状态，此时在标题行每列的右侧出现一个下拉箭头。单击【英语】列右侧的下拉箭头，在弹出的下拉列表中取消【全选】复选框，选

择【60】和【70】复选框，单击【确定】按钮。

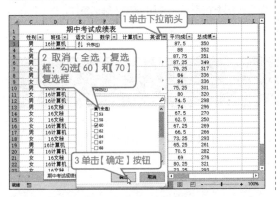

❷ 筛选后的结果如下图所示。

11.1.2　高级筛选

如果要对字段设置多个复杂的筛选条件，可以使用 Excel 提供的高级筛选功能。使用高级筛选功能之前应先建立一个条件区域。条件区域用来指定筛选的数据必须满足的条件。在条件区域中要求包含作为筛选条件的字段名，字段名下面必须有两个空行，一行用来输入筛选条件，另一行作为空行用来把条件区域和数据区域分开。

将班级为 16 文秘的学生筛选出来的具体操作步骤如下。

❶ 打开随书光盘中的"素材 \ch13\ 期中考试成绩表 .xlsx"工作簿，在 L2 单元格中输入"班级"，在 L3 单元格中输入公式"="16 文秘""，并按【Enter】键。

❷ 在【数据】选项卡中，单击【排序和筛选】选项组中的【高级】按钮，弹出【高级筛选】对话框。

❸ 在对话框中分别单击【列表区域】和【条件区域】文本框右侧的按钮，设置列表区域和条件区域。

❹ 设置完毕后，单击【确定】按钮，即可筛选出符合条件区域的数据。

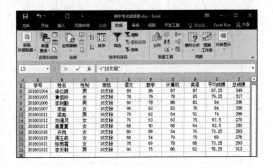

> **提示** 使用高级筛选功能之前应先建立一个条件区域。条件区域用来指定筛选的数据必须满足的条件。在条件区域中要求包含作为筛选条件的字段名，字段名下面必须有两个空行，一行用来输入筛选条件，另一行作为空行用来把条件区域和数据区域分开。

11.2 数据的排序

本节视频教学录像：7 分钟

将工作表中的数据根据需求进行不同的排列，可以将数据按照一定的顺序显示，便于用户观察。这时就需要使用 Excel 的数据排序功能。

11.2.1 按一列排序

按一列排序和按一行排序类似，在【排序选项】对话框中选择【按列排序】即可。按照列排序前后效果图分别如下所示（下图左为排序前，下图右为排序后）。

11.2.2 按多列排序

按多列排序就是依据多列的数据规则对数据表进行排序操作。在打开的"成绩单 .xlsx"工作簿中，如果希望按照文化课成绩由高到低进行排序，而文化课成绩相等时，则以体育成绩由高到低的方式显示时，就可以使用多条件排序。

1 在打开的"成绩单 .xlsx"工作簿中，选择表格中的任意一个单元格（如 C7），单击【数据】选项卡下【排序和筛选】组中的【排序】按钮。

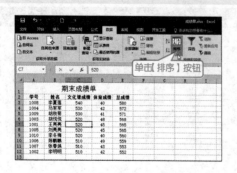

2 打开【排序】对话框，单击【主要关键字】后的下拉按钮，在下拉列表中选择【文化课成绩】选项，设置【排序依据】为【数值】，设置【次序】为【降序】。

3 单击【添加条件】按钮，新增排序条件，

单击【次要关键字】后的下拉按钮，在下拉列表中选择【体育成绩】选项，设置【排序依据】为【数值】，设置【次序】为【降序】，单击【确定】按钮。

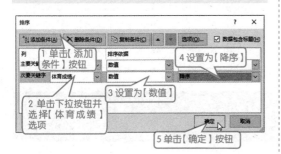

④ 返回至工作表，就可以看到数据按照文化课成绩由高到低的顺序进行排序，而文化课成绩相等时，则按照体育成绩由高到低进行排序。

11.2.3 自定义排序

Excel 具有自定义排序功能，用户可以根据需要设置自定义排序序列。例如按照职位高低进行排序时就可以使用自定义排序的方式。

❶ 打开随书光盘中的"素材 \ch13\ 职务表.xlsx"工作簿，按照职务高低进行排序。选择 D 列任意一个单元格（如 D6），单击【数据】选项卡下【排序和筛选】组中的【排序】按钮。

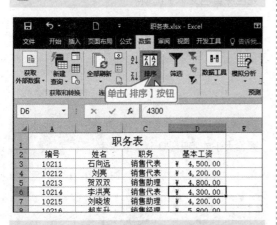

❷ 弹出【排序】对话框，在【主要关键字】下拉列表中选择【职务】选项，在【次序】下拉列表中选择【自定义序列】选项。

❸ 弹出【自定义序列】对话框，在【输入序列】列表框中输入"销售总裁""销售副总裁""销售经理""销售助理"和"销售代表"文本，单击【添加】按钮，将自定义序列添加至【自定义序列】列表框，单击【确定】按钮。

❹ 返回至【排序】对话框，即可看到【次序】文本框中显示的为自定义的序列，单击【确定】按钮。

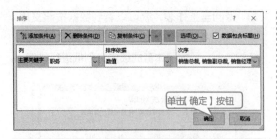

❺ 即可查看按照自定义排序列表排序后的结果。

11.3 条件格式

本节视频教学录像：7分钟

条件格式是指条件为真时，Excel 自动应用所选单元格的格式，即在所选的单元格中符合条件的以一种格式显示，不符合条件的以另一种格式显示。

11.3.1 突出显示单元格效果

突出显示单元格效果是指将满足条件的单元格按照设置突出显示出来，具体的操作步骤如下。

❶ 打开随书光盘中的"素材 \ch14\ 成绩表.xlsx"工作簿，选择单元格区域 E3:E15。

❷ 在【开始】选项卡中，选择【样式】选项组中的【条件格式】按钮，在弹出的下拉列表中选择【突出显示单元格规则】➤【大于】选项。

❸ 在弹出的【大于】对话框的文本框中输入"89"，在【设置为】下拉列表中选择【黄填充色深黄色文本】选项。

❹ 单击【确定】按钮，即可突出显示成绩优秀（大于或等于 90 分）的学生。

11.3.2　使用项目选取规则

项目选取规则可以突出显示选定区域中最大或最小的百分数或数字所指定的数据所在单元格，还可以指定大于或小于平均值的单元格。使用项目选取规则的具体操作步骤如下。

❶ 打开随书光盘中的"素材 \ch14\ 成绩表 .xlsx"工作簿，选择单元格区域 E3:E15。

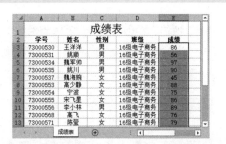

❷ 在【开始】选项卡中，选择【样式】选项组中的【条件格式】按钮，在弹出的下拉列表中选择【项目选取规则】▶【高于平均值】选项。

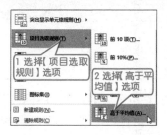

❸ 在弹出的【高于平均值】对话框的下拉列表中选择【绿填充色深绿色文本】选项。

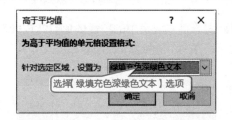

❹ 单击【确定】按钮，即可突出显示高于平均分的学生。

11.3.3　使用数据条格式

数据条可帮助查看某个单元格相对于其他单元格的值，数据条的长度代表单元格中的值，数据条越长，表示值越高；数据条越短，表示值越低。使用数据条的具体操作步骤如下。

❶ 打开随书光盘中的"素材 \ch14\ 成绩表 .xlsx"工作簿，选择单元格区域 E3:E15。

❷ 在【开始】选项卡中，选择【样式】选项

组中的【条件格式】按钮，在弹出的下拉列表中选择【数据条】▶【蓝色数据条】选项，成绩就会以蓝色数据条显示，成绩越高，数据条越长。

169

11.3.4 使用颜色格式

颜色作为一种直观的指示，可以帮助用户了解数据分布和数据变化。双色刻度使用两种颜色的深浅程度比较某个区域的单元格，颜色的深浅代表值的高低。例如，在绿色和红色的双色刻度中，可以指定较高值单元格的颜色更绿，而较低值单元格的颜色更红。三色刻度使用三种颜色的深浅程度来比较某个区域的单元格，颜色的深浅表示值的高、中和低。使用绿 – 黄 – 红颜色显示销售额的具体操作步骤如下。

❶ 打开随书光盘中的"素材 \ch11\ 成绩表 .xlsx"文件，选择单元格区域 E3:E15。

件格式】按钮，在弹出的下拉列表中选择【色阶】➢【绿 – 黄 – 红色阶】选项，成绩区域即以绿 – 黄 – 红色阶显示。

学号	姓名	性别	班级	成绩
			成绩表	
73000530	王洋洋	男	16级电子商务	86
73000531	姚顺	男	16级电子商务	56
73000534	魏军帅	男	16级电子商务	97
73000535	姚川	男	16级电子商务	90
73000537	魏海婉	女	16级电子商务	45
73000553	高少静	女	16级电子商务	88
73000554	宁波	女	16级电子商务	75
73000555	宋飞星	女	16级电子商务	86
73000556	李小林	男	16级电子商务	89
73000568	高飞	女	16级电子商务	76
73000571	陈莹	女	16级电子商务	79
73000572	宋艳秋	女	16级电子商务	90
73000528	陈鹏	男	16级电子商务	98

❷ 单击【开始】选项卡下【样式】选项组中的【条

学号	姓名	性别	班级	成绩
			成绩表	
73000530	王洋洋	男	16级电子商务	86
73000531	姚顺	男	16级电子商务	56
73000534	魏军帅	男	16级电子商务	97
73000535	姚川	男	16级电子商务	90
73000537	魏海婉	女	16级电子商务	45
73000553	高少静	女	16级电子商务	88
73000554	宁波	女	16级电子商务	75
73000555	宋飞星	女	16级电子商务	86
73000556	李小林	男	16级电子商务	89
73000568	高飞	女	16级电子商务	76
73000571	陈莹	女	16级电子商务	79
73000572	宋艳秋	女	16级电子商务	90
73000528	陈鹏	男	16级电子商务	98

 11.3.5 套用小图标格式

使用图标集可以对数据进行注释，并可以按阈值分为 3~5 个类别。每个图标代表一个值的范围。例如，在三色交通灯图标集中，红灯代表较低值，黄灯代表中间值，绿灯代表较高值。使用三色交通灯显示销售额的具体操作步骤如下。

❶ 打开随书光盘中的"素材 \ch11\ 成绩表 .xlsx" 文件，选择单元格区域 E3:E15。

的【条件格式】按钮，在弹出的下拉列表中选择【图标集】➢【三色交通灯（无边框）】选项，成绩区域即以三色交通灯显示。

学号	姓名	性别	班级	成绩
			成绩表	
73000530	王洋洋	男	16级电子商务	86
73000531	姚顺	男	16级电子商务	56
73000534	魏军帅	男	16级电子商务	97
73000535	姚川	男	16级电子商务	90
73000537	魏海婉	女	16级电子商务	45
73000553	高少静	女	16级电子商务	38
73000554	宁波	女	16级电子商务	75
73000555	宋飞星	女	16级电子商务	86
73000556	李小林	男	16级电子商务	89
73000568	高飞	女	16级电子商务	76
73000571	陈莹	女	16级电子商务	79
73000572	宋艳秋	女	16级电子商务	90
73000528	陈鹏	男	16级电子商务	98

❷ 单击【开始】选项卡下【样式】选项组中

学号	姓名	性别	班级	成绩
			成绩表	
73000530	王洋洋	男	16级电子商务	86
73000531	姚顺	男	16级电子商务	56
73000534	魏军帅	男	16级电子商务	97
73000535	姚川	男	16级电子商务	90
73000537	魏海婉	女	16级电子商务	45
73000553	高少静	女	16级电子商务	88
73000554	宁波	女	16级电子商务	75
73000555	宋飞星	女	16级电子商务	86
73000556	李小林	男	16级电子商务	89
73000568	高飞	女	16级电子商务	76
73000571	陈莹	女	16级电子商务	79
73000572	宋艳秋	女	16级电子商务	90
73000528	陈鹏	男	16级电子商务	98

11.3.6 清除条件格式

设定格式后，可以清除条件格式。清除条件格式的具体操作步骤如下。

❶ 选择设置条件格式的区域，单击【开始】选项卡下【样式】选项组中的【条件格式】按钮，在弹出的下拉列表中选择【清除规则】▶【清除所选单元格的规则】选项。

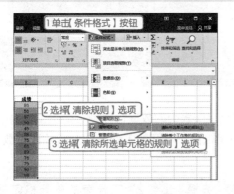

❷ 即可清除设置的条件格式。

	A	B	C	D	E
1			成绩表		
2	学号	姓名	性别	班级	成绩
3	73000530	王洋洋	男	16级电子商务	86
4	73000531	姚顺	男	16级电子商务	56
5	73000534	魏军帅	男	16级电子商务	97
6	73000535	姚川	男	16级电子商务	90
7	73000537	魏海娴	女	16级电子商务	45
8	73000553	高少静	女	16级电子商务	88
9	73000554	宁波	男	16级电子商务	75
10	73000555	宋飞星	女	16级电子商务	86
11	73000556	李小林	男	16级电子商务	89
12	73000568	高飞	女	16级电子商务	76
13	73000571	陈莹	女	16级电子商务	79
14	73000572	宋艳秋	女	16级电子商务	90
15	73000528	陈鹏	男	16级电子商务	98

> **提示** 选择【清除所选单元格的规则】选项，可清除选择区域中的条件格式；选择【清除整个工作表的规则】选项，则可以清除工作表中所有设置的条件格式。

11.4 设置数据的有效性

本节视频教学录像：5 分钟

在向工作表中输入数据时，为了防止用户输入错误的数据，可以为单元格设置有效的数据范围，限制用户只能输入指定范围的数据。设置学生学号长度的具体操作步骤如下。

❶ 打开随书光盘中的"素材\ch11\设置数据有效性.xlsx"工作簿，选择 B2:B8 单元格区域。

	A	B	C	D	E
1	姓名	学号	语文	数学	英语
2	朱晓				
3	张华				
4	王笑				
5	孙娟				
6	李丰				
7	周明				
8	刘茜				

❷ 在【数据】选项卡中，单击【数据工具】选项组中的【数据验证】按钮 数据验证，弹出【数据验证】对话框，选择【设置】选项卡，在【允许】下拉列表中选择【文本长度】，在【数据】下拉列表中选择【等于】，在【长度】文本框中输入"8"。

❸ 选择【出错警告】选项卡，在【样式】下拉列表中选择【警告】选项，在【标题】和【错误信息】文本框中输入警告信息，如下图所示。

④ 单击【确定】按钮，返回工作表，在 B2:B8 单元格中输入不符合要求的数字时，会提示如下警告信息。

11.5 数据的合并计算

本节视频教学录像：4 分钟

若要汇总多个单独的工作表的结果，可以将每个工作表中的数据合并到一个主工作表中。这些工作表可以和主工作表在同一个工作簿中，也可以位于不同的工作簿中。合并计算数据的具体操作步骤如下。

第 1 步：定义名称

❶ 打开随书光盘中的"素材 \ch11\ 员工工资表 .xlsx"工作簿。

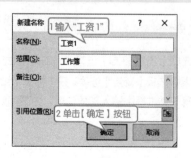

❷ 选择"工资 1"工作表的 A1:H20 区域，在【公式】选项卡中，单击【定义的名称】选项组中的【定义名称】按钮 ，弹出【新建名称】对话框，在【名称】文本框中输入"工资 1"，单击【确定】按钮。

❸ 选择"工资 2"工作表的单元格区域 E1:H20，在【公式】选项卡中，单击【定义的名称】选项组中的【定义名称】按钮 ，弹出【新建名称】对话框，在【名称】文本框中输入"工资 2"，单击【确定】按钮。

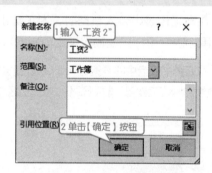

第 2 步：合并计算

❶ 选择"工资 1"工作表中的单元格 I1，在【数据】选项卡中，单击【数据工具】选项组中的【合并计算】按钮 ，在弹出的【合并计算】对话框的【引用位置】文本框中输入"工资 2"，单击【添加】按钮，把"工资 2"添加到【所有引用位置】列表框中。

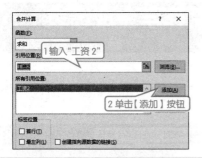

整列宽后，如下图所示。

❷ 单击【确定】按钮，即可将名称为"工资2"的区域合并到"工资1"区域中，根据需要调

11.6 数据的分类汇总

本节视频教学录像：5分钟

分类汇总是对数据清单中的数据进行分类，在分类的基础上对数据进行汇总。使用分类汇总时，用户不需创建公式，系统会自动创建公式，对数据清单中的字段进行求和、求平均及求最大值等函数运算，分类汇总的计算结果将分级显示出来。

❶ 打开随书光盘中的"素材\ch11\销售情况表.xlsx"工作簿，单击 C 列数据区域内任一单元格，单击【数据】选项卡中的【降序】按钮进行排序。

❷ 在【数据】选项卡中，单击【分级显示】选项组中的【分类汇总】按钮，弹出【分类汇总】对话框。

❸ 在【分类字段】列表框中选择【产品】选项，表示以"产品"字段进行分类汇总，在【汇总方式】列表框中选择【求和】选项，在【选定汇总项】列表框中选择【合计】复选框，并选择【汇总结果显示在数据下方】复选框。

❹ 单击【确定】按钮，进行分类汇总后的效果如下图所示。

11.7 综合实战——制作学生成绩表

本节视频教学录像：3分钟

在设置数据有效性时，有多处选项需要设置。下面以学生成绩表为例，挑出不及格学生的成绩，具体的操作步骤如下。

【案例效果展示】

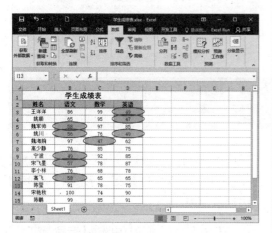

【案例涉及知识点】

使用条件格式

突出显示单元格效果

设置数据的有效性

检测无效的数据

【操作步骤】

第1步：突出显示不及格成绩

❶ 打开随书光盘中的"素材\ch11\学生成绩表.xlsx"工作簿，选中单元格区域 B3:D15。

❷ 单击【开始】选项卡【样式】组中的【条件格式】按钮，在弹出的下拉列表中选择【突出显示单元格规则】➤【小于】选项。

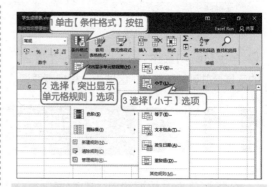

❸ 弹出【小于】对话框，在【为小于以下值的单元格设置格式】文本框中，输入"60"，表示低于 60 分不及格，在【设置为】下拉列表中选择【浅红填充色深红色文本】选项，然后单击【确定】按钮。

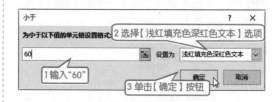

❹ 设置后的效果如下图所示。

第2步：圈定不及格的成绩

❶ 再次选中单元格区域 B3:D15。

❷ 单击【数据】选项卡【数据工具】选项组中的【数据验证】按钮，弹出【数据验证】对话框，在【允许】下拉列表中选择【整数】选项，在【数据】下拉列表中选择【大于】选项，在【最小值】文本框中输入"60"，单击【确定】按钮。

❸ 返回工作簿中，单击【数据】选项卡【数据工具】选项组中的【数据验证】按钮右侧的下拉按钮，在弹出下拉列表中选择【圈释无效数据】选项。

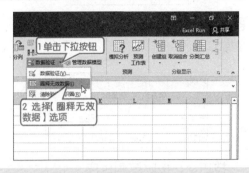

❹ 最终效果如下图所示，将不及格的成绩全部圈释出来。

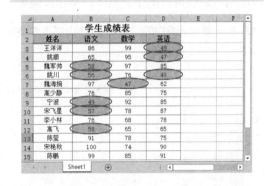

 高手私房菜

🎬 本节视频教学录像：4 分钟

技巧 1：使用合并计算核对多表中的数据

在下面的数据中，核对"销量 A"和"销量 B"是否一致的具体操作步骤如下。

	A	B	C	D	E
1	物品	销量A		物品	销量B
2	电视机	8579		电视机	8579
3	笔记本	4546		笔记本	3562
4	显示器	13215		显示器	13215
5	台式机	12546		台式机	15621
6					

❶ 选择 G1 单元格，单击【数据】选项卡下【数据工具】选项组中的【合并计算】按钮，弹出【合并计算】对话框，添加 A1:B5 和 D1:E5 两个单元格区域，并单击选中【首行】和【最左列】两个复选框。

❷ 单击【确定】按钮，得到合并结果。

175

G	H	I
	销量A	销量B
电视机	8579	8579
笔记本	4546	3562
显示器	13215	13215
台式机	12546	15621

❸ 在 J2 单元格中输入"=H2=I2",按【Enter】键确认。

G	H	I	J
	销量A	销量B	
电视机	8579	8579	TRUE
笔记本	4546	3562	
显示器	13215	13215	
台式机	12546	15621	

❹ 使用填充柄填充 J3:J5 单元格区域,显示"FALSE"表示"销量 A"和"销量 B"中的数据不一致。反之,显示"TURE"表示数据相等。

G	H	I	J
	销量A	销量B	
电视机	8579	8579	TRUE
笔记本	4546	3562	FALSE
显示器	13215	13215	TRUE
台式机	12546	15621	FALSE

技巧 2:按照笔画排序

默认情况下,Excel 对汉字的排序方式是按照"字母"顺序的,用户还可以根据需要,按照笔画顺序进行排序,具体的操作步骤如下。

❶ 打开随书光盘中的"素材\ch11\学生成绩.xlsx"文件。

	A	B	C	D	E	F	G
1	学号	姓名	语文	数学	英语	理综	总分
2	001	黄艳明	95	138	112	241	586
3	002	刘林	101	125	107	258	591
4	003	赵孟	87	103	128	237	555
5	004	李婷	91	143	87	227	548
6	005	刘彦雨	103	136	127	239	605
7	006	张欣然	82	97	121	230	530
8	007	李强	97	142	109	231	579
9	008	刘景	89	102	124	199	514
10	009	王磊	106	128	134	250	618
11	010	马勇	107	134	105	248	594
12	011	赵玲	89	137	102	258	586
13	012	刘浩	116	123	105	241	585
14	013	孟凡	110	127	132	239	608
15	014	石磊	115	138	140	261	654
16	015	王宇	83	91	139	251	564
17							

❷ 单击【数据】选项卡下【排序和筛选】选项组中的【排序】按钮,弹出【排序】对话框。在对话框中选择【主要关键字】为"姓名",【次序】为"升序"。

❸ 单击【排序】对话框中的【选项】按钮,

在弹出的【排序选项】对话框中单击选中【笔划排序】单选项,单击【确定】按钮。

❹ 返回【排序】对话框,单击【确定】按钮。排序结果如下图所示。

	A	B	C	D	E	F	G
1	学号	姓名	语文	数学	英语	理综	总分
2	010	马勇	107	134	105	248	594
3	015	王宇	83	91	139	251	564
4	009	王磊	106	128	134	250	618
5	014	石磊	115	138	140	261	654
6	002	刘林	101	125	107	258	591
7	005	刘彦雨	103	136	127	239	605
8	012	刘浩	116	123	105	241	585
9	008	刘景	89	102	124	199	514
10	007	李强	97	142	109	231	579
11	004	李婷	91	143	87	227	548
12	006	张欣然	82	97	121	230	530
13	013	孟凡	110	127	132	239	608
14	003	赵孟	87	103	128	237	555
15	011	赵玲	89	137	102	258	586
16	001	黄艳明	95	138	112	241	586
17							

第  章

数据透视表与数据透视图

 本章视频教学录像：27 分钟

高手指引

数据透视表和数据透视图可以清晰地展示出数据的汇总情况，对于数据的分析、决策可以起到至关重要的作用。本章介绍创建数据透视表和透视图的方法。

重点导读

+ 了解数据准备的方法
+ 掌握创建、编辑与美化数据透视表的方法
+ 掌握创建、编辑与美化数据透视图的方法

12.1 数据准备

本节视频教学录像：2分钟

数据透视表是一种对大量数据快速汇总和建立交叉列表的交互式动态格式，能够帮助用户分析、组织现有数据，是 Excel 中的数据分析利器。

（1）Excel 数据列表

Excel 数据列表是最常用的数据源。如果以 Excel 数据列表作为数据源，则标题行不能有空白单元格或者合并单元格，否则不能生成数据透视表，会出现如下图所示的错误提示。

（2）外部数据源

文本文件 Microsoft SQL Server 数据库、Microsoft Access 数据库、dBASE 数据库等均可作为数据源。Excel 2016 还可以利用 Microsoft OLAP 多维数据集创建数据透视表。

（3）多个独立的 Excel 数据列表

数据透视表可以将多个独立的 Excel 表格中的数据汇总到一起。

（4）其他数据透视表

创建完成的数据透视表也可以作为数据源来创建另外一个数据透视表。

在实际工作中，用户的数据往往是以二维表格的形式存在的，如下左图所示。这样的数据表无法作为数据源创建理想的数据透视表，只能把二维的数据表格转换为如下右图所示的一维表格，才能作为数据透视表的理想数据源。数据列表就是指这种以列表形式存在的数据表格。

只有做好数据准备工作，才能顺利创建数据透视表，并充分发挥其作用。

12.2 数据透视表

本节视频教学录像：9分钟

数据透视表实际上是从数据库中生成的动态总结报告，其最大的特点就是具有交互性。创建透视表后，可以任意地重新排列数据信息，并且可以根据需要对数据进行分组。

12.2.1 创建数据透视表

使用数据透视表可以深入分析数值数据，创建数据透视表的具体操作步骤如下。

❶ 打开随书光盘中的"素材 \ch12\ 数据透视表 .xlsx"文件，选择单元格区域 A1:D21，单击【插入】选项卡下【表格】选项组中的【数据透视表】按钮。

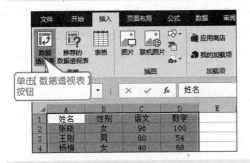

❷ 弹出【创建数据透视表】对话框。在【请选择要分析的数据】区域单击选中【选择一个表或区域】单选项，在【表 / 区域】文本框中设置数据透视表的数据源，再在【选择放置数据透视表的位置】区域单击选中【新工作表】单选项，最后单击【确定】按钮。

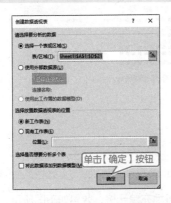

❸ 弹出数据透视表的编辑界面，工作表中会出现数据透视表，在其右侧是【数据透视表字段】窗格。在功能区会出现【数据透视表工具】的【分析】和【设计】两个选项卡。

❹ 将"语文"和"数学"字段拖曳到【Σ值】中，将"性别"和"姓名"字段分别拖曳到【行】标签中，注意顺序，添加报表字段后的效果如下图所示，即可创建的数据透视表。

12.2.2 编辑数据透视表

创建数据透视表以后，还可以编辑创建的数据透视表，对数据透视表的编辑包括修改其布局、添加或删除字段、格式化表中的数据以及对透视表进行复制和删除等操作。

❶ 选择创建的数据透视表，单击右侧【行标签】列表中的【姓名】按钮，在弹出的下拉列表中选择【删除字段】选项；或直接撤销选中【选择要添加到报表的字段】区域中的【姓名】复选框。

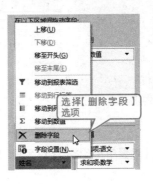

> **提示** 选择标签中的字段名称，并将其拖曳到窗口外，也可以删除该字段。

❷ 删除数据源后效果如右图所示。

❸ 在【选择要添加到报表的字段】列表中单击选中要添加字段前的复选框，将其直接拖曳字段名称到字段列表中，即可完成数据的添加。

12.2.3 美化数据透视表

创建并编辑好数据透视表后，可以对它进行美化，使其看起来更加美观。

❶ 选中上一节创建的数据透视表，单击【数据透视表工具】▶【设计】选项卡下【数据透视表样式】选项组中的任意选项，即可更改数据透视表样式。

充】选项卡，在【图案颜色】下拉列表中选择"蓝色，个性色 1，淡色 60%"，在【图案样式】下拉列表中选择"细，对角线，剖面线"，然后单击【确定】按钮。

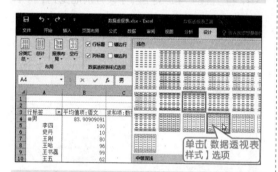

❷ 选中数据透视表中的单元格区域 A4:C25，单击鼠标右键，在弹出的快捷菜单中选择【设置单元格格式】选项。

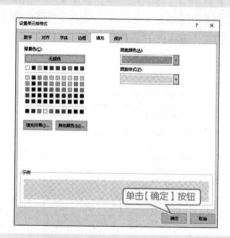

❹ 即可填充单元格，效果如下图所示。

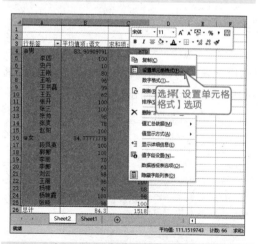

❸ 弹出【设置单元格格式】对话框，单击【填

12.3 数据透视图

本节视频教学录像：5分钟

与数据透视表一样，数据透视图也是交互式的。创建数据透视图时，筛选的数据透视图将显示在图表区。当改变相关联的数据透视表中的字段布局或数据时，数据透视图也会随之发生变化。

12.3.1 创建数据透视图

创建数据透视图的方法与创建数据透视表类似，具体操作步骤如下。

❶ 在 12.2.1 小节的数据透视表中，选择任意一个单元格。

▲	A	B	C	D
1				
2				
3	行标签　▼	求和项:语文	求和项:数学	
4	⊟男	923	679	
5	李四	100	20	
6	史丹	10	77	
7	王刚	80	54	
8	王哈	96	32	
9	王书磊	99	100	
10	王五	62	30	
11	张开	100	96	
12	张三	100	51	
13	张帅	98	86	
14	张爽	78	68	
15	赵阳	100	65	
16	⊟女	763	839	
17	段凤英	100	99	
18	郭娜	100	98	

❷ 单击【插入】选项卡下【图表】选项组中【数据透视图】选项，在弹出的下拉列表中选择【数据透视图】选项。

选择【数据透视图】选项

❸ 弹出【插入图表】对话框，在左侧的【所有图表】列表中单击【柱形图】选项，在右侧选择【簇状柱形图】选项，然后单击【确定】按钮。

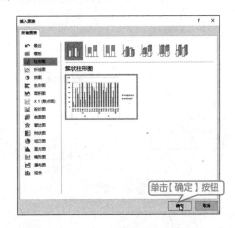

单击【确定】按钮

📝 **提示**　创建数据透视图时，不能使用 XY（散点图）、气泡图和股价图等图表类型。

❹ 即可创建一个数据透视图，当鼠标指针在图表区变为✛形状时，按住鼠标左键拖曳可调整数据透视图到合适位置，如下图所示。

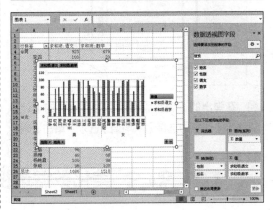

12.3.2 编辑数据透视图

创建数据透视图以后，就可以对其进行编辑了。对数据透视图的编辑包括修改其布局、数据在透视图中的排序、数据在透视图中的显示等。修改数据透视图的布局，从而重组数据透视图的具体操作步骤如下。

❶ 单击【图表区】中【性别】后的按钮，在弹出的快捷菜单中撤销选中【女】复选框，然后单击【确定】按钮。

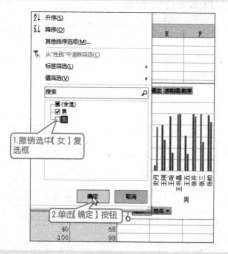

❷ 将鼠标光标放置在【图表区】中【求和项：数学】选项上单击鼠标右键，在弹出的快捷菜单中选择【值字段设置】选项。

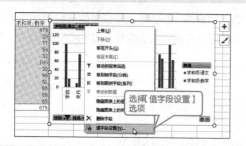

❸ 在弹出的【值字段设置】对话框中的【计算类型】列表中选择【平均值】选项，单击【确定】按钮。

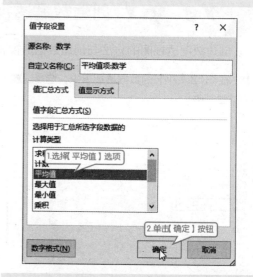

❹ 效果如下图所示，可以看到数据透视图和数据透视表都按照数学平均值项重新排序。

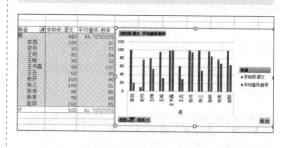

> 📖 **提示** 用户还可以根据需要在打开的【数据透视图工具】▶【设计】和【分析】选项卡下编辑数据透视图。

12.3.3 美化数据透视图

创建数据透视图并编辑好以后，可以对数据透视图进行美化，使其看起来更加美观。

❶ 选中图表区，当鼠标指针变为形状时，按住鼠标左键拖曳，调整图表区的大小如下图

所示。

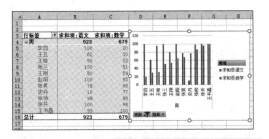

② 单击【数据透视图工具】➤【设计】选项卡下【图表样式】选项组中的■按钮，在弹出的下拉列表中选择【样式 12】选项。

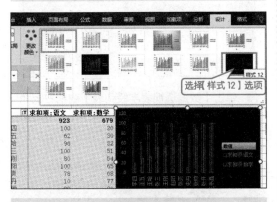

③ 单击【数据透视图工具】➤【格式】选项卡下【形状样式】选项组中的■按钮，在弹出

的下拉列表中选择【细微效果－绿色，强调颜色 6】选项。

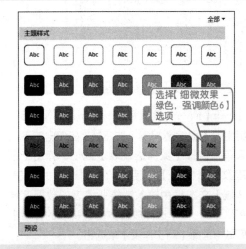

④ 最终效果如下图所示。

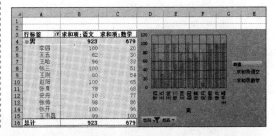

12.4 综合实战——制作销售业绩透视表 / 图

📽 本节视频教学录像：10 分钟

销售业绩表是一种常用的工作表格，主要汇总了销售人员的销售情况，可以为公司销售策略及员工销售业绩的考核提供有效的基础数据。本节主要介绍如何制作销售业绩透视表 / 图。

【案例效果展示】

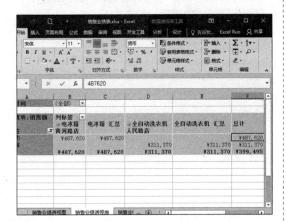

【案例涉及知识点】

创建数据透视表

设置数据透视表样式

创建数据透视图

编辑数据透视图

【操作步骤】

第 1 步：创建销售业绩透视表

① 打开随书光盘中的 "素材 \ch12\ 销售业绩表 .xlsx" 工作簿。

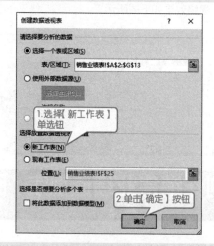

❷ 在【插入】选项卡中，单击【表格】选项组中的【数据透视表】按钮，在弹出的下拉菜单中选择【数据透视表】选项，弹出【创建数据透视表】对话框。在对话框的【表/区域】文本框中输入销售业绩表的数据区域 A2:G13，在【选择放置数据透视表的位置】区域中选择【新工作表】单选钮。

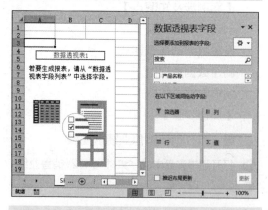

❸ 单击【确定】按钮，即可在新工作表中创建一个销售业绩透视表。

❹ 在【数据透视表字段列表】窗格中，将"产品名称"字段和"销售点"字段添加到【列标签】

列表框中，将"销售员"字段添加到【行标签】列表框中，将"销售点"字段添加到【列标签】列表框中，将"销售额"字段添加到【∑ 值】列表框中。

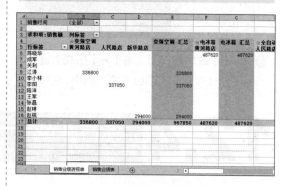

❺ 单击【数据透视表字段列表】窗格右上角 ✕ 按钮，将该窗格关闭，并将此工作表的标签重命名为"销售业绩透视表"。

第 2 步：设置销售业绩透视表表格

❶ 选择任意单元格，在【设计】选项卡中，单击【数据透视表样式】选项组中的按钮，在弹出的样式中选择一种样式。

❷ 在"数据透视表"中代表数据总额的单元格上单击右键，在弹出的快捷菜单中选择【值字段设置】选项，弹出【值字段设置】对话框。

❸ 单击【数字格式】按钮，弹出【设置单元格格式】对话框，在【分类】列表框中选择【货币】选项，将【小数位数】设置为"0"，【货币符号】设置为"￥"，单击【确定】按钮

❹ 返回【值字段设置】对话框，单击【确定】按钮，将销售业绩透视表中的"数值"格式更改为"货币"格式。

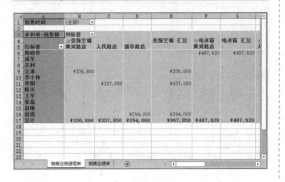

第 3 步：设置销售业绩透视表中的数据

❶ 在销售业绩透视表中，单击【销售时间】右侧的按钮 ▾，在弹出的下拉列表中取消选择【选择多项】复选框，选择"2016-1-1"选项。

❷ 单击【确定】按钮，在销售业绩透视表中将显示 2016 年 1 月 1 日的销售数据。

❸ 单击【黄河路店】，再单击【列标签】右侧的按钮 ▾，在弹出的下拉列表中取消选择【全选】复选框，选择【人民路店】复选框。

❹ 单击【确定】按钮，在销售业绩透视表中将显示"人民路店"在 2016 年 1 月 1 日的销售数据。

❺ 取消日期和店铺筛选，右键单击任意单元格，在弹出的快捷菜单中选择【值字段设置】选项，弹出【值字段设置】对话框，单击【汇总方式】选项，在列表框中选择【平均值】选项。

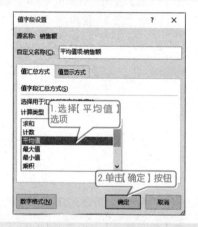

❻ 单击【确定】按钮，在销售业绩透视表中将显示数据的平均值。

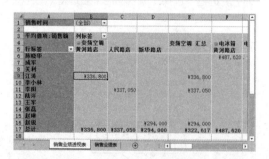

第 4 步：创建销售业绩透视图

❶ 选择任意单元格，在【数据透视表工具】➤【分析】选项卡中，单击【工具】选项组中的【数据透视图】按钮，弹出【插入图表】对话框。

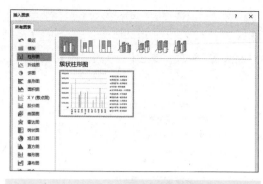

❷ 在【插入图表】对话框中选择【柱形图】中的任意一种柱形，单击【确定】按钮即可在当前工作表中插入数据透视图。

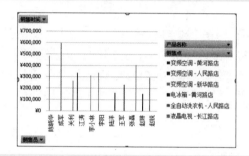

❸ 右键单击数据透视图，在弹出的快捷菜单中选择【移动图表】菜单命令，弹出【移动图表】对话框，选择【新工作表】单选项，并输入工作表名称"销售业绩透视图"。

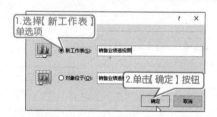

❹ 单击【确定】按钮，自动切换到新建工作表，并把销售业绩透视图移动到该工作表中。

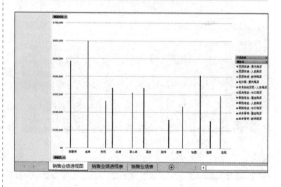

第 5 步：编辑销售业绩透视图

❶　单击透视图左下角的【销售员】按钮，在弹出的列表中取消【全部】复选框，选择【陈晓华】和【李小林】复选框。

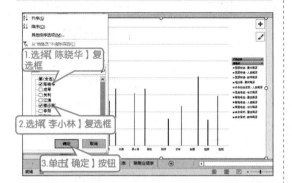

❷　单击【确定】按钮，在销售业绩透视图中将只显示"陈晓华"和"李小林"的销售数据。

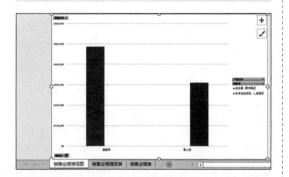

❸　右键单击销售数据透视图，在弹出的快捷菜单中选择【更改图表类型】菜单命令，弹出【更改图表类型】对话框，选择【折线图】类型中的【堆积折线图】选项。

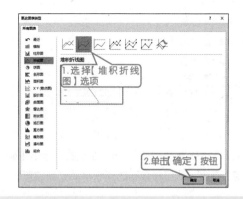

❹　单击【确定】按钮，即可将销售业绩透视图类型更改为【折线图】类型。

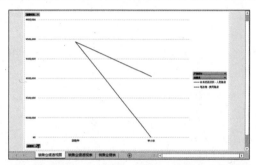

❺　选择销售业绩透视图的【绘图区】，在【格式】选项卡中，单击【形状样式】选项组中的 按钮，在弹出的样式中选择一种样式，即可为透视图添加样式。

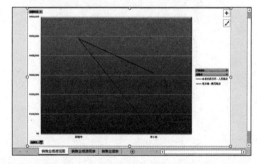

高手私房菜

本节视频教学录像：1分钟

技巧：移动数据透视表

移动数据透视表的具体操作步骤如下。

❶　选择整个数据透视表，单击【分析】选项卡下【操作】选项组中的【移动数据透视表】按钮，弹出【移动数据透视表】对话框。

❷ 选择放置数据透视表的位置后，单击【确定】按钮，即可将数据透视表移动到新位置。

第4篇

PowerPoint 2016 篇

第13章

基本 PPT 的制作

 本章视频教学录像：34 分钟

高手指引

外出做报告，展示的不仅是一种技巧，还是一种精神面貌。有声有色的报告常常会令听众惊叹，并能使报告达到最佳效果。若要做到这一步，制作一个优秀的幻灯片是基础。

重点导读

✚ 掌握创建和处理 PPT 的方法
✚ 掌握添加和编辑文本的方法
✚ 掌握设置文本格式的方法
✚ 掌握设置段落格式的方法

13.1 PowerPoint 2016 的工作界面

本节视频教学录像：2 分钟

PowerPoint 2016 的工作界面由【文件】选项卡、快速访问工具栏、标题栏、功能区、【帮助】按钮、账户登录、工作区、缩略图、状态栏和视图栏等组成，如下图所示。

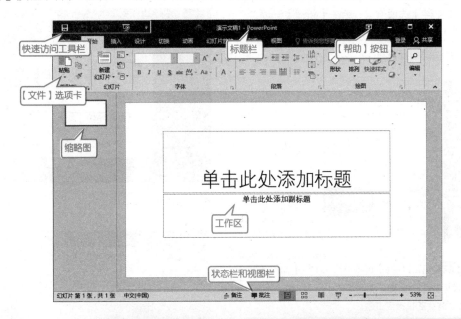

13.2 创建和处理 PPT

本节视频教学录像：6 分钟

利用 PowerPoint 2016 可以轻松地创建和处理 PPT 演示文稿，掌握创建演示文稿方法和管理幻灯片的操作是制作优秀幻灯片的基础。

13.2.1 利用【空白演示文稿】命令

启动 PowerPoint 2016 软件之后，PowerPoint 2016 会提示创建什么样的 PPT 演示文稿，并提供模板供用户选择，单击【空白演示文稿】命令即可创建一个空白演示文稿。

❶ 启动 PowerPoint 2016，弹出如下图所示的 PowerPoint 界面，单击【空白演示文稿】选项。

❷ 新建空白演示文稿如下图所示。

191

13.2.2 使用模板

PowerPoint 2016 中内置有大量联机模板，可在设计不同类别的演示文稿的时候选择使用，既美观漂亮，又节省了大量时间。

❶ 在【文件】选项卡下，单击【新建】选项，在右侧【新建】区域显示了多种 PowerPoint 2016 的联机模板样式。

> **提示** 在【新建】选项下的文本框中输入联机模板或主题名称，然后单击【搜索】按钮即可快速找到需要的模板或主题。

❷ 选择相应的联机模板，即可弹出模板预览界面。如单击【环保】命令，弹出【环保】模板的预览界面，选择模板类型，在右侧预览框中可查看预览效果，单击【创建】按钮。

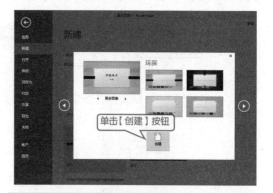

单击【创建】按钮

❸ 即可使用联机模板创建演示文稿。

13.2.3 添加幻灯片

添加幻灯片的常见方法有两种，第一种方法是单击【开始】选项卡【幻灯片】选项组中的【新建幻灯片】按钮，在弹出的列表中选择【标题幻灯片】选项，新建的幻灯片即显示在左侧的【幻灯片】窗格中。

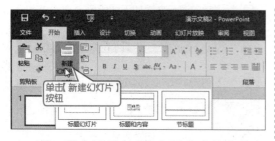

单击【新建幻灯片】按钮

第二种方法是在【幻灯片】窗格中单击鼠标右键，在弹出的快捷菜单中选择【新建

幻灯片】菜单命令，即可快速新建幻灯片。

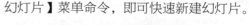

选择【新建幻灯片】菜单命令

13.2.4 选择幻灯片

不仅可以选择单张幻灯片，还可以选择连续或不连续的多张幻灯片。

1. 选择单张幻灯片

打开随书光盘中的"素材 \ch13\ 静夜思 .pptx"，单击需要选定的幻灯片即可选择该幻灯片，如下图所示。

要选择多张不连续的幻灯片，则需先按下【Ctrl】键，再分别单击需要选定的幻灯片。

2. 选择多张幻灯片

要选择多张连续的幻灯片，可以在按住【Shift】键的同时，单击需要选定多张幻灯片的第一张和最后一张幻灯片。

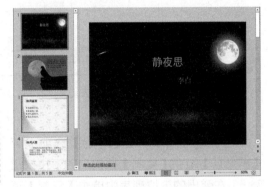

13.2.5 更改幻灯片

如果对所添加的幻灯片版式不满意，还可以对其进行修改，具体操作步骤如下。

❶ 选择要更改版式的幻灯片，单击【开始】选项卡下【幻灯片】组中的【幻灯片版式】按钮。

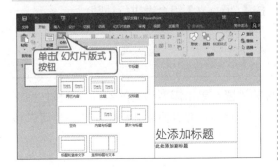

❷ 在弹出的下拉列表中选择一种幻灯片版式，如选择【两栏内容】版式，则选中的幻灯片就会以【两栏内容】版式显示。

提示
更换已添加内容幻灯片的版式时，添加内容的位置会改变。

13.2.6 删除幻灯片

在【幻灯片】窗格中选择要删除的幻灯片，按【Delete】键即可快速删除选择的幻灯片页面。也可以选择要删除的幻灯片页面并单击鼠标右键，在弹出的快捷菜单中单击【删除幻灯片】菜单命令。

13.2.7 复制幻灯片

用户可以通过以下 3 种方法复制幻灯片。

1. 利用【复制】按钮

选中幻灯片，单击【开始】选项卡下【剪贴板】组中【复制】按钮后的下拉按钮，在弹出的下拉列表中单击【复制】菜单命令，即可复制所选幻灯片。

2. 利用【复制】菜单命令

在目标幻灯片上单击鼠标右键，在弹出的快捷菜单中单击【复制】菜单命令，即可复制所选幻灯片。

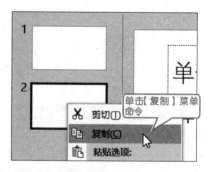

3. 快捷方式

按【Ctrl+C】组合键可执行复制命令，按【Ctrl+V】组合键进行粘贴。

13.2.8 移动幻灯片

用户可以通过移动幻灯片的方法改变幻灯片的位置，单击需要移动的幻灯片并按住鼠标左键，拖曳幻灯片至目标位置，松开鼠标左键即可。此外，通过剪切并粘贴的方式也可以移动幻灯片。

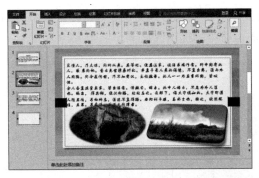 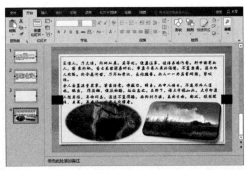

13.3　添加和编辑内容

🎬 本节视频教学录像：5 分钟

演示文稿的内容一定要简要，并且重点突出。在 PowerPoint 2016 中，可以将文字以多种简便灵活的方式添加至幻灯片中。

▲ 13.3.1　使用文本框添加文本

幻灯片中【文本占位符】的位置是固定的，如果想在幻灯片的其他位置输入文本，可以通过绘制一个新的文本框来实现。在插入和设置文本框后，就可以在文本框中进行文本的输入了，在文本框中输入文本的具体操作方法如下。

❶ 新建一个演示文稿，将幻灯片中的文本占位符删除，单击【插入】选项卡【文本】组中的【文本框】按钮，在弹出的下拉菜单中选择【横排文本框】选项。

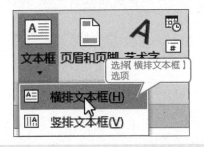

❷ 将光标移动到幻灯片中，当光标变为向下的箭头时，按住鼠标左键并拖曳即可创建一个文本框。

❸ 单击文本框就可以直接输入文本，这里输入"PowerPoint 2016 文本框"。

▲ 13.3.2　使用占位符添加文本

在普通视图中，幻灯片会出现"单击此处添加标题"或"单击此处添加副标题"等提示文本框，这种文本框统称为【文本占位符】。

在文本占位符中输入文本是最基本、最方便的一种输入方式。在文本占位符上单击即可输入文本。同时，输入的文本会自动替换文本占位符中的提示性文字。

13·3·3 选择文本

如果要更改文本或者设置文本的字体样式，可以选择文本，将鼠标光标定位至要选择文本的起始位置，按住鼠标左键并拖曳鼠标，选择结束，释放鼠标左键即可选择文本。

13·3·4 移动文本

在 PowerPoint 2016 中文本都是在占位符或者文本框中显示，可以根据需要移动文本的位置，选择要移动文本的占位符或文本框，按住鼠标左键并拖曳，至合适位置释放鼠标左键即可完成移动文本的操作。

13·3·5 复制、粘贴文本

复制和粘贴文本是常用的文本操作，复制并粘贴文本的具体操作步骤如下。

 选择要复制的文本。

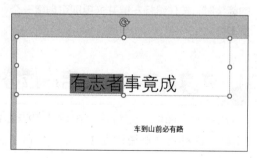

❷ 单击【开始】选项卡下【剪贴板】组中【复制】按钮后的下拉按钮 📄▾，在弹出的下拉列表中单击【复制】菜单命令。

❸ 选择要粘贴到的幻灯片页面，单击【开始】选项卡下【剪贴板】组中【粘贴】按钮后的下拉按钮 📋，在弹出的下拉列表中单击【保留源格式】菜单命令。

❹ 即可完成文本的粘贴操作。

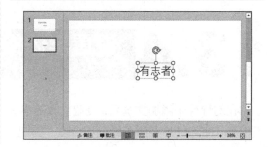

> **提示**
> 选择文本后，按【Ctrl+C】组合键可快速复制文本，按【Ctrl+V】组合键可快速粘贴文本。

13.3.6 删除文本

不需要的文本可以按【Delete】或【BackSpace】键将其删除，删除后的内容还可以使用【恢复】按钮 ↩ 恢复。

❶ 将鼠标光标定位至要删除文本的后方。

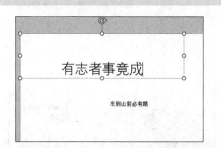

❷ 在键盘上按【BackSpace】键即可删除一个字符。如果要删除多个字符，可按多次【BackSpace】键。

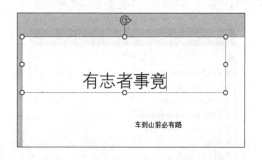

> **提示**　将鼠标光标定位至要删除字符前，可以按【Delete】键删除。

13.3.7 恢复文本

❶ 如果要恢复删除的字符,可以单击快速访问工具栏中的【撤销】按钮 ↺。

❷ 恢复文本后的效果如右图所示。

> **提示** 按【Ctrl+Z】组合键,可以撤销上一步操作的文本。

13.4 设置字体格式

🎬 本节视频教学录像:4分钟

在幻灯片中添加文本后,设置文本的格式,如设置字体及颜色、字符间距、使用艺术字等,不仅可以使幻灯片页面布局更加合理、美观,还可以突出文本内容。

13.4.1 设置字体及颜色

PowerPoint 默认的【字体】为"宋体",【字体颜色】为"黑色",在【开始】选项卡下的【字体】选项组中或【字体】对话框中【字体】选项卡中可以设置字体、字号及字体颜色等,具体操作步骤如下。

❶ 选中修改字体的文本内容,单击【开始】选项卡下【字体】选项组中的【字体】按钮的下拉按钮 ⌄,在弹出的下拉列表中选择字体。

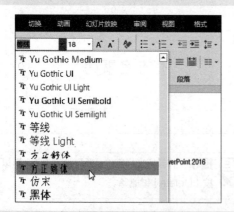

❷ 单击【开始】选项卡下【字体】选项组中的【字号】按钮的下拉按钮,在弹出的下拉列表中选择字号。

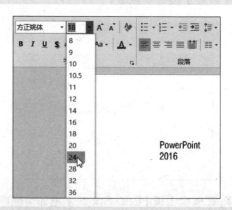

❸ 单击【开始】选项卡下【字体】选项组中的【字体颜色】按钮的下拉按钮,在弹出的下拉列表中选择颜色即可。

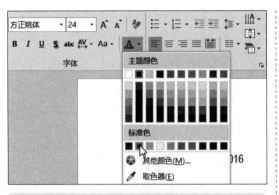

对话框中也可以设置字体及字体颜色。

❹ 另外，也可以单击【开始】选项卡下【字体】选项组中的【字体】按钮 ⬒，在弹出的【字体】

13.4.2　设置字体间距

在幻灯片中，文本内容只是单一的间距，看上去会比较枯燥，接下来介绍如何设置字体间距，具体操作步骤如下。

❶ 选中需要设置字体间距的文本内容，单击【开始】选项卡下【字体】组中的【字体】按钮。

❷ 打开【字体】对话框，选择【字体间距】选项卡，在【间距】下拉列表中选择【加宽】选项，设置度量值为"10 磅"，单击【确定】按钮。

❸ 字体间距为"加宽，10 磅"的效果如下图所示。

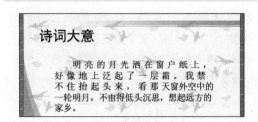

13.4.3　使用艺术字

艺术字与普通文字相比，有更多的颜色和形状可以选择，表现形式多样化，在幻灯片中插入艺术字可以达到锦上添花的效果。利用 PowerPoint 2016 中的艺术字功能插入装饰文字，可以创建带阴影的、映像的和三维格式等艺术字，也可以按预定义的形状创建文字。

❶ 新建演示文稿，删除占位符，单击【插入】选项卡下【文本】选项组中的【艺术字】按钮，在弹出的下拉列表中选择一种艺术字样式。

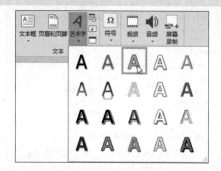

❷ 即可在幻灯片页面中插入【请在此放置您的文字】艺术字文本框。

❸ 删除文本框中的文字，输入要设置艺术字的文本。在空白位置处单击就完成了艺术字的插入。

❹ 选择插入的艺术字，将会显示【格式】选项卡，在【形状样式】和【艺术字样式】选项组中可以设置艺术字的样式。

13.5 设置段落格式

本节视频教学录像：7 分钟

本节主要讲述设置段落格式的方法，包括对齐方式、缩进及间距与行距等方面的设置。对段落的设置主要是通过【开始】选项卡【段落】组中的各个命令按钮来进行的。

13.5.1 对齐方式

段落对齐方式包括左对齐、右对齐、居中对齐、两端对齐和分散对齐等。不同的对齐方式可以达到不同的效果。

❶ 打开随书光盘中的"素材\ch13\公司奖励制度.pptx"文件，选中需要设置对齐方式的段落，单击【开始】选项卡【段落】选项组中的【居中对齐】按钮，效果如下图所示。

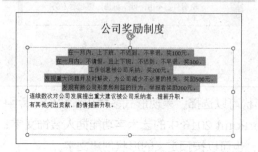

❷ 此外，还可以使用【段落】对话框设置对齐方式，将光标定位在段落中，单击【开始】选项卡【段落】选项组中的【段落】按钮，弹出【段落】对话框，在【常规】区域的【对齐方式】下拉列表中选择【右对齐】选项，单击【确定】按钮。

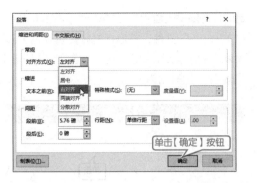

③ 设置后的效果如下图所示。

13.5.2 段落文本缩进

段落缩进指的是段落中的行相对于页面左边界或右边界的位置，段落文本缩进的方式有首行缩进、文本之前缩进和悬挂缩进 3 种。设置段落文本缩进的具体操作步骤如下。

❶ 打开随书光盘中的"素材 \ch13\ 公司奖励制度 .pptx"文件，将光标定位在要设置的段落中，单击【开始】选项卡【段落】选项组右下角的按钮 。

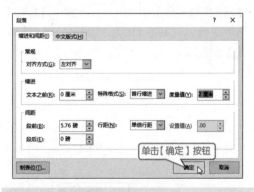

③ 设置后的效果如下图所示。

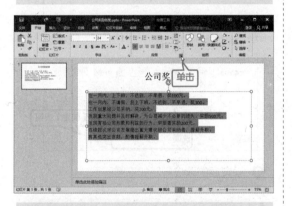

❷ 弹出【段落】对话框，在【缩进和间距】选项卡下【缩进】区域中单击【特殊格式】右侧的下拉按钮，在弹出的下拉列表中选择【首行缩进】选项，并设置度量值为"2 厘米"，单击【确定】按钮。

13.5.3 段间距和行距

段落行距包括段前距、段后距和行距等。段前距和段后距指的是当前段与上一段或下一段之间的间距，行距指的是段内各行之间的距离。

1. 设置段间距

段间距是段与段之间的距离。设置段间距的具体操作步骤如下。

❶ 打开随书光盘中的"素材 \ch13\ 公司奖励

制度 .pptx"文件,选中要设置的段落,单击【开始】选项卡【段落】选项组右下角的按钮 。

❷ 在弹出的【段落】对话框的【缩进和间距】选项卡的【间距】区域中,在【段前】和【段后】微调框中输入具体的数值即可,如输入【段前】为"10磅"、【段后】同为"10磅",单击【确定】按钮。

❸ 设置后的效果如下图所示。

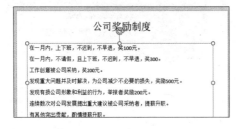

2.设置行距

设置行距的具体操作步骤如下。

❶ 打开随书光盘中的"素材 \ch07\ 公司奖励制度 .pptx"文件,将鼠标光标定位在需要设置间距的段落中,单击【开始】选项卡【段落】选项组右下角的按钮 。

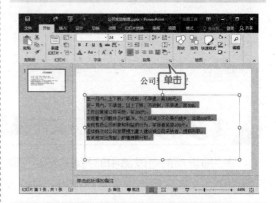

❷ 弹出【段落】对话框,在【间距】区域中【行距】下拉列表中选择【1.5倍行距】选项,然后单击【确定】按钮。

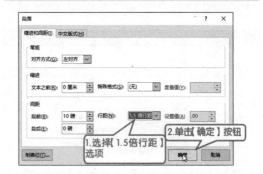

❸ 设置后的双倍行距如下图所示。

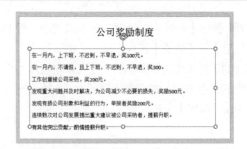

13.6 综合实战——制作旅游相册演示文稿

本节视频教学录像:7分钟

通过本章的学习,设计并制作一份旅游相册演示文稿。

第1步:制作首页幻灯片

本步骤主要介绍使用内置主题，设计幻灯片母版视图和设置字体格式等内容。

❶ 新建空白幻灯片，并保存为"旅游相册.pptx"文件，单击【设计】选项卡下【主题】选项组中的【其他】按钮▽，在弹出的下拉列表中选择一种主题样式。

❷ 单击【视图】选项卡下【母版视图】选项组中的【幻灯片母版】按钮▣，进入幻灯片母版视图。

❸ 选择【母版标题样式】幻灯片，单击【插入】选项卡下【图像】选项组中的【图片】按钮，在弹出的【插入图片】对话框中选择要插入的图片，这里选择"素材 \ch07\ 背景.jpg"文件，单击【插入】按钮。

❹ 调整图片的位置及大小后，单击【幻灯片母版】选项卡下【关闭】选项组中的【关闭母版视图】按钮。

❺ 返回普通视图，在【单击此处添加标题】处输入幻灯片标题"我的旅游相册"，并设置【字体】为"华文行楷"、【字号】为"60"。

第 2 步：制作旅游行程幻灯片

本步骤主要介绍插入图片、设置字体格式等内容。

❶ 新建空白幻灯片，插入"素材 \ch07\ 北京1.jpg"文件，调整图片大小、位置和旋转方向后如下图所示。

❷ 选择插入的图片，单击【格式】选项卡下【图片样式】选项组中的【其他】按钮▽，在弹出

的下拉列表中选择一种图片样式，这里选择【映像圆角矩形】选项。

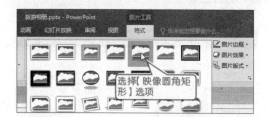

❸ 使用同样的方法插入"素材\ch07\北京2.jpg"文件，设置图片格式后如下图所示。

❹ 单击【插入】选项卡下【文本】选项组中的【文本框】按钮的下拉按钮，在弹出的下拉列表中选择【横排文本框】选项。

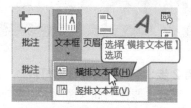

❺ 在幻灯片中插入横排文本框并输入文本内容，设置文本【字体】为"华文行楷"、【字号】为"24"、【颜色】为"金色、个性色6、深色25%"，调整文本框大小及位置如下图所示。

❻ 使用同样的方法制作"行程2"与"行程3"幻灯片，分别插入图片并设置图片格式。

第3步：制作结束幻灯片

本步骤主要介绍艺术字、设置字体格式等内容。

❶ 新建"标题幻灯片"，删除【单击此处添加标题】和【单击此处添加副标题】文本框。单击【插入】选项卡下【文本】选项组中的【艺术字】按钮下方的下拉按钮，在弹出的下拉列表中选择一种艺术字样式。

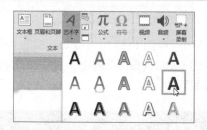

❷ 此时即在幻灯片中插入了艺术字文本框。

❸ 在插入的艺术字文本框中输入文本内容，并设置其【字体】为"方正舒体"、【字号】为"96"，调整艺术字文本框位置后保存制作的演示文稿。至此，旅游相册演示文稿就制作完成了。

高手私房菜

本节视频教学录像：3 分钟

技巧 1：同时复制多张幻灯片

在同一演示文稿中不仅可以复制一张幻灯片，还可以一次复制多张幻灯片，其具体操作步骤如下。

❶ 打开随书光盘中的"素材 \ch13\ 静夜思 ..pptx"文件。

❷ 在左侧的【幻灯片】窗格中单击第 1 张幻灯片，按住【Shift】键的同时单击第 3 张幻灯片即可将前 3 张连续的幻灯片选中。

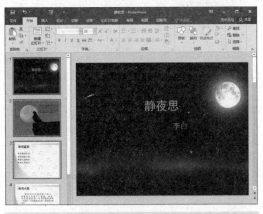

❸ 在【幻灯片】窗格中选中的幻灯片缩略图

上单击鼠标右键，在弹出的快捷菜单中选择【复制幻灯片】选项。

❹ 系统即可自动复制选中的幻灯片。

> **提示** 在【幻灯片】窗格中单击一张要复制的幻灯片，然后在按住【Ctrl】键的同时单击其他幻灯片缩略图即可选中多张不连续的幻灯片

技巧 2：保存幻灯片中的特殊字体

有时候将制作好的幻灯片复制到演示现场进行播放时，幻灯片中的一些漂亮字体却变成了普通字体，甚至格式变乱，从而严重地影响到演示的效果。此时，可以将幻灯片中的特殊字体保存到幻灯片中。

❶ 打开随书光盘中的"素材 \ch13\ 静夜思 . pptx"文件，单击【文件】选项卡，在弹出的列表中选择【另存为】选项。

❷ 在【另存为】区域，单击【浏览】按钮，选择保存路径，单击下方的【工具】按钮，在弹出的下拉列表中选择【保存选项】选项。

❸ 弹出【PowerPoint 选项】对话框，单击选中【将字体嵌入文件】复选框，之后单击选中【嵌入所有字符（适于其他人编辑）】单选项。

❹ 单击【确定】按钮，返回【另存为】对话框，然后单击【保存】按钮，即可一起保存幻灯片中的字体。

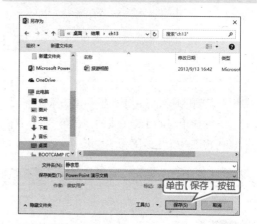

第

14

章

幻灯片的美化

 本章视频教学录像：43 分钟

高手指引

　　在制作幻灯片时，可以通过插入图片、表格和图表等，对幻灯片进行编辑和美化。同时，还可以使用 PowerPoint 提供的精美的设计模板，使幻灯片的内容更加丰富。

重点导读

✚ 掌握插入图片、表格、图表等素材的方法
✚ 掌握使用主题和内置模板的方法
✚ 了解模板视图
✚ 掌握编辑幻灯片和设计版式的方法

14.1 插入对象

幻灯片中可用的对象包括表格、图片、相册、自选图形、SmartArt 图形、图表、视频以及音频等。本节介绍在 PPT 中插入对象的方法。

14.1.1 插入表格

在 PowerPoint 2016 中插入表格的方法有利用菜单命令插入表格、利用对话框插入表格和绘制表格 3 种。

1. 利用菜单命令

利用菜单命令插入表格是最常用的插入表格的方式。利用菜单命令插入表格的具体操作步骤如下。

❶ 在演示文稿中选择要添加表格的幻灯片，单击【插入】选项卡下【表格】选项组中的【表格】按钮，在插入表格区域中选择要插入表格的行数和列数。

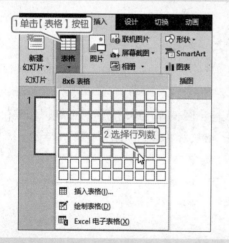

❷ 释放鼠标左键即可在幻灯片中创建 6 行 8 列的表格。

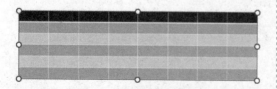

2. 利用【插入表格】对话框

用户还可以利用【插入表格】对话框来插入表格，具体操作步骤如下。

❶ 将光标定位至需要插入表格的位置，单击【插入】选项卡下【表格】选项组中的【表格】按钮，在弹出的下拉列表中选择【插入表格】选项。

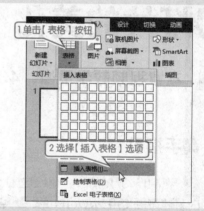

❷ 弹出【插入表格】对话框，分别在【行数】和【列数】微调框中输入行数和列数，单击【确定】按钮，即可插入一个表格。

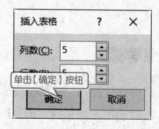

3. 绘制表格

当用户需要创建不规则的表格时，可以使用表格绘制工具绘制表格，具体操作步骤如下。

❶ 单击【插入】选项卡下【表格】选项组中

的【表格】按钮，在弹出的下拉列表中选择【绘制表格】选项。

❷　此时鼠标指针变为 ∅ 形状，在需要绘制表格的地方单击并拖曳鼠标绘制出表格的外边

界，形状为矩形。

❸　在该矩形中绘制横线、竖线或斜线，绘制完成后按【Esc】键退出表格绘制模式。

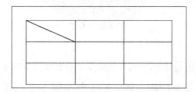

14.1.2　插入图片

在制作幻灯片时插入适当的图片，可以达到图文并茂的效果。插入图片的具体操作步骤如下。

❶　单击【插入】选项卡下【图像】选项组中的【图片】按钮 📷。

❷　弹出【插入图片】对话框，选中需要的图片，

单击【插入】按钮，即可将图片插入到幻灯片中。

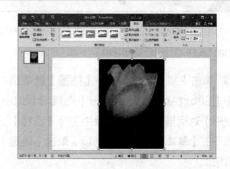

14.1.3　插入自选形状

可以利用 PowerPoint 2016 自带的插入自选图形功能根据用户需要插入图形。

❶　打开 PowerPoint2016，单击【开始】选项卡【绘图】组中的【形状】按钮，在弹出的下拉菜单中选择【基本形状】区域的【椭圆】形状。

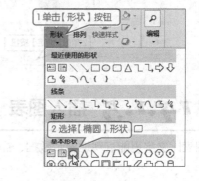

❷ 此时鼠标指针在幻灯片中的形状显示为
✛，在幻灯片空白位置处单击，按住鼠标左键
不放并拖动到适当位置处释放鼠标左键。绘制
的椭圆形状如下图所示。

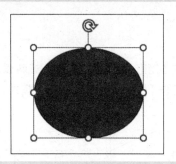

❸ 重复步骤 1~2 的操作，在幻灯片中依次绘
制【星与旗帜】区域的【五角星】形状和【基
本形状】区域的【笑脸】形状。最终效果如下
图所示。

另外，单击【插入】选项卡【插图】组
中的【形状】按钮，在弹出的下拉列表中选
择所需要的形状，也可以在幻灯片中插入所
需要的形状。

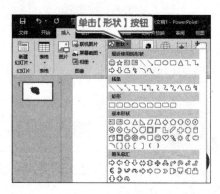

14.1.4 插入 SmartArt 图形

在制作幻灯片时插入适当的 SmartArt 图形，可使幻灯片内容更形象具体。插入
SmartArt 图形的具体操作步骤如下。

❶ 单击【插入】选项卡下【插图】选项组中
的【SmartArt】按钮，弹出【选择 SmartArt
图形】对话框，在左侧列表中选择【流程】选
项下的【基本蛇形流程】选项，单击【确定】
按钮。

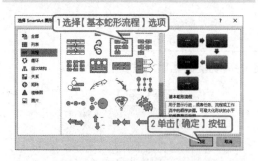

❷ 在绘制的流程图中根据需要输入文字，单
击空白位置即可完成 SmartArt 图形的插入。

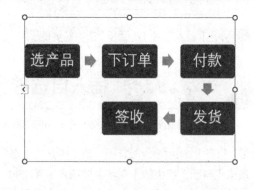

14.1.5 插入图表

图表比文字更能直观地显示数据，插入图表的具体操作步骤如下。

❶ 启动 PowerPoint 2016，新建一个幻灯片，单击【插入】选项卡下【插图】选项组中的【图表】按钮。

❷ 弹出【插入图表】对话框，在左侧列表中选择【柱形图】选项下的【簇状柱形图】选项。

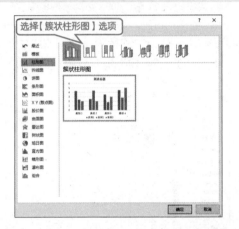

❸ 单击【确定】按钮，会自动弹出 Excel 2016 的界面，输入所需要显示的数据，输入完毕后关闭 Excel 表格。

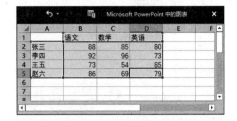

❹ 即可在演示文稿中插入一个图表。

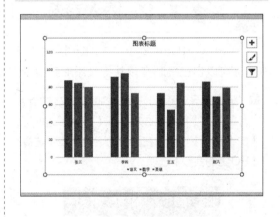

14.1.6 插入视频

在 PowerPoint 2016 演示文稿中可以添加视频文件，如添加文件中的视频、添加网络中的视频、添加剪贴画中的视频等。本节以添加文件中的视频为例介绍插入视频的操作，具体操作步骤如下。

❶ 启动 PowerPoint 2016，新建一个幻灯片。

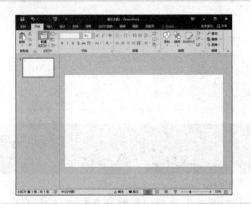

❷ 单击【插入】选项卡下【媒体】选项组中的【视频】按钮，在弹出的下拉列表中选择【PC 上的视频】选项。

❸ 在弹出的【插入视频文件】对话框，选择随书光盘中的"素材 \ch14\ 宣传视频 .wmv"文件，单击【插入】按钮。

④ 即可将视频插入到幻灯片中,适当调整视频窗口大小和位置,效果如下图所示。

14.1.7 插入音频

在 PowerPoint 2016 中,既可以添加 PC 上的音频、剪贴画中的音频,使用 CD 中的音乐,还可以自己录制音频并将其添加到演示文稿中。添加 PC 上的音频的具体操作步骤如下。

❶ 新建演示文稿,选择要添加音频文件的幻灯片,单击【插入】选项卡下【媒体】选项组中的【音频】按钮,在弹出的下拉列表中选择【PC 上的音频】选项。

❷ 弹出【插入音频】对话框,选择随书光盘中的"素材 \ch14\ 声音 .mp3"文件,单击【确定】按钮。

❸ 即可将音频文件添加至幻灯片中,产生一个音频标记,适当调整标记位置,效果如下图所示。

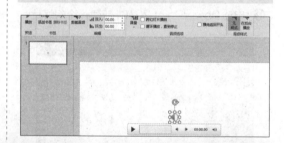

14.2 母版视图

本节视频教学录像:7 分钟

幻灯片母版与幻灯片模板相似,可用于制作演示文稿中的背景、颜色主题和动画等。母版视图包括幻灯片母版视图、讲义母版视图和备注母版视图。

14.2.1 幻灯片母版视图

在幻灯片母版视图下可以为整个演示文稿设置相同的颜色、字体、背景和效果等。

1. 设置幻灯片母版主题

设置幻灯片母版主题的具体操作步骤如下。

❶ 单击【视图】选项卡下【母版视图】组中的【幻灯片母版】按钮，在弹出的【幻灯片母版】选项卡中单击【编辑主题】选项组中的【主题】按钮。

❷ 在弹出的列表中选择一种主题样式。

❸ 此时即可将所选主题应用到幻灯片中。

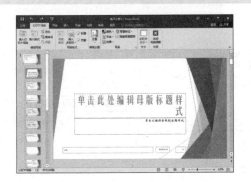

❹ 设置完成后，单击【幻灯片母版】选项卡下【关闭】选项组中的【关闭母版视图】按钮即可。

2. 设置母版背景

母版背景可以设置为纯色、渐变或图片等效果，具体操作步骤如下。

❶ 单击【视图】选项卡下【母版视图】组中的【幻灯片母版】按钮，在弹出的【幻灯片母版】选项卡中单击【背景】选项组中的【背景样式】按钮，在弹出的下拉列表中选择合适的背景样式。

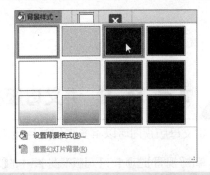

❷ 此时即将背景样式应用于当前幻灯片。

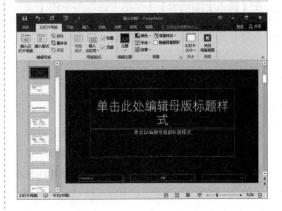

3. 设置占位符

幻灯片母版包含文本占位符和页脚占位符。在模板中设置占位符的位置、大小和字体等的格式后，会自动应用于所有幻灯片中。

❶ 单击【视图】选项卡下【母版视图】组中的【幻灯片母版】按钮，进入幻灯片母版视图。单击要更改的占位符，当四周出现小节点时，可拖动四周的任意一个节点更改大小。

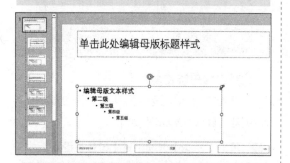

❷ 在【开始】选项卡下【字体】选项组中设置占位符中的文本的字体、字号和颜色。

❸ 在【开始】选项卡下【段落】选项组中，设置占位符中的文本的对齐方式等。设置完成，单击【幻灯片母版】选项卡下【关闭】选项组中的【关闭母版视图】按钮，插入一张上一步骤中设置的标题幻灯片，在标题中输入标题文本即可。

14.2.2 讲义母版视图

讲义母版视图可以将多张幻灯片显示在一张幻灯片中，以用于打印输出。

❶ 单击【视图】选项卡下【母版视图】组中的【讲义母版】按钮，进入讲义母版视图。然后单击【插入】选项卡下【文本】选项组中的【页眉和页脚】按钮。

❷ 弹出【页眉和页脚】对话框，选择【备注和讲义】选项卡，为当前讲义母版中添加页眉和页脚效果。设置完成后单击【全部应用】按钮。

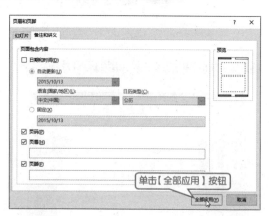

提示 单击选中【幻灯片】选项中的【日期和时间】复选框，或选中【自定义更新】单选项，页脚的日期将会自动与系统的时间保持一致。如果选中【固定】单选项，则不会根据系统时间而变化。

❸ 新添加的页眉和页脚就显示在编辑窗口上。

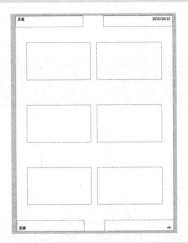

❹ 单击【讲义母版】选项卡下【页面设置】选项组中的【每页幻灯片数量】按钮，在弹出的列表中选择【4张幻灯片】选项。

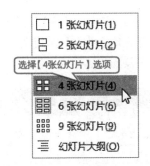

❺ 即可看到【讲义母版】视图中，每页显示为 4 张幻灯片。

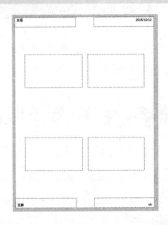

14.2.3 备注母版视图

备注母版视图主要用于显示用户在幻灯片中的备注，可以是图片、图表或表格等。

❶ 单击【视图】选项卡下【母版视图】组中的【备注母版】按钮，进入备注母版视图。选中备注文本区的文本，单击【开始】选项卡，在此选项卡的功能区中用户可以设置文字的大小、颜色和字体等。

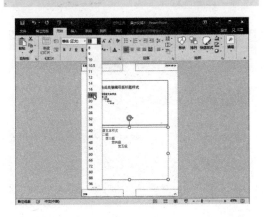

❷ 单击【备注母版】选项卡下【关闭】选项组中的【关闭母版视图】按钮。

❸ 返回到普通视图，单击状态栏中的【备注】按钮，在弹出的【备注】窗格中输入要备注的内容。

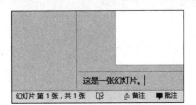

215

④ 输入完成后，单击【视图】选项卡下【演示文稿视图】选项组中的【备注页】按钮，查看备注的内容及格式。

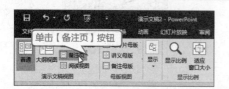

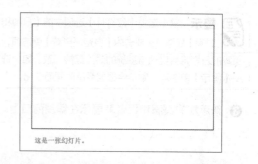

这是一张幻灯片。

14.3 编辑幻灯片

本节视频教学录像：3分钟

幻灯片制作完成后，如果对幻灯片的效果不满意，还可以对幻灯片进行编辑，包括更改幻灯片模板、调整幻灯片布局等。

14.3.1 更改幻灯片模板

用户可以通过更改幻灯片的主题样式来更改幻灯片模板，具体操作步骤如下。

❶ 打开随书光盘中的"素材 \ch14\ 产品推广方案 .pptx"文件，单击【设计】选项卡下【主题】选项组中的【其他】按钮，在弹出的下拉列表中选择一种主题样式。

❷ 即可为幻灯片更换模板。

❸ 单击【设计】选项卡下【变体】选项组，选择一种颜色样式。

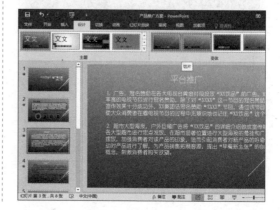

提示 单击【设计】选项卡下【变体】选项组中的【其他】按钮，可以在弹出的下拉列表中更改主题的颜色、字体、效果和背景样式等。

④ 单击【设计】选项卡下【自定义】组中的【设置背景格式】按钮，在弹出的【设置背景格式】窗格中也可以设置主题的背景样式。

14.3.2 调整幻灯片布局

有时新建的幻灯片可能不是我们需要的幻灯片格式，这时就需要调整幻灯片的布局。

❶ 新建空白幻灯片，单击【开始】选项卡下【幻灯片】选项组中的【新建幻灯片】按钮下方的下拉按钮，在弹出的下拉列表中选择需要的 Office 主题，即可为幻灯片应用布局。

❷ 在【幻灯片 / 大纲】窗格中的【幻灯片】选项卡下的缩略图上单击鼠标右键，在弹出的快捷菜单中选择【版式】选项，从其子菜单中选择要应用的新布局。

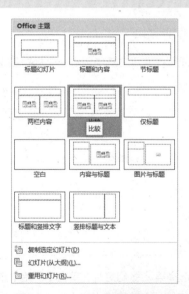

14.4 设计版式

本节视频教学录像：6 分钟

幻灯片版式设计包括在演示文稿中添加幻灯片编号、备注页编码、日期和时间及水印等内容。

14.4.1 什么是版式

幻灯片版式包含在幻灯片上显示的全部内容的格式设置、位置和占位符。PowerPoint 2016 中包含标题幻灯片、标题和内容、节标题等 11 种内置幻灯片版式。

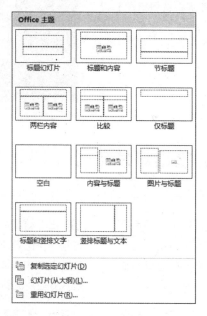

在 PowerPoint 2016 中使用幻灯片版式的具体操作步骤如下。

❶ 启动 PowerPoint 2016，系统自动创建一个包含标题幻灯片的演示文稿。单击【开始】选项卡下【幻灯片】选项组中的【新建幻灯片】按钮的下拉按钮，在弹出的【Office 主题】下拉菜单中选择【标题和内容】选项。

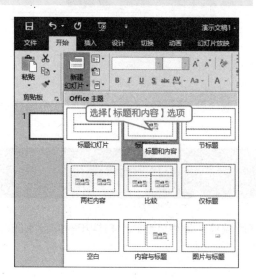

❷ 即可在演示文稿中创建一个标题和内容的幻灯片。

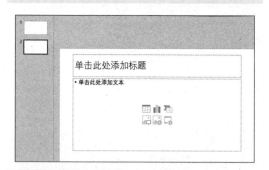

❸ 选择第 2 张幻灯片，单击【开始】选项卡下【幻灯片】选项组中的【版式】按钮 版式 右侧的下拉按钮，在弹出的下拉菜单中选择【内容和标题】选项。

④ 即可将该幻灯片的【标题和内容】版式更改为【内容和标题】版式。

 14.4.2 添加幻灯片编号

在演示文稿中添加幻灯片编号的具体操作步骤如下。

① 打开随书光盘中的"素材 \ch14\ 工作总结.pptx"文件，在普通视图模板下，单击第一张幻灯片缩略图，然后单击【插入】选项卡下【文本】选项组中的【幻灯片编号】按钮。

② 在弹出的【页眉和页脚】对话框中单击选中【幻灯片编号】复选框，单击【应用】按钮。

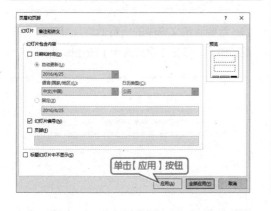

③ 下图中选中的幻灯片的右下角，即是插入的幻灯片编号。

④ 若在演示文稿中的所有幻灯片都添加编号，在【页眉和页脚】对话框中单击选中【幻灯片编号】复选框后，单击【全部应用】按钮即可。

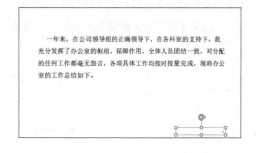

 14.4.3 添加备注页编号

在演示文稿中添加备注页编号和添加幻灯片编号类似，只需在弹出的【页眉和页脚】对话框中选择【备注和讲义】选项卡，然后选中【页码】复选框，最后单击【全部应用】按钮即可。

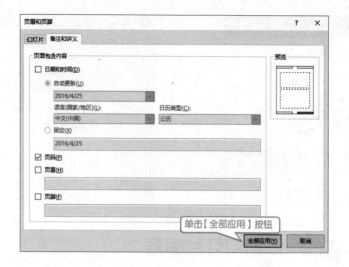

14·4·4 添加日期和时间

在演示文稿中添加日期和时间的具体操作步骤如下。

❶ 单击【插入】选项卡下【文本】选项组中的【日期和时间】按钮。

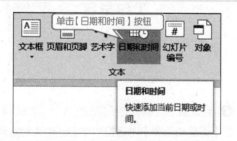

❷ 在弹出的【页眉和页脚】对话框中单击选中【日期和时间】复选框和【固定】单选项，在其下的文本框中输入想要显示的日期，单击【应用】按钮。

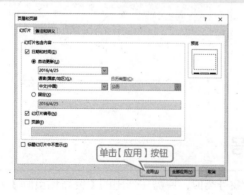

❸ 选择的第一张幻灯片左下方即是插入的幻灯片日期。

❹ 若要演示文稿中的所有幻灯片都添加上日期和时间，单击【全部应用】按钮即可。

14.4.5　添加水印

在幻灯片中添加水印时既可以使用图片作为水印，也可以使用文本框和艺术字作为水印。本节主要介绍使用艺术字作为水印，具体操作步骤如下。

❶ 打开随书光盘中的"素材\ch14\工作总结.pptx"文件，单击要为其添加水印的幻灯片。单击【插入】选项卡下【文本】选项组中的【艺术字】按钮，在弹出的列表中任选一种样式。

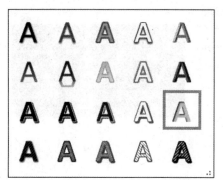

❷ 此时在幻灯片中出现一个文本框，在此文本框中输入"龙马工作室"字样，并使用鼠标拖曳调整其位置。

一年来，在公司领导组的正确领导下，在各科室的支持下，我充分发挥了办公室的枢纽、保障作用，全体人员团结一致，对分配的任何工作都毫无怨言，各项具体工作均按时按量完成，现将办公室的工作总结如下。

❸ 在功能区设置艺术字的字体、字号等，设置后的效果如下图所示。

一年来，在公司领导组的正确领导下，在各科室的支持下，我充分发挥了办公室的枢纽、保障作用，全体人员团结一致，对分配的任何工作都毫无怨言，各项具体工作均按时按量完成，现将办公室的工作总结如下。

❹ 单击【绘图工具】▶【格式】选项卡下【排列】选项组中的【下移一层】右侧的下拉按钮，然后从弹出的下拉列表中选择【置于底层】选项。

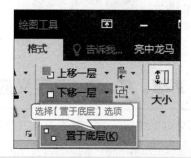

❺ 将艺术字制作成水印的最终效果如下图所示。

一年来，在公司领导组的正确领导下，在各科室的支持下，我充分发挥了办公室的枢纽、保障作用，全体人员团结一致，对分配的任何工作都毫无怨言，各项具体工作均按时按量完成，现将办公室的工作总结如下。

14.5　设置幻灯片背景和主题

本节视频教学录像：3 分钟

为了使当前演示文稿整体搭配比较合理，用户除了需要对演示文稿的整体框架进行搭配外，还需要对演示文稿进行背景、字体和效果等主题的设置。

14.5.1 使用内置主题

在幻灯片中使用内置主题的具体操作步骤如下。

❶ 打开随书光盘中的"素材\ch14\工作总结.pptx"文件，单击【设计】选项卡【主题】选项组右侧的【其他】按钮，在弹出的列表主题样式中任选一种样式。

❷ 此时，主题即可应用到幻灯片中，设置后的效果如下图所示。

14.5.2 自定义应用主题

如果对系统自带的主题不满意，用户可以自定义主题，具体操作步骤如下。

❶ 打开随书光盘中的"素材\ch14\工作总结.pptx"文件，单击【设计】选项卡【主题】选项组右侧的下拉按钮，在弹出的列表主题样式中选择【浏览主题】选项。

❸ 自定义模板后的效果如下图所示。

❷ 在弹出的【选择主题或主题文档】对话框中，选择要应用的主题模板，然后单击【应用】按钮。

14.5.3 设置幻灯片背景

PowerPoint 2016 中自带了多种背景样式，用户可以根据需要挑选使用。

❶ 打开随书光盘中的"素材 \ch14\ 工作总结 .pptx"文件，选择需要设置背景样式的幻灯片。

❷ 单击【设计】选项卡下【变体】选项组中的【背景样式】选项，在弹出的列表中选择其中一种样式。

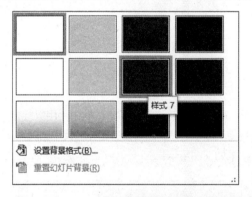

❸ 选择的背景样式直接应用于幻灯片。

❹ 如果当前下拉列表没有合适的背景样式，可以选择【设置背景格式】选项，以自定义背景样式。

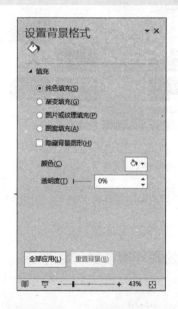

14.6 综合实战——制作年度营销计划报告

📹 本节视频教学录像：7 分钟

年度营销计划报告是一个有实际操作价值且对今后发展方向有影响的年度营销规划报告，不仅对企业全年的营销活动有非常深远的影响，而且对制定与营销活动密切相关的生产、财务、研发、人力资源等计划也有非常重要的指导意义。

第 1 步：制作首页幻灯片

设计幻灯片的首页，主要是设置首页的主题样式及文本的字形、字号、颜色等。设

置幻灯片首页的具体操作步骤如下。

❶ 打开随书光盘中的"素材 \ch14\ 公司年度营销计划报告 .pptx"文件，在普通视图模板下，

单击第一张幻灯片缩略图。

❷ 单击【设计】选项卡下【主题】选项组右侧的按钮，在弹出的下拉菜单中单击选中【Office】下的任一主题样式。

❸ 即可将选中的主题样式应用到幻灯片中。

❹ 选中第一张幻灯片中的标题文字，设置【字体】为"微软雅黑"、【字号】为"66"。选中标题下的副标题，并根据需要进行设置，拖曳占位符文本框并改变文字的位置，使其看起来更美观，设置后的效果如下图所示。

第2步：设计报告要点幻灯片

设计幻灯片要点，主要是设置文字样式填充及图片的插入等，具体操作步骤如下。

❶ 单击第二张幻灯片，选中第一段要点文字。单击【格式】选项卡下【形状样式】选项组中的【形状填充】按钮，在弹出的主题颜色中任选一种颜色。

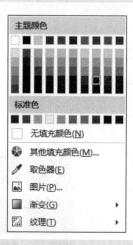

❷ 颜色已填充到选中的文本框中，用鼠标拖曳使其大小合适，然后设置字体的大小和颜色，效果如下图所示。

❸ 其后的段落颜色填充和第一段文字填充方法类似，然后设置字体的颜色为"白色"，设置完成后的效果如下图所示。

④ 单击【插入】选项卡下【图像】选项组中的【图片】选项，弹出【插入图片】对话框，单击需要插入的图片，然后单击【插入】按钮。

⑤ 此时图像已插入到幻灯片中，使用鼠标拖曳图片调整其大小和位置，调整后的效果如下图所示。

第 3 步：设计营销计划幻灯片

设计营销计划幻灯片，主要是设置对文本形状样式的填充及对文本字体的设置。

❶ 单击第三张幻灯片选中文本，根据需要设置其字体和字号，设置后的效果如下图所示。

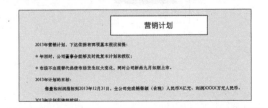

❷ 选中幻灯片中的文本，对文本进行样式填

充。单击【格式】选项卡下【形状样式】选项组右侧的下拉按钮，在弹出的样式中任意选择一种样式。

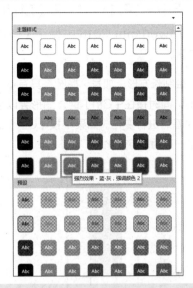

❸ 设置样式后的效果如下图所示。

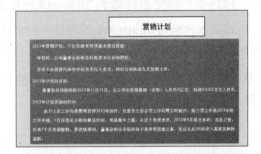

❹ 对产品策略、任务内容、面临问题和解决方法要点等幻灯片进行字体和字号设置，设置后的效果如下图所示。

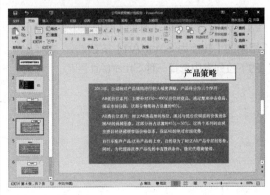

至此，就完成了年度营销计划报告 PPT 的制作。

高手私房菜

本节视频教学录像：3 分钟

技巧 1：巧用【Ctrl】和【Shift】键绘制图形

在 PowerPoint 2016 中使用【Ctrl】键与【Shift】键可以方便地绘制图形。具体操作方法如下。

❶ 在绘制长方形、加号、椭圆等具有重心的图形时，同时按住【Ctrl】键，图形会以会以重心为基点进行变化。如果不按【Ctrl】键，会以某一边为基点变化。

❷ 在绘制正方形、圆形、正三角形、正十字等中心对称的图形，按住【Shift】键，可以使图形等比绘制。

技巧 2：将文本转换为 SmartArt 图形

将文本转换为 SmartArt 图形是一种将现有幻灯片转换为设计插图的快速方案，可以有效地传达演讲者的想法。具体操作步骤如下。

❶ 新建空白演示文稿，删除所有的文本占位符，输入"SmartArt 图形"文本。

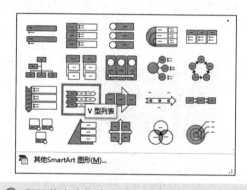

❷ 选中文本，单击【开始】选项卡下【段落】组中的【转换为 SmartArt】按钮，在弹出的下拉列表中选择一种 SmartArt 图形。

❸ 即可将文本转换为 SmartArt 图形。

第15章

为幻灯片添加动画和交互效果

本章视频教学录像：35 分钟

高手指引

在放映幻灯片时，可以在幻灯片之间添加一些切换效果，如淡化、渐隐或擦出等，可以使幻灯片的每一个过渡和显示都能带给观众绚丽多彩的感观享受。

重点导读

+ 掌握设置动画效果的方法
+ 掌握设置幻灯片切换效果的方法
+ 了解设置按钮交互的方法
+ 掌握使用超链接的方法

15.1 设置动画效果

本节视频教学录像：11分钟

可以将 PowerPoint 2016 演示文稿中的文本、图片、形状、表格、SmartArt 图形和其他对象制作成动画，赋予它们进入、退出、大小或颜色变化甚至移动等视觉效果。

15.1.1 添加进入动画

可以为对象创建进入动画。例如，可以使对象逐渐淡入焦点，从边缘飞入幻灯片或者跳入视图中。

创建进入动画的具体操作方法如下。

❶ 打开随书光盘中的"素材 \ch15\ 设置动画 .pptx"文件，选择幻灯片中要创建进入动画效果的文字。

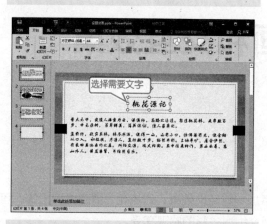

❷ 单击【动画】选项卡【动画】组中的【其他】按钮，弹出如下图所示的下拉列表。

❸ 在下拉列表的【进入】区域中选择【劈裂】选项，创建此动画效果。

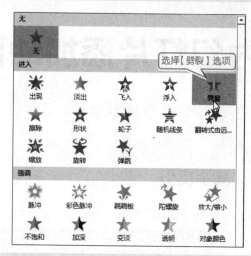

❹ 添加动画效果后，文字对象前面将显示一个动画编号标记 1 。

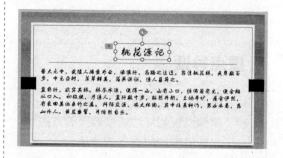

> **提示** 创建动画后，幻灯片中的动画编号标记在打印时不会被打印出来。

15.1.2 调整动画顺序

在放映过程中，也可以对幻灯片播放的顺序进行调整。

1. 通过【动画窗格】调整动画顺序

❶ 打开随书光盘中的"素材 \ch15\ 设置动画顺序 .pptx"文件，选择第 2 张幻灯片。可以看到设置的动画序号。

❷ 单击【动画】选项卡【高级动画】组中的【动画窗格】按钮 动画窗格，弹出【动画窗格】窗口。

❸ 选择【动画窗格】窗口中需要调整顺序的动画，如选择动画 2，然后单击【动画窗格】窗口下方【重新排序】命令左侧或右侧的向上按钮▲或向下按钮▼进行调整。

2. 通过【动画】选项卡调整动画顺序

❶ 打开随书光盘中的"素材 \ch15\ 设置动画顺序 .pptx"文件，选择第 2 张幻灯片，并选择动画 2。

❷ 单击【动画】选项卡【计时】组中【对动画重新排序】区域的【向前移动】按钮。

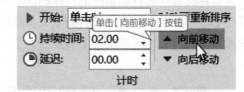

❸ 即可将此动画顺序向前移动一个次序，并在【幻灯片】窗格中可以看到此动画前面的编号 2 和前面的编号 1 发生改变。

> 📝 **提示** 要调整动画的顺序，也可以先选中要调整顺序的动画，然后按住鼠标左键不放并拖动到适当位置，再释放鼠标即可把动画重新排序。

15.1.3 设置动画计时

创建动画之后，可以在【动画】选项卡上为动画指定开始、持续时间或者延迟计时。

1. 设置动画开始时间

若要为动画设置开始计时，可以在【动画】选项卡下【计时】组中单击【开始】菜单右侧的下拉箭头┛，然后从弹出的下拉列表中选择所需的计时。该下拉列表包括【单击时】、【与上一动画同时】和【上一动画之后】3 个选项。

2. 设置持续时间

若要设置动画将要运行的持续时间，可以在【计时】组中的【持续时间】文本框中输入所需的秒数，或者单击【持续时间】文

本框后面的微调按钮来调整动画要运行的持续时间。

3. 设置延迟时间

若要设置动画开始前的延时，可以在【计时】组中的【延迟】文本框中输入所需的秒数，或者使用微调按钮来调整。

15.1.4 使用动画刷

在 PowerPoint 2016 中，可以使用动画刷复制一个对象的动画，并将其应用到另一个对象。使用动画刷复制动画效果的具体操作步骤如下。

❶ 打开随书光盘中的"素材 \ch15\ 动画刷 .pptx"文件，单击选中幻灯片中创建过动画的对象"人类智慧的'灯塔'"，可以看到其设置了"形状"动画效果。单击【动画】选项卡【高级动画】组中的【动画刷】按钮 ★ 动画刷，此时幻灯片中的鼠标指针变为动画刷的形状 ↳♣。

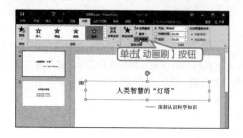

❷ 在幻灯片中，用动画刷单击"一深刻认识科学知识"即可复制"人类智慧的'灯塔'"动画效果到此对象上。

❸ 双击【动画】选项卡【高级动画】组中的【动画刷】按钮，然后单击【幻灯片 / 大纲】窗格【幻灯片】选项卡下第 2 张幻灯片的缩略图，切换

到第 2 张幻灯片上。

④ 用动画刷先单击"科学技术概念"，然后

单击其下面的文字即可复制动画效果到此幻灯片的另外两个对象上，复制完成，按【Esc】键退出复制动画效果的操作。

15.1.5 动作路径

PowerPoint 2016 中内置了多种动作路径，用户可以根据需要选择动作路径。

❶ 打开随书光盘中的"素材\ch15\设置动画.pptx"文件，选择幻灯片中要创建进入动画效果的文字。

❷ 单击【动画】选项卡【动画】组中的【其他】按钮▾，在弹出的下拉列表中选择【其他动作路径】选项。

❸ 弹出【更改动作路径】对话框，选择一种动作路径，单击【确定】按钮。

❹ 添加路径动画效果后，文字对象前面将显示一个动画编号标记 1 ，并且在下方显示动作路径。

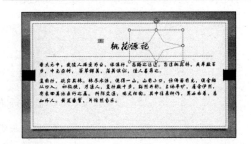

❺ 添加动作路径后，还可以根据需要编辑路径顶点，选择添加的动作路径，单击【动画】选项卡下【动画】选项组中的【效果选项】按钮，在弹出的下拉列表中选择【编辑顶点】选项。

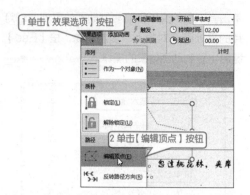

⑥ 此时，即可显示路径顶点，鼠标光标变为 ✛ 形状，选择要编辑的顶点，按住鼠标并拖曳即可。

⑧ 即可使动作对象沿动作路径的反方向运动。

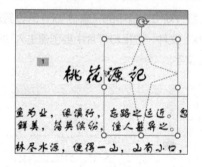

⑦ 单击【动画】选项卡下【动画】选项组中的【效果选项】按钮，在弹出的下拉列表中选择【反转路径方向】选项。

15.1.6 测试动画

为文字或图形对象添加动画效果后，可以通过测试来查看设置的动画是否满足用户需求。

单击【动画】选项卡【预览】组中的【预览】按钮，或单击【预览】按钮的下拉按钮，在弹出的下拉列表中选择相应的选项来测试动画。

> **提示** 该下拉列表中包括【预览】和【自动预览】两个选项。单击选中【自动预览】复选框后，每次为对象创建动画后，可自动在【幻灯片】窗格中预览动画效果。

15.1.7　删除动画

为对象创建动画效果后，也可以根据需要移除动画。移除动画的方法有以下 3 种。

① 单击【动画】选项卡【动画】组中的【其他】按钮 ﹀，在弹出的下拉列表的【无】区域中选择【无】选项。

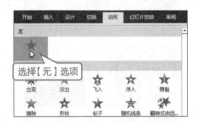

② 单击【动画】选项卡【高级动画】组中的【动画窗格】按钮，在弹出的【动画窗格】中选择要移除动画的选项，然后单击菜单图标（向下箭头），在弹出的下拉列表中选择【删除】选项即可。

③ 选择添加动画的对象前的图标（如 ①），按【Delete】键，也可删除添加的动画效果。

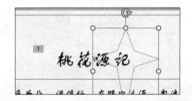

15.2　设置幻灯片切换效果

本节视频教学录像：5 分钟

幻灯片切换时产生的类似动画的效果，可以使幻灯片在放映时更加生动形象。

15.2.1　添加切换效果

幻灯片切换效果是指在演示期间从一张幻灯片移到下一张幻灯片时在【幻灯片放映】视图中出现的动画效果。幻灯片切换时产生的类似动画效果，可以使幻灯片在放映时更加生动形象。添加切换效果的具体操作步骤如下。

① 打开随书光盘中的"素材 \ch15\ 添加切换效果 .pptx"文件，选择要设置切换效果的幻灯片，这里选择文件中的第 1 张幻灯片。

② 单击【切换】选项卡下【切换到此幻灯片】

选项组中的【其他】按钮 ﹀，在弹出的下拉列表中选择【细微型】下的【形状】切换效果。

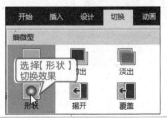

提示　使用同样的方法可以为其他幻灯片页面添加动画效果。

15.2.2 设置切换效果的属性

PowerPoint 2016 中的部分切换效果具有可自定义的属性，我们可以对这些属性进行自定义设置。

❶ 接上一节的操作，在普通视图状态下，选择第 1 张幻灯片。

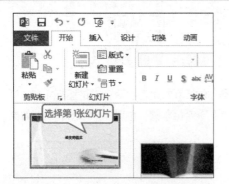

❷ 单击【切换】选项卡下【切换到此幻灯片】选项组中的【效果选项】按钮，在弹出的下拉列表中选择其他选项可以更换切换效果的形状，如要将默认的【圆形】更改为【菱形】效果，则选择【菱形】选项即可。

> **提示** 幻灯片添加的切换效果不同，【效果选项】的下拉列表中的选项是不相同的。本例中第 1 张幻灯片添加的是【形状】切换效果，因此单击【效果选项】可以设置切换效果的形状。

15.2.3 为切换效果添加声音

如果想使切换的效果更逼真，可以为其添加声音。具体操作步骤如下。

❶ 选中要添加声音效果的第 2 张幻灯片。

❷ 单击【切换】选项卡下【计时】选项组中【声音】按钮右侧的下拉按钮，在其下拉列表中选择【疾驰】选项，在切换幻灯片时将会自动

播放该声音。

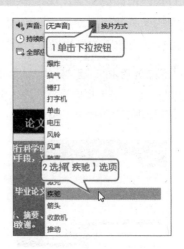

15.2.4　设置切换效果计时

用户可以设置切换幻灯片的持续时间，从而控制切换的速度。设置切换效果计时的具体步骤如下。

❶ 选择要设置切换速度的第 3 张幻灯片。

选择第 3 张幻灯片

❷ 单击【切换】选项卡下【计时】选项组中【持续时间】文本框右侧的微调按钮 ⬍ 来设置切换持续的时间。

声音：[无] ... 方式
单击微调按钮
⏱ 持续时间：00.75 ☐ 单击鼠标时
🔲 全部应用 ☑ 设置自动换片时间：00:09.00 ⬍
计时

 15.2.5　设置切换方式

用户在播放幻灯片时，可以根据需要设置幻灯片切换的方式，例如自动换片或单击鼠标时换片等，具体操作步骤如下。

❶ 打开上节已经设置完成的第 3 张幻灯片，在【切换】选项卡下【计时】选项组【换片方式】复选框下单击选中【单击鼠标时】复选框，则播放幻灯片时单击鼠标可切换到此幻灯片。

单击选中【单击鼠标时】复选框
☑ 单击鼠标时
☐ 设置自动换片时间：00:09.00 ⬍
计时

❷ 若单击选中【设置自动换片时间】复选框，并设置了时间，那么在播放幻灯片时，经过所设置的秒数后就会自动地切换到下一张幻灯片。

换片方式
☑ 单击鼠标时
☑ 设置自动换片时间：00:09.00 ⬍
计时

15.3　设置按钮的交互

🎬 本节视频教学录像：2 分钟

在 PowerPoint 2016 中，可以为幻灯片、幻灯片中的文本或对象创建超链接到幻灯片中，也可以使用动作按钮设置交互效果，动作按钮是预先设置好带有特定动作的图形按钮，可以实现在放映幻灯片时跳转的目的，设置按钮交互的具体操作步骤如下。

❶ 打开随书光盘中的"素材 \ch15\ 员工培训 .pptx"文件，选择最后一张幻灯片。

② 单击【插入】选项卡【插图】选项组中的【形状】按钮 形状▾，在弹出的下拉列表中选择【动作按钮】组中的【第一张】按钮 ▣。

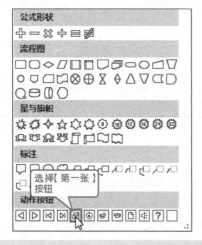

③ 返回幻灯片中按住鼠标左键并拖曳，绘制出按钮。松开鼠标左键后，弹出【操作设置】

对话框，在【单击鼠标】选项卡中选择【超链接到】下拉列表中的【第一张幻灯片】选项。

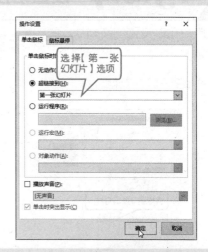

④ 单击【确定】按钮，即可看到添加的按钮，在播放幻灯片时单击该按钮，即可跳转到第一张幻灯片。

15.4 综合实战——制作中国茶文化幻灯片

📽 本节视频教学录像：14 分钟

中国茶历史悠久，现在已发展成了独特的茶文化，中国人饮茶，注重一个"品"字。"品茶"不但可以鉴别茶的优劣，还可以消除疲劳、振奋精神。本节就以中国茶文化为背景，制作一份中国茶文化幻灯片。

第1步：设计幻灯片母版

① 启动 PowerPoint 2016，新建幻灯片，并将其保存为"中国茶文化 .pptx"的幻灯片。单击【视图】选项卡【母版视图】组中的【幻灯片母版】按钮。

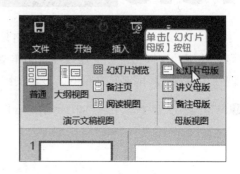

❷ 切换到幻灯片母版视图，并在左侧列表中单击第 1 张幻灯片，单击【插入】选项卡下【图像】组中的【图片】按钮。

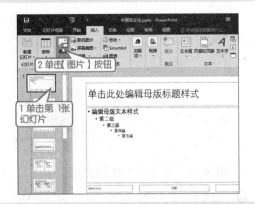

❸ 在弹出的【插入图片】对话框中选择"素材 \ch15\ 图片 01.jpg"文件，单击【插入】按钮，将选择的图片插入幻灯片中，选择插入的图片，并根据需要调整图片的大小及位置。

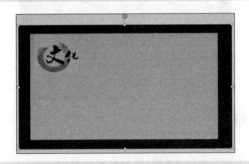

❹ 在插入的背景图片上单击鼠标右键，在弹出的快捷菜单中选择【置于底层】▶【置于底层】菜单命令，将背景图片在底层显示。

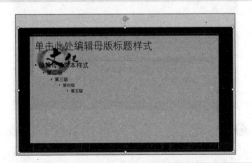

❺ 选择标题框内文本，单击【绘图工具】选项下【格式】选项卡【艺术字样式】组中的【其他】按钮，在弹出的下拉列表中选择一种艺术字样式。

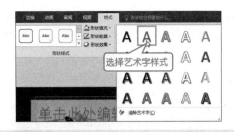

❻ 选择设置后的艺术字。根据需求设置艺术字的字体和字号。并设置【文本对齐】为"居中对齐"。此外，还可以根据需要调整文本框的位置。

❼ 为标题框应用【擦除】动画效果，设置【效果选项】为"自左侧"，设置【开始】模式为"上一动画之后"。

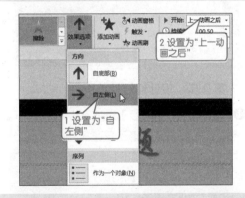

❽ 在幻灯片母版视图中，在左侧列表中选择第 2 张幻灯片，选中【背景】组中的【隐藏背景图形】复选框，并删除文本框。

⑨ 单击【插入】选项卡下【图像】组中的【图片】按钮，在弹出的【插入图片】对话框中选择"素材 \ch15\ 图片 02.jpg"文件，单击【插入】按钮，将图片插入幻灯片中，并调整图片位置和大小。

⑩ 在插入的背景图片上单击鼠标右键，在弹出的快捷菜单中选择【置于底层】➤【置于底层】菜单命令，将背景图片在底层显示，并删除文本占位符。

第 2 步：设计幻灯片首页

① 单击【幻灯片母版】选项卡中的【关闭母版视图按钮】按钮，返回普通视图，删除幻灯片页面中的文本框，单击【插入】选项卡下【文本】组中的【艺术字】按钮，在弹出的下拉列表中选择一种艺术字样式。

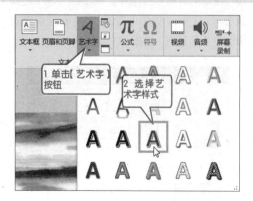

② 输入"中国茶文化"文本，根据需要调整艺术字的字体和字号以及颜色等，并适当调整文本框的位置。

第 3 步：设计茶文化简介页面

① 新建【仅标题】幻灯片页面，在标题栏中输入"茶文化简介"文本，设置其【对齐方式】为"左对齐"。

② 打开随书光盘中的"素材 \ch15\ 茶文化简介 .txt"文件，将其内容复制到幻灯片页面中，适当调整文本框的位置以及字体的字号和大小。

③ 选择输入的正文，并单击鼠标右键，在弹出的快捷菜单中选择【段落】菜单命令，打开【段落】对话框，在【缩进和间距】选项卡下设置【特殊格式】为"首行缩进"，设置【度量值】为"2 厘米"。设置完成，单击【确定】按钮。

题 "绿茶"。

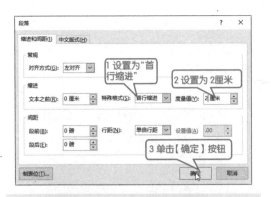

❹ 即可看到设置段落样式后的效果。

第 4 步：设计目录页面

❶ 新建【标题和内容】幻灯片页面。输入标题 "茶品种"。

❷ 在下方输入茶的种类，并根据需要设置字体和字号等。

第 5 步：设计其他页面

❶ 新建【标题和内容】幻灯片页面。输入标

❷ 打开随书光盘中的 "素材 \ch15\ 茶种类 .txt" 文件，将其 "绿茶" 下的内容复制到幻灯片页面中，适当调整文本框的位置以及字体的字号和大小。

❸ 单击【插入】选项卡下【图像】组中的【图片】按钮。在弹出的【插入图片】对话框中选择 "素材 \ch15\ 绿茶 .jpg" 文件，单击【插入】按钮，将选择的图片插入幻灯片中，选择插入的图片，并根据需要调整图片的大小及位置。

❹ 选择插入的图片，单击【格式】选项卡下【图片样式】选项组中的【其他】按钮，在弹出的下拉列表中选择一种样式。

❺ 根据需要在【图片样式】组中设置【图片边框】、【图片效果】及【图片版式】等。

❻ 重复步骤 1~5，分别设计红茶、乌龙茶、白茶、黄茶、黑茶等幻灯片页面。

❼ 新建【标题】幻灯片页面。插入艺术字文本框，输入"谢谢欣赏！"文本，并根据需要设置字体样式。

第 6 步：设置超链接

❶ 在第 3 张幻灯片中选中要创建超链接的文本"1. 绿茶"。

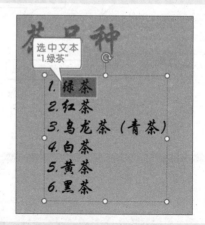

❷ 单击【插入】选项卡下【链接】选项组中的【超链接】按钮。

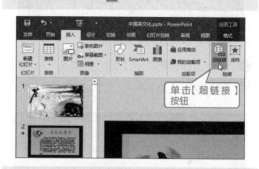

❸ 弹出【插入超链接】对话框，选择【链接到】列表框中的【本文档中的位置】选项，在右侧的【请选择文档中的位置】列表框中选择【幻灯片标题】下方的【4. 绿茶】选项，然后单击【屏幕提示】按钮。

❹ 在弹出的【设置超链接屏幕提示】对话框中输入提示信息，然后单击【确定】按钮，返回【插入超链接】对话框，单击【确定】按钮。

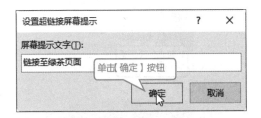

⑤　即可将选中的文本链接到【产品策略】幻灯片，添加超链接后的文本以蓝色、下划线字显示。

⑥　使用同样的方法创建其他超链接。

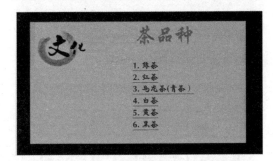

第 7 步：添加切换效果

❶　选择要设置切换效果的幻灯片，这里选择第 1 张幻灯片。

❷　单击【切换】选项卡下【切换到此幻灯片】选项组中的【其他】按钮 ，在弹出的下拉列表中选择【华丽型】下的【帘式】切换效果，即可自动预览该效果。

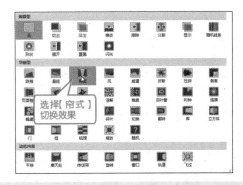

❸　在【切换】选项卡下【计时】选项组中【持续时间】微调框中设置【持续时间】为"07.00"。

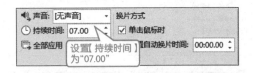

❹　使用同样的方法，为其他幻灯片页面设置不同的切换效果。

第 8 步：添加动画效果

❶　选择第 1 张幻灯片中要创建进入动画效果的文字。

❷　单击【动画】选项卡【动画】组中的【其他】按钮 ，弹出如下图所示的下拉列表。

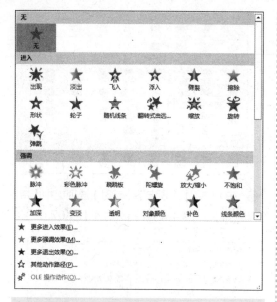

❸ 在下拉列表的【进入】区域中选择【浮入】选项，创建进入动画效果。

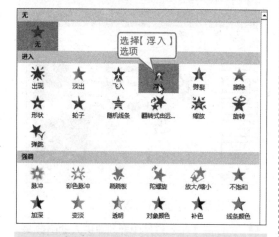

❹ 添加动画效果后，单击【动画】选项组中的【效果选项】按钮，在弹出的下拉列表中选择【下浮】选项。

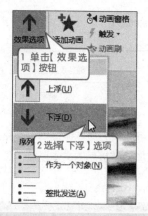

❺ 在【动画】选项卡的【计时】选项组中设置【开始】为"上一动画之后"，设置【持续时间】为"02.00"。

❻ 参照步骤 1~5 为其他幻灯片页面中的内容设置不同的动画效果。设置完成单击【保存】按钮保存制作的幻灯片。

至此，就完成了中国茶文化幻灯片的制作。

 ## 高手私房菜

本节视频教学录像：3 分钟

技巧 1：切换效果持续循环

不但可以设置切换效果的声音，还可以使切换的声音循环播放直至幻灯片放映结束。

❶ 选择一张幻灯片，单击【切换】选项卡下【计时】选项组中的【声音】按钮，在弹出的下拉 列表中选择【爆炸】效果。

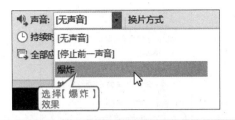

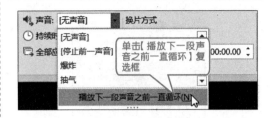

❷ 再次单击【切换】选项卡下【计时】选项组中的【声音】按钮，在弹出的下拉列表中单

击选中【播放下一段声音之前一直循环】复选框即可。

技巧 2：将 SmartArt 图形制作成动画

可以将添加到演示文稿中的 SmartArt 图形制作成动画，其具体操作步骤如下。

❶ 打开随书光盘中的"素材 \ch15\ 人员组成 .pptx"文件，并选择幻灯片中的 SmartArt 图形。

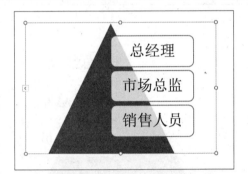

❷ 单击【动画】选项卡【动画】组中的【其他】按钮 ，在弹出的下拉列表的【进入】区域中选择【形状】选项。

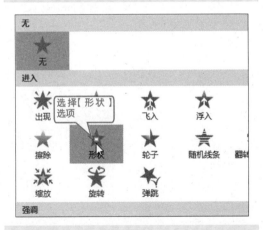

❸ 单击【动画】选项卡【动画】组中的【效果选项】按钮，在弹出的下拉列表的【序列】区域中选择【逐个】选项。

❹ 单击【动画】选项卡【高级动画】组中的【动画窗格】按钮，在【幻灯片】窗格右侧弹出【动画窗格】窗格。

⑤ 在【动画窗格】中单击【展开】按钮♥，来显示 SmartArt 图形中的所有形状。

⑥ 在【动画窗格】列表中单击第 1 个形状，并删除第 1 个形状的效果。

⑦ 关闭【动画窗格】窗口，完成动画制作之后的最终效果如下。

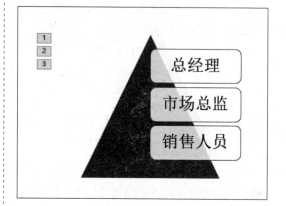

第

16

章

幻灯片的放映

 本章视频教学录像：22 分钟

高手指引

　　演示文稿制作完成后就可以向观众播放演示了，本章主要介绍演示文稿演示的一些设置方法，包括浏览与放映幻灯片、设置幻灯片放映的方式、为幻灯片添加标注等内容。

重点导读

　✚　掌握放映幻灯片的方法
　✚　掌握设置幻灯片放映的方式
　✚　掌握为幻灯片添加注释的方法

16.1 放映幻灯片

本节视频教学录像：6 分钟

选择合适的放映方式，可以使幻灯片以更好的效果来展示，通过本节的学习，用户可以掌握多种幻灯片放映方式，以满足不同的放映需求。

16.1.1 从头开始放映

放映幻灯片一般是从头开始放映的，从头开始放映的具体操作步骤如下。

❶ 打开随书光盘中的"素材 \ch16\ 员工培训.pptx"文件。在【幻灯片放映】选项卡的【开始放映幻灯片】组中单击【从头开始】按钮或按【F5】键。

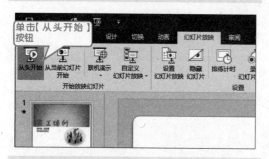

❷ 系统将从头开始播放幻灯片。单击鼠标、按【Enter】键或空格键均可切换到下一张幻灯片。

提示　按键盘上的方向键也可以向上或向下切换幻灯片。

16.1.2 从当前幻灯片开始放映

在放映幻灯片时可以从选定的当前幻灯片开始放映，具体操作步骤如下。

❶ 打开随书光盘中的"素材 \ch16\ 员工培训.pptx"文件。选中第 2 张幻灯片，在【幻灯片放映】选项卡的【开始放映幻灯片】组中单击【从当前幻灯片开始】按钮或按【Shift+F5】快捷键。

❷ 系统将从当前幻灯片开始播放幻灯片。按【Enter】键或空格键可切换到下一张幻灯片。

16.1.3　联机放映

PowerPoint 2016 新增了联机演示功能，只要在连接有网络的条件下，就可以在没有安装 PowerPoint 的计算机上放映演示文稿，具体操作步骤如下。

❶ 打开随书光盘中的"素材 \ch16\ 员工培训 .pptx"文件，单击【幻灯片放映】选项卡下【开始放映幻灯片】选项组中的【联机演示】按钮下的倒三角箭头，在弹出的下拉列表中单击【Office 演示文稿服务】选项。

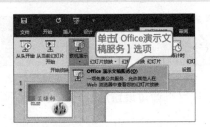

❷ 在弹出的对话款中单击【链接按钮】。

❸ 弹出【联机演示】对话框，复制文本框中的链接地址，将其共享给远程查看者，待查看者打开该链接后，单击【启动演示文稿】按钮。

❹ 此时即可开始放映幻灯片，远程查看者可在浏览器中同时查看播放的幻灯片。

16.1.4　自定义幻灯片放映

利用 PowerPoint 2016 的【自定义幻灯片放映】功能，可以为幻灯片设置多种自定义放映方式，具体操作步骤如下。

❶ 在【幻灯片放映】选项卡的【开始放映幻灯片】组中单击【自定义幻灯片放映】按钮，在弹出的下拉菜单中选择【自定义放映】菜单命令。

❷ 弹出【自定义放映】对话框，单击【新建】按钮。

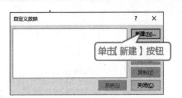

❸ 弹出【定义自定义放映】对话框。在【在演示文稿中的幻灯片】列表框中选择需要放映的幻灯片，然后单击【添加】按钮即可将选中的幻灯片添加到【在自定义放映中的幻灯片】列表框中。

❹ 单击【确定】按钮，返回到【自定义放映】对话框，单击【放映】按钮，可以查看自动放映效果。

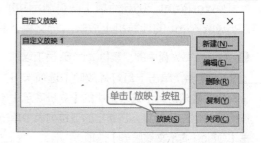

16.2 设置幻灯片放映

本节视频教学录像：5 分钟

放映幻灯片时，默认情况下为普通手动放映，用户可以通过设置放映方式、放映时间和录制幻灯片来设置幻灯片的放映。

16.2.1 设置放映方式

通过使用【设置幻灯片放映】功能，用户可以自定义放映类型、换片方式和笔触颜色等参数。设置幻灯片放映方式的具体操作步骤如下。

❶ 打开随书光盘中的"素材 \ch16\ 认动物 .pptx"文件，选择【幻灯片放映】选项卡下【设置】组中的【设置幻灯片放映】按钮。

❷ 弹出【设置放映方式】对话框，设置【放映选项】区域下【绘图笔颜色】为【蓝色】、设置【放映幻灯片】区域下的页数为【从 1 到 3】，单击【确定】按钮，关闭【设置放映方式】对话框。

提示 【设置放映方式】对话框中各个参数的具体含义如下。

【放映类型】：用于设置放映的操作对象，包括演讲者放映、观众自行浏览和在展台放映。

【放映选项】：主要设置是否循环放映、旁白和动画的添加以及笔触的颜色。

【放映幻灯片】：用于设置具体播放的幻灯片，默认情况下，选择【全部】播放。

❸ 单击【幻灯片放映】选项卡下【开始放映幻灯片】组中的【从头开始】按钮。

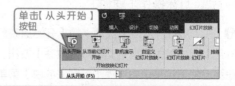

❹ 幻灯片进入放映模式，在幻灯片中单击鼠标右键，在弹出的快捷菜单中选择【指针选项】【笔】菜单命令。

选择【笔】菜单命令

映第 1 ~ 3 张。

❺　可以在屏幕上书写文字，可以看到笔触的颜色为"蓝色"。同时在浏览幻灯片时，幻灯片的放映总页数也发生了相应的变化，即只放

16.2.2 设置放映时间

作为一名演示文稿的制作者，在公共场合演示时需要掌握好演示的时间，为此需要测定幻灯片放映时的停留时间，具体的操作步骤如下。

❶　打开随书光盘中的"素材 \ch16\ 认动物 .pptx"文件，单击【幻灯片放映】选项卡【设置】选项组中的【排练计时】按钮。

选择【排练计时】按钮

❷　系统会自动切换到放映模式，并弹出【录制】对话框，在【录制】对话框中会自动计算出当前幻灯片的排练时间，时间的单位为秒。

📝 **提示**　对通常在放映的过程中，需要临时查看或跳到某一张幻灯片时，可通过【录制】对话框中的按钮来实现。
（1）【下一项】按钮。切换到下一张幻灯片。
（2）【暂停】按钮。暂时停止计时后，再次单击会恢复计时。
（3）【重复】按钮。重复排练当前幻灯片。

❸　排练完成，系统会显示一个警告消息框，显示当前幻灯片放映的总时间。单击【是】按钮，即可完成幻灯片的排练计时。

单击【是】按钮

16.2.3 录制幻灯片

录制幻灯片可以记录 PPT 幻灯片的放映时间，同时，允许用户使用鼠标或激光笔为幻灯片添加注释。也就是制作者对 PowerPoint 2016 的一切相关的注释都可以使用录制幻灯片演示功能记录下来，从而使得 PowerPoint 2016 的幻灯片的互动性能大大提高。

❶　单击【幻灯片放映】选项卡【设置】组中的【录制幻灯片演示】按钮下方的下拉按钮，在弹出的下拉列表中选择【从头开始录制】或【从当前幻灯片开始录制】选项。本例中选择【从头开始录制】选项。

选择【从头开始录制】选项

❷　弹出【录制幻灯片演示】对话框，该对话

框中默认地选中【幻灯片和动画计时】复选框。可以根据需要进行选择。然后，单击【开始录制】按钮，幻灯片开始放映，并自动开始计时。

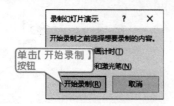

❸ 幻灯片放映结束时，录制幻灯片演示也随之结束，并弹出【Microsoft PowerPoint】对话框，单击【是】按钮。

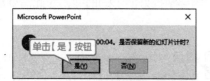

❹ 返回到演示文稿窗口，单击【视图】选项卡下【演示文稿视图】选项组中的【幻灯片浏览视图】按钮，切换至幻灯片浏览视图界面。在该窗口中显示了每张幻灯片的演示计时时间。

16.3 为幻灯片添加注释

📽 本节视频教学录像：4 分钟

在放映幻灯片时，添加注释可以为演讲者带来方便。

16.3.1 在放映中添加注释

要想使观看者更加了解幻灯片所表达的意思，就需要在幻灯片中添加标注以达到演讲者的目的。添加标注的具体操作步骤如下。

❶ 打开随书光盘中的"素材\ch16\认动物.pptx"文件，按【F5】键放映幻灯片。

❷ 单击鼠标右键，在弹出的快捷菜单中选择【指针选项】➢【笔】菜单命令，当鼠标指针变为一个点时，即可在幻灯片中添加标注。

❸ 单击鼠标右键，在弹出的快捷菜单中选择【指针选项】➢【荧光笔】菜单命令，当鼠标变为一条短竖线时，可在幻灯片中添加标注。

16.3.2　设置笔颜色

前面已经介绍在【设置放映方式】对话框中可以设置绘图笔的颜色，在幻灯片放映时，同样可以设置绘图笔的颜色。

❶　使用绘图笔在幻灯片中标注，单击鼠标右键，在弹出的快捷菜单中选择【指针选项】➤【墨迹颜色】菜单命令，在【墨迹颜色】列表中，单击一种颜色，如单击【深蓝】。

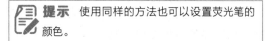
提示　使用同样的方法也可以设置荧光笔的颜色。

❷　此时绘笔颜色即变为深蓝色。

16.3.2　清除注释

在幻灯片中添加注释后，可以将不需要的注释使用橡皮擦删除，具体操作步骤如下。

❶　放映幻灯片时，在添加有标注的幻灯片中，单击鼠标右键，在弹出的快捷菜单中选择【指针选项】➤【橡皮擦】菜单命令。

❷　当鼠标光标变为  时，在幻灯片中有标注的地方，按鼠标左键拖动，即可擦除标注。

❸　单击鼠标右键，在弹出的快捷菜单中选择【指针选项】➤【擦除幻灯片上的所有墨迹】菜单命令。

❹　此时就将幻灯片中所添加的所有墨迹擦除。

16.4 综合实战——公司宣传片的放映

本节视频教学录像：5分钟

掌握了幻灯片的放映方法后，本节通过实例介绍公司幻灯片的放映。

第1步：设置幻灯片放映

本步骤主要涉及幻灯片放映的基本设置，如添加备注和设置放映类型等内容。

❶ 打开随书光盘中的"素材 \ch16\ 龙马高新教育公司 .pptx"文件，选择第 1 张幻灯片，在幻灯片下方的【单击此处添加备注】处添加备注。

❷ 单击【幻灯片放映】选项卡下【设置】组中的【设置幻灯片放映】按钮，弹出【设置放映方式】对话框，在【放映类型】中单击选中【演讲者放映（全屏幕）】单选项，在【放映选项】区域中单击选中【放映时不加旁白】选项和【放映时不加动画】复选框，然后单击【确定】按钮。

❸ 单击【幻灯片放映】选项卡下【设置】组中的【排练计时】按钮。

❹ 开始设置排练计时的时间。

❺ 排练计时结束后，单击【是】按钮，保留排练计时。

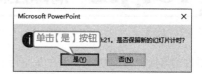

❻ 添加排练计时后的效果如下图所示。

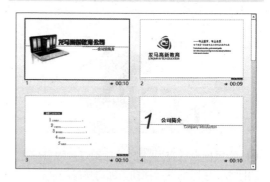

第2步：添加注释

本步骤主要介绍在幻灯片中插入注释的方法。

❶ 按【F5】键进入幻灯片放映状态，单击鼠标右键，在弹出的快捷菜单中选择【指针选项】列表中的【笔】选项。

选择【笔】选项

❷　当鼠标光标变为一个点时，即可以在幻灯片播放界面中标记注释，如下图所示。

❸　幻灯片放映结束后，会弹出如下图所示的对话框，单击【保留】按钮，即可将添加的注释保留到幻灯片中。

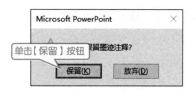

单击【保留】按钮

提示　保留墨迹注释，则在下次播放时会显示这些墨迹注释。

❹　如下图所示，在演示文稿工作区中即可看到插入的注释。

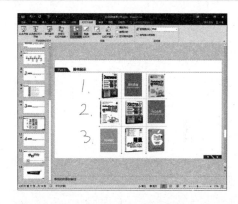

高手私房菜

本节视频教学录像：2 分钟

技巧 1：在放映时单击鼠标右键不出现菜单

在放映过程中，有时会因为不小心按到了鼠标右键，而弹出快捷菜单，在 PowerPoint 2016 中，可以设置单击鼠标右键，不弹出快捷菜单。

❶　在打开的演示文稿中，单击【文件】选项卡，在弹出的界面左侧单击【选项】选项。

单击【选项】选项

❷　弹出【PowerPoint 选项】对话框，在左侧选择【高级】选项，在右侧【幻灯片放映】

区域中撤销选中的【鼠标右键单击时显示菜单】选项，单击【确定】按钮，这时，在放映幻灯片时，单击鼠标右键，则不会弹出快捷菜单。

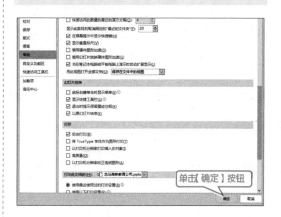

单击【确定】按钮

技巧2：单击鼠标不换片

幻灯片设置有排练计时，为了避免误单击鼠标而换片，可以设置其单击鼠标不换片，在打开的演示文稿中，在【切换】选项卡下【计时】组中撤销选中的【单击鼠标时】复选框，即可在放映幻灯片时，单击鼠标不换片。

撤销选中【单击鼠标时】复选框

第 5 篇

Outlook 2016 篇

第 **17** 章　使用 Outlook 2016 收发邮件

第 **18** 章　使用 Outlook 2016 安排计划

第 17 章

使用 Outlook 2016 收发邮件

 本章视频教学录像：28 分钟

高手指引

　　Outlook 2016 是 Office 2016 办公软件中的电了邮件管理组件，其方便的可操作性和全面的辅助功能为用户进行邮件传输和个人信息管理提供了极大的方便。本章通过对 Outlook 2016 工作界面及基本操作的介绍，使用户可以加深对 Outlook 2016 工作环境的认识，初步了解 Outlook 2016，学会使用 Outlook 收发邮件。

重点导读

➕ 掌握 Outlook 2016 的设置
➕ 掌握收发和管理邮件的方法
➕ 掌握管理联系人的方法
➕ 了解 Outlook 数据的备份

17.1 Outlook 2016 的设置

本节视频教学录像：5 分钟

Outlook 2016 是 Office 2016 办公软件中的电子邮件管理组件，可以为用户提供邮件服务，下面就介绍 Outlook 2016 的设置。

17.1.1 配置 Outlook 2016

使用 Microsoft Outlook 2016 之前，需要配置 Outlook 账户，具体的操作步骤如下。

❶ 在【开始】按钮，在弹出的程序列表中选择【所有应用】➤【Outlook 2016】命令。

❷ 弹出【欢迎使用 Microsoft Outlook 2016】对话框，初次使用 Outlook 2016 需要配置 Outlook 账户，然后单击【下一步】按钮。

❸ 弹出【Microsoft Outlook 账户配置】对话框，单击选中【是】单选项，单击【下一步】按钮。

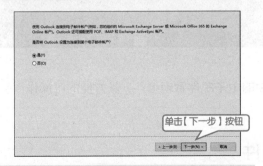

❹ 弹出【添加新账户】对话框，单击选中【电子邮箱账户】单选项，填写相关的姓名、电子

邮件地址等信息，单击【下一步】按钮。

❺ 弹出【正在配置】页面，配置成功之后弹出【祝贺您】字样，表明配置成功。

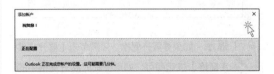

❻ 单击【完成】按钮，即可完成电子邮件的配置。

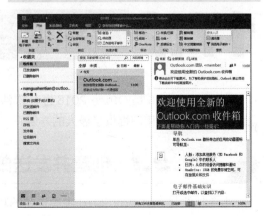

17.1.2 自定义 Outlook

Outlook 2016 的主界面上有许多各种功能的按钮，有些不是特别常用的，可以将其隐藏起来。

1. 最小化窗格

在阅读邮件的时候，【导航】窗格和【待办事项栏窗格】暂时不用，可以将它们最小化。

❶ 单击【导航】窗格右上方的【最小化文件夹窗格】按钮 ‹ ，可以将导航窗格最小化隐藏。使用同样的方法还可以设置其他界面的导航窗格。

❷ 下图是最小化窗格后的效果。隐藏窗格后，界面中会有更多的空间供邮件阅读使用。

提示 如果要展开窗格，只需单击【展开文件夹窗格】按钮即可；如果要临时展开窗格中的部分选项，只需单击导航窗格或待办事项中的按钮，即可临时打开窗格。

2. 自定义导航选项

用户还可以在【导航选项】对话框中自定义导航选项，包括调整导航选项的顺序、设置可见项目的最大数量和设置紧凑型导航窗格等。设置紧凑型导航窗格的具体操作步骤如下。

❶ 单击导航窗格中的【导航选项】选项，弹出【导航选项】对话框，用户可在该对话框中对导航选项进行设置。单击选中【紧凑型导航】复选框，单击【确定】按钮。

❷ 导航选项即变为紧凑型排列。

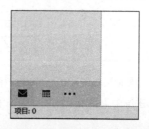

17.2 收发邮件

📀 本节视频教学录像：6 分钟

Outlook 2016 是 Office 2016 办公软件中的电子邮件管理组件，其方便的可操作性和全面的辅助功能为用户提供了极大的方便。

17.2.1 创建并发送邮件

电子邮件是 Outlook 2016 中最主要的功能，使用"电子邮件"功能，可以很方便地发送电子邮件。具体的操作步骤如下。

❶ 单击【开始】选项卡下【新建】选项组中的【新建电子邮件】按钮，弹出【未命名一邮件】工作界面。

❷ 在【收件人】文本框中输入收件人的 E-mail 地址，在【主题】文本框中输入邮件的主题，在邮件正文区中输入邮件的内容。

❸ 使用【邮件】选项卡【普通文本】选项组

中的相关工具按钮，对邮件文本内容进行调整，调整完毕单击【发送】按钮。

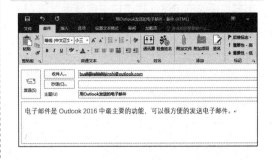

> **提示** 若在【抄送】文本框中输入电子邮件地址，那么所填收件人将收到邮件的副本。

❹ 【邮件】工作界面会自动关闭并返回主界面，在导航窗格中的【已发送邮件】窗格中便多了一封已发送的邮件信息，Outlook 2016 会自动将其发送出去。

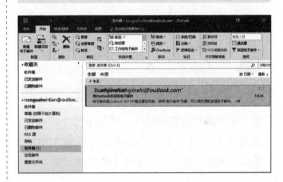

17.2.2 接收邮件

接收电子邮件是用户最常用的操作之一，其具体的操作步骤如下。

❶ 在【邮件】视图选择【收件箱】选项，显示出【收件箱】窗格，单击【开始】选项卡下【发送 / 接收】选项组中的【发送 / 接收所有文件夹】按钮。

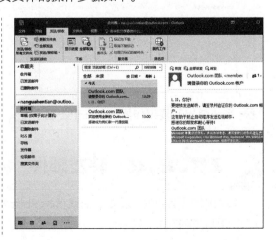

② 如果有邮件到达，则会出现如下图所示的【Outlook 发送 / 接收进度】对话框，并显示出邮件接收的进度，状态栏中会显示发送 / 接收状态的进度。

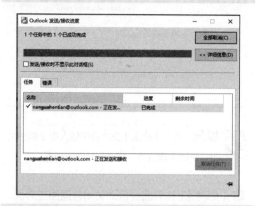

③ 接收邮件完毕，在【收藏夹】窗格中会显示收件箱中收到的邮件数量，而【收件箱】窗格中则会显示邮件的基本信息。

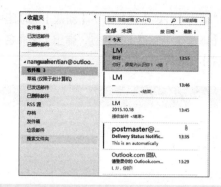

④ 在邮件列表中双击需要浏览的邮件，可以打开邮件工作界面并浏览邮件内容。

17.2.3 回复邮件

回复邮件是邮件操作中必不可少的一项，在 Outlook 2016 中回复邮件的具体步骤如下。

① 选中需要回复的邮件，然后单击【邮件】选项卡下【响应】选项组中的【答复】按钮，也可以使用【Ctrl+R】组合键回复。

② 系统弹出回复工作界面，在【主题】下方的邮件正文区中输入需要回复的内容，Outlook 2016 系统默认保留原邮件的内容，可以根据需要删除。内容输入完成单击【发送】按钮，即可完成邮件的回复。

17.2.4 转发邮件

转发邮件即将邮件原文不变或者稍加修改后发送给其他联系人，用户可以利用 Outlook 2016 将所收到的邮件转发给一个或者多个人。

❶ 选中需要转发的邮件，单击鼠标右键，在弹出的快捷菜单中选择【转发】选项。

❷ 在弹出【转发邮件】工作界面，在【主题】下方的邮件正文区中输入需要补充的内容，

Outlook 2016 系统默认保留原邮件内容，可以根据需要删除。在【收件人】文本框中输入收件人的电子信箱，单击【发送】按钮，即可完成邮件的转发。

17.3　管理邮件

本节视频教学录像：6 分钟

通过本节的介绍，用户可以了解 Outlook 2016 强大的邮件管理功能，并能对邮件进行筛选、给邮件添加标记和设置邮件的排列方式的操作有所了解。

17.3.1　筛选垃圾邮件

针对大量的邮件管理工作，Outlook 2016 为用户提供了垃圾邮件筛选功能，可以根据邮件发送的时间或内容，评估邮件是否是垃圾邮件，同时用户也可手动设置，定义某个邮件地址发送的邮件为垃圾邮件，具体的操作步骤如下。

❶ 单击选中将定义的邮件，单击【开始】选项卡下【删除】选项组中的【垃圾邮件】按钮，在弹出的下拉列表中选择【阻止发件人】选项。

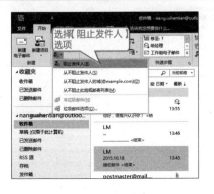

【从不阻止发件人】选项：会将该发件人的邮件作为非垃圾邮件。

【从不阻止发件人的域（@example.com）】选项：会将与该发件人的域相同的邮件都作为非垃圾邮件。

【从不阻止此组或邮寄列表】选项：会将该邮件的电子邮件地址添加到安全列表。

❷ Outlook 2016 会自动将垃圾邮件放入垃圾邮件文件夹中。

17.3.2 添加邮件标志

用户还可以给邮件添加标志来分辨邮件的类别，添加标志的方法如下。

❶ 选中需要添加标志的邮件，单击【开始】选项卡下【标记】选项组中的【后续标志】按钮 后续标志，在下拉列表中选择【标记邮件】选项。

❷ 即可为邮件添加标志，如下图所示。

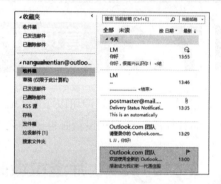

17.3.3 邮件排列方式

在【收件箱】窗口，用户可以选择多种邮件排列方式，以便查阅邮件。

❶ 单击【排序字段】按钮 按日期，在弹出的下拉列表中选择【发件人】选项。

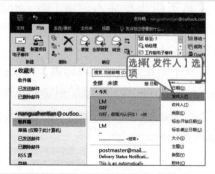

❷ 邮件将按发件人汉语拼音首字母从 A 到 Z

排列，并将相同发件人的邮件分为一组。

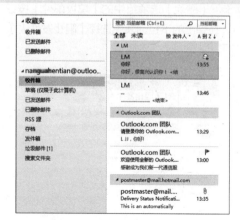

17.3.4 搜索邮件

使用 Outlook 2016 搜索邮件的功能可以在众多的邮件中找到特定的邮件，具体的操作步骤如下。

❶ 在所有邮件窗格中任意选择一个文件夹，如选择【已发送邮件】文件夹，在主视图中会出现【已发送邮件】视图，在上方的搜索文本框中输入"工作安排"的邮件，单击【搜索】按钮。

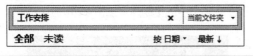

❷ 主视图中即可自动列出在"已发送邮件"

文件夹中的所有关于"通知"的邮件。

17.3.5 删除邮件

删除邮件的具体操作步骤如下。

选中需要删除的邮件，单击鼠标右键，在弹出的快捷菜单中选择【删除】选项。被选择的邮件即被移动到【已删除】文件夹中。

> **提示** 选中邮件后，邮件的右侧出现【单击已删除项目】按钮，单击此按钮也可删除邮件。也可以选择要删除的邮件，单击【开始】选项卡下【删除】组中的【删除】按钮删除邮件。

17.4 管理联系人

本节视频教学录像：8分钟

通过本节的学习，用户可以掌握增加、删除联系人，建立通讯组等操作方法。

17.4.1 增删联系人

在 Outlook 2016 中可以方便地增加或删除联系人，具体操作步骤如下。

❶ 在 Outlook 2016 主界面中单击【开始】

选项卡下【新建】选项组中的【新建项目】按

钮的下拉按钮，在弹出的下拉列表中选择【联系人】选项。

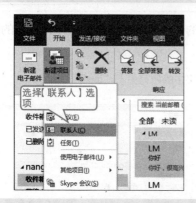

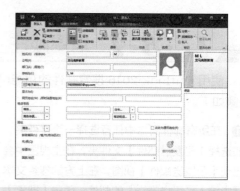

❷ 在弹出【联系人】工作界面，在【姓氏（G）/名字（M）】右侧的两个文本框中输入姓和名；根据实际情况填写公司、部门和职务；单击右侧的照片区，可以添加联系人的照片或代表联系人形象的照片；在【电子邮件】文本框中输入电子邮箱地址和网页地址等。填写完联系人信息后单击【保存并关闭】按钮，即可完成一个联系人的添加。

❸ 要删除联系人，只需在【联系人】视图中选择要删除的联系人，单击【开始】选项卡下【删除】选项组中的【删除】按钮即可。

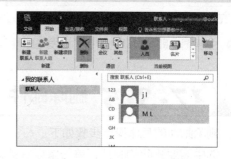

17.4.2 建立通讯组

如果需要批量添加一组联系人，可以采取建立通讯组的方式。具体的操作步骤如下。

❶ 在【联系人】视图单击【开始】选项卡下【新建】组中的【新建联系人组】按钮。

❷ 在弹出【未命名 - 联系人组】工作界面，在【名称】文本框中输入通讯组的名称，如"我的家人"。

❸ 单击【联系人组】选项卡【添加成员】按钮的下拉按钮，从弹出的下拉列表中选择【来自 Outlook 联系人】选项。

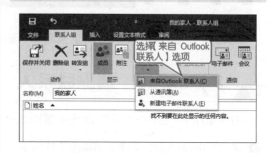

❹　弹出【选择成员：联系人】对话框，在下
方的联系人列表框中选择需要添加的联系人，
单击【成员】按钮，然后单击【确定】按钮。

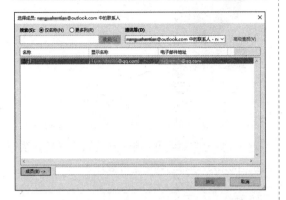

❺　即可将该联系人添加到我的联系人—我的
家人组中。重复上述步骤，添加多名成员，构
成一个"家人"通讯组，然后单击【保存并关闭】
按钮，即可完成通讯组列表的添加。

17.4.3　导出联系人

用户可以使用 Outlook 2016 提供的导出功能将 Outlook 2016 中的联系人信息导出保
存。具体操作步骤如下。

❶　单击【文件】选项卡，在打开的列表中选
择【打开和导出】选项，在【打开】区域选择【导
入 / 导出】选项。

❷　弹出【导入和导出向导】对话框，选择【导
出到文件】选项，单击【下一步】按钮。

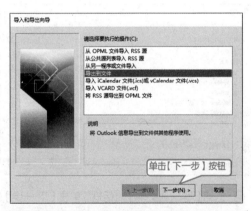

❸　打开【创建文件的类型】界面，选择【逗
号分隔值】选项，单击【下一步】按钮。

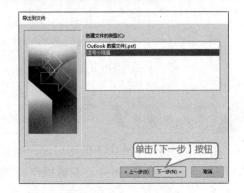

❹ 打开【选择导出文件夹的位置】界面，选择【联系人】文件夹，单击【下一步】按钮。

❺ 在弹出的【导出到文件】对话框中单击【浏览】按钮，弹出【浏览】对话框，选择文件的存储位置，在【文件名】文本框中输入文件的名称，单击【确定】按钮。

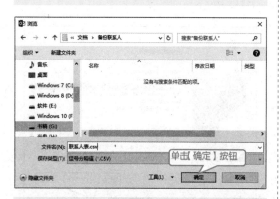

❻ 返回【导出到文件】对话框，单击【下一步】按钮。

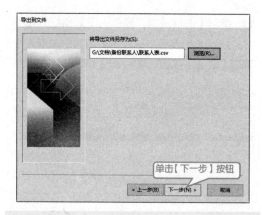

❼ 在弹出的对话框中单击【完成】按钮，系统自动将数据导出到指定位置。

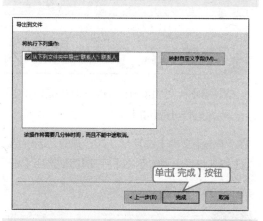

❽ 导出完成，用户可以在保存的位置看到导出的文件。

17.4.4 导入联系人

在 Outlook 2016 中不但可以导出联系人信息，还可以将手机或其他设备中导出的联系人导入到 Outlook 2016 中，具体操作步骤如下。

❶. 在 Outlook 2016 主界面中单击【文件】选项卡，在打开的列表中选择【打开和导出】选项，在【打开】区域选择【导入 / 导出】选项。

❷ 弹出【导入和导出向导】对话框，选择【从另一程序或文件导入】选项，单击【下一步】按钮。

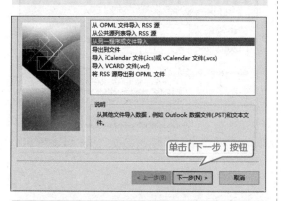

❸ 弹出【导入文件】对话框，选择【逗号分隔值】选项，单击【下一步】按钮。

❹ 在弹出的对话框中找到要导入文件的所在位置，在【选项】组中单击选中【不导入重复的项目】单选项，单击【下一步】按钮。

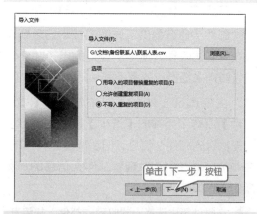

❺ 在弹出的对话框中选择目标文件夹，这里选择【联系人】文件夹，单击【下一步】按钮。

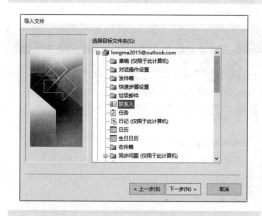

❻ 在弹出的对话框中单击【完成】按钮，系统自动开始将数据导出到指定位置，导入完成后，在 Outlook 的联系人视图中将会看到导入的联系人。

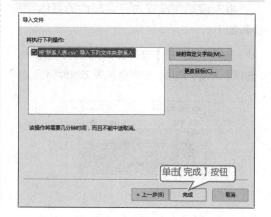

高手私房菜

本节视频教学录像：3 分钟

技巧1：使用 Outlook 2016 查看邮件头信息

邮件头信息提供了详细的技术信息列表，如该邮件的发件人、用于撰写该邮件的软件以及在其到达收件人途中所经过的电子邮件服务器等。这些详细信息对于辨别电子邮件的问题或者辨别未经授权的商务邮件的来源非常有用。

在 Outlook 2016 中，右键单击【电子邮件】没有了当前的【选项】功能，因此我们无法看到邮件头信息，但功能还是存在的。在 Outlook 2016 中查看邮件头信息的具体操作步骤如下。

❶ 在收件箱中选择一封收到的邮件，并将其打开。单击【邮件】选项卡下【标记】选项组中的【邮件选项】按钮 。

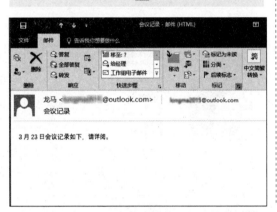

❷ 弹出【属性】对话框，在【属性】对话框中即可看到邮件头信息

技巧2：将未读邮件设置为已读邮件

可以将邮箱中不需要阅读的未读邮件标记为已读状态，也可以将已读的邮件标记为未读状态。

将未读邮件设置为已读邮件的具体操作步骤如下。

❶ 选择【收件箱】文件夹，在邮件列表窗格选择【未读】选项，即可显示未读邮件列表。

❷ 单击【开始】选项卡下【标记】选项组中的【未读/已读】按钮，即可将未读邮件设置为已读邮件。

第 18 章

使用 Outlook 2016 安排计划

本章视频教学录像：17 分钟

高手指引

　　Outlook 2016 不但有强大的电子邮件管理功能，而且还有许多其他的功能，如安排任务、查看日历和使用便笺等。熟练地掌握这些功能，可以提高工作效率。

重点导读

- ➕ 掌握使用 Outlook 2016 安排任务的方法
- ➕ 学会使用日历的方法
- ➕ 学会使用便笺的方法

18.1 安排任务

本节视频教学录像：5 分钟

使用 Outlook 2016 可以创建和维护个人任务列表，也可以跟踪项目进度，还可以分配任务。单击界面下方的【任务】导航选项，即可进入【任务】视图。

18.1.1 新建任务

新建任务的具体操作步骤如下。

❶ 单击【开始】选项卡下【新建】选项组中【新建任务】按钮 ，弹出【未命名 – 任务】工作界面。

❷ 在【主题】文本框中输入任务名称，然后选择任务的开始日期和截止日期，并单击选中【提醒】复选框，设置任务的提醒时间，输入任务的内容。

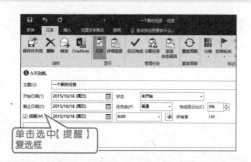

❸ 单击【任务】选项卡下【动作】选项组中的【保存并关闭】按钮 ，关闭【任务】工作界面。

在【待办事项列表】视图中，可以看到新添加的任务。单击需要查看的任务，在右侧的【阅读窗格】中可以预览任务内容。

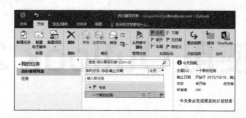

❹ 到提示时间时，系统会弹出【1 个提醒】对话框，单击【暂停】按钮，即可在选定的时候后再次打开提醒对话框。

18.1.2 安排任务周期

使用 Outlook 2016 也可以轻松安排周期性的任务，例如每个月都必须开的例会等，具体操作步骤如下。

❶ 双击【待办事项列表】中的任务，在弹出的任务编辑窗口中单击【任务】选项卡下【重

复周期】选项组中的【重复周期】按钮 。

② 在弹出的【任务周期】对话框中设置任务的周期，完成设定后，单击【确定】按钮。

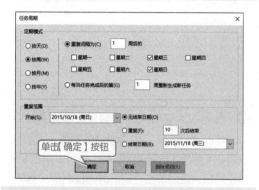

③ 返回任务编辑窗口，单击【保存并关闭】按钮 完成设置。

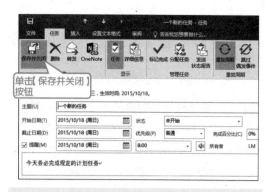

④ 返回【任务】工作界面，在【待办事项列表】中显示的任务中有 标志，说明是周期任务。

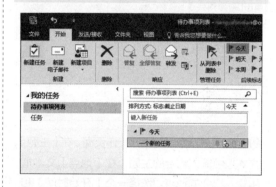

18.2 使用日历

本节视频教学录像：5 分钟

用户可在 Outlook 2016 的日历中查看日期，并能在日历中记录当天的约会或者选择日期，查看当日的约会项目。

18.2.1 打开日历

单击界面下方的【日历】导航选项，在主视图中将出现【日历】界面。日历有多种显示方式，单击【开始】选项卡下【排列】选项组中的【天】、【工作周】、【周】或【月】按钮，即可以不同的方式来显示日历。例如单击【周】按钮 周，日历将以周的形式显示。

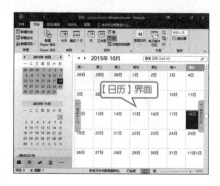

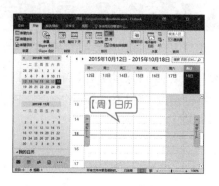

18.2.2 建立约会项目

在日历中建立约会项目有助于用户管理生活作息，其操作方法如下。

❶ 在导航窗格上方的日历区域中选择日期，在【日历】视图中，在一天中的一个小时间方格双击，或者选中方格单击【开始】选项卡下【新建】选项组中的【新建约会】按钮。

❷ 弹出【未命名 -约会】工作页面，在【主题】文本框中输入约会的主题，在【地点】文本框中输入约会的地点。选择一个【开始时间】和一个【结束时间】，如果约会是在一天中进行，可以单击选中【全天事件】复选框，在文本正文栏中输入相关的约会内容即可。

❸ 单击【保存并关闭】按钮，可在日历中显示已建立的约会项目。

❹ 当到约会的时间或约会的时间过期时，Outlook 2016 会自动弹出约会提醒。此时可以单击【消除】按钮关闭提醒；也可以单击【暂停】按钮，让系统在一定的时间段后再次提醒。

18.2.3 添加约会标签

用户可以根据约会类别的不同为约会添加标签，具体的操作步骤如下。

❶ 单击【视图】选项卡下【当前视图】选项组中的【更改视图】按钮，在弹出的下拉列表中选择【列表】选项。

❷ 约会将以列表的形式排列。

❸ 单击【视图】选项卡下【排列】选项组中的【添加列】按钮 ，弹出【显示列】对话框。

❹ 在【可用列】列表框中选择【标签】选项，单击【添加】按钮，【标签】选项将添加到【按此顺序显示这些列】列表框中，单击【确定】按钮。

❺ 约会列表中增加【标签】列，单击约会项标签列中的下拉按钮，在弹出的下拉列表中选择添加的标签即可。

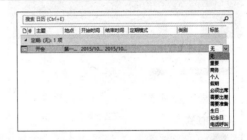

18.3　使用便笺

本节视频教学录像：5 分钟

Outlook 2016 的便笺是一款优秀的辅助记事工具，用户可以将工作和生活中的问题、创意、提醒等随时记录下来。

18.3.1　创建便笺项目

创建新便笺的具体操作步骤如下。

❶ 单击导航窗格中的左下角的【便笺】按钮，进入【便笺】视图。

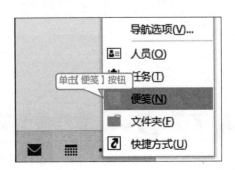

② 单击【开始】选项卡下【新建】选项组中的【新便笺】按钮，弹出一个黄色的便笺编辑框，在其中可以输入便笺的内容。

③ 单击便笺编辑框右上角的【关闭】按钮，即可关闭便笺，返回【便笺】视图，已有的便笺将显示在主视图中。

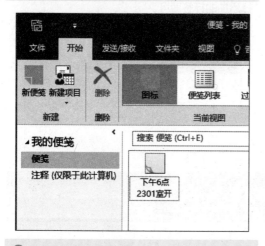

④ 由于便笺存放在 Outlook 2016 中，如果关闭 Outlook 窗口，便笺窗口也会随之关闭。如果想让便笺窗口单独存在的话，可以将便笺存放到桌面上。双击添加的便笺，打开便笺窗口，单击【便笺编辑框】左上角的按钮，在弹出的快捷菜单中选择【另存为】选项。

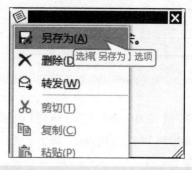

⑤ 弹出【另存为】对话框，选择存放的位置为"桌面"，输入文件名，选择【保存类型】为"Outlook 邮件格式–Unicode"，单击【保存】按钮。

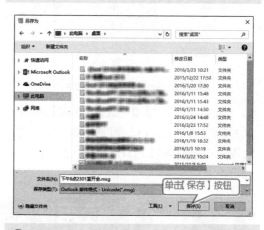

⑥ 在关闭 Outlook 2016 后，双击桌面上的便笺文件即可打开便笺窗口。

18.3.2 查找便笺项目

当便笺项目比较多时，用户可以利用便笺提供的查找功能快速找到目标便笺，具体的操作步骤如下。

❶ 在【便笺】工作界面的【搜索便笺】文本框中输入目标便笺的关键字，便笺窗口将自动显示查找结果，如下图所示。

❷ 双击便笺名称即可打开便笺。

18.3.3 设置便笺类别

为了便于分类便笺，用户还可以设置便笺类别，具体操作方法如下。

❶ 单击【开始】选项卡下【当前视图】选项组中的【便笺列表】按钮，便笺将会以列表形式排列。

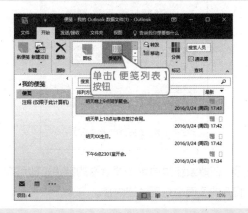

❷ 在便笺右侧的【类别】按钮上单击鼠标右键，在弹出的下拉菜单中选择【设置快速单击】选项。

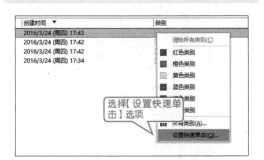

❸ 弹出【设置快速单击】对话框，单击【红色类别】选项右侧的下拉按钮，在下拉列表中选择一种类别，这里选择"蓝色类别"，单击【确

定】按钮。

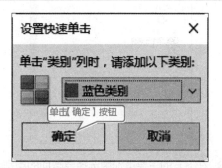

❹ 弹出【重命名类别】对话框，在【名称】文本框中输入该类别的名称，还可以设置该类别的颜色及快捷键，设置完成之后单击【确定】按钮。

❺ 单击便笺列表右侧的【类别】按钮，即可将便笺的类别切换为"个人事务"类别。

高手私房菜

本节视频教学录像 2 分钟

技巧：使用 Outlook 帮助解决问题

如果在实际应用中遇到了问题，则可使用 Outlook 2016 的帮助功能来解决问题，具体操作步骤如下。

❶ 打开 Outlook 2016 主界面，按【F1】键，打开【Outlook 帮助】界面。

❷ 在下方的主要类别中选择要帮助的类别，在展开的详细类别列表中选择要查看的帮助并且单击，即可打开帮助界面，显示操作方法。

❸ 此外，用户还可以在【搜索】文本框中输入所遇到的问题的关键字，如"便笺"，按【Enter】键或单击【搜索】按钮🔍，即可显示搜索结果。

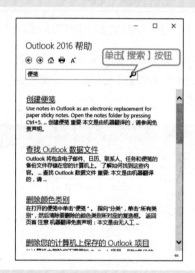

❹ 在搜索结果中单击要查看的链接，即可在打开的页面中查看详细内容。

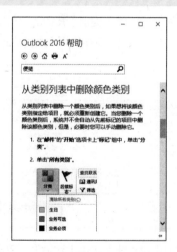

第6篇

Office 2016 其他组件篇

第 **19** 章 Access 2016

第 **20** 章 OneNote 2016

第

19 章

Access 2016

本章视频教学录像：50 分钟

高手指引

　　本章主要介绍了 Access 2016 数据库的相关概念和基础知识，包括使用 Access 2016 创建数据库、数据表、报表、查询以及窗体等内容，通过本章的学习，可以全面深入地了解使用 Access 2016 创建数据库系统的方法。

重点导读

+ 掌握创建数据库的方法
+ 掌握数据的查询方法
+ 了解添加窗体的方法
+ 学会使用报表

19.1 Access 2016 概述

本节视频教学录像：4 分钟

Access 2016 是一种关系型的桌面数据库管理系统,也是 Microsoft Office 2016 套件产品之一。

1. Access 数据库简介

数据管理技术的发展主要经历了人工管理阶段、文件系统阶段、数据库系统阶段和高级数据库系统阶段。数据库是指长期存储在计算机内的,有组织、可共享的数据的集合。其中的数据是按照一定的数据模型组织、描述和存储的,具有较小的冗余度、较高的数据独立性和易扩展性,并且可为多个用户、多个应用程序共享。

数据库技术涉及许多基本概念,主要包括数据、数据处理、数据库、数据库管理系统以及数据库系统等。其中数据库管理系统是对数据库进行统一管理和控制的系统,数据库管理系统是数据库系统的核心组成部分,它是建立在操作系统之上的一个软件系统。而数据库系统则是一个具有管理数据库功能的计算机系统。

Access 2016 提供了大量的工具和向导,即使没有任何编程经验的人,也可以通过可视化的操作来完成大部分的数据库管理和开发工作。

数据模型是反映数据库中数据的组织方式和数据之间联系的一种抽象表示,数据库系统都是基于某种数据模型的。主要的数据模型有 3 种: 层次模型、网状模型和关系模型,其中,关系模型是目前应用最为广泛的数据模型。

2. 数据库的基本功能

在计算机中,数据库是数据和数据库对象的集合。它帮助用户真正地掌握数据,使用户能够快速地对数据进行检索、排序、分析、汇总并报告结果。它能够合并多个文件中的数据,从而避免重复输入信息,提高了数据输入的效率和准确度。它主要有以下几项功能。

（1）数据定义功能。

（2）数据存取功能。

（3）数据库运行管理功能。

（4）数据库的简历和维护功能。

（5）数据库的传输。

3. 数据库系统的组成

数据库系统是一种引入了数据库技术的计算机系统,它主要有以下 3 个作用。

（1）有效地组织数据。

（2）将数据输入到计算机中进行处理。

（3）根据用户的要求将处理后的数据从计算机中提取出来,最终满足用户使用计算机合理处理和利用数据的目的。

数据库系统由计算机硬件系统、数据库、数据库管理系统及相关软件、数据库管理员和用户等 5 部分组成。

19.2 创建数据库

本节视频教学录像：13 分钟

创建数据库是使用 Access 2016 最基本的操作。

19.2.1 新建空白数据库

在 Access 2016 中可以使用样本模板来创建数据库。但是在一些情况下,使用模板创建数据库在实际工作中并不实用,因为用户需要的数据库包含的文件与模板中提供的数据库包含的文件往往大相径庭。所以，用户都是先创建一个空数据库，再添加表、窗体、报表及其他对象。新建空白数据库的具体操作步骤如下。

❶ 启动 Access 2016 软件，在打开的界面选择【可用模板】窗口中的【空白桌面数据库】模板选项。

❷ 弹出【空白桌面数据库】对话框，在【文件名】文本框中输入数据库名称，这里输入"学生信息管理系统 .accdb"，单击其后的【浏览文件夹】按钮。

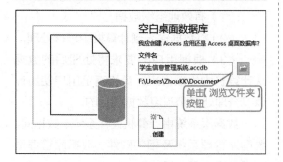

❸ 在打开的【文件新建数据库】对话框中选择数据库存放的位置，单击【确定】按钮，返回至【空白桌面数据库】对话框，单击【创建】按钮。

❹ 可新建一个空白数据库并自动创建一个表。

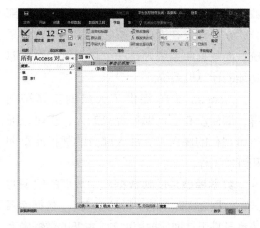

19.2.2 创建表

在新建空白数据库时，Access 2016 会自动创建一个表或者选择【创建】选项卡，在【表格】选项组中单击【表】按钮，也可新建一个表。除此之外，还可以使用表设计器创建表。

1. 直接创建表

可以直接使用【表】按钮创建表。

❶ 单击【创建】选项卡下【表格】选项组中的【表】按钮。

❷ 可创建名为"表2"的新表，并能够直接编辑表格。

2. 使用表设计器创建表

使用表设计器也可以方便地创建表。

❶ 单击【创建】选项卡下【表格】选项组中【表设计】按钮。

❷ 创建名为"表3"的新表。

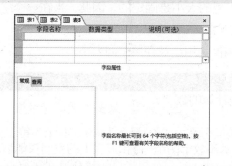

❸ 将鼠标光标定位在【字段名称】列表中，可直接输入字段的名称。

❹ 将鼠标光标移动到【数据类型】列表中，单击即可弹出数据类型列表，从中选择数据的【数字】数据类型。

❺ 输入其他的字段名称，并选择相应的数据类型，在下方窗口中的【常规】选项卡中可以进行详细的设置。

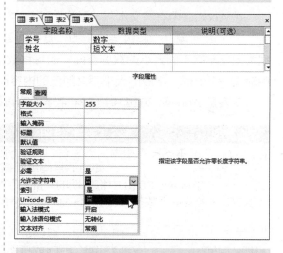

❻ 单击快速访问工具栏中的【保存】按钮，弹出【另存为】对话框，在【表名称】文本框中输入表的名称，这里输入"信息表"，单击【确定】按钮。

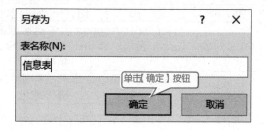

❼ 弹出【Microsoft Access】提示对话框，提示尚未定义主键，单击【是】按钮，系统会自动设置主键。

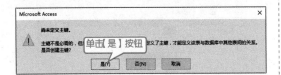

❽ 完成保存后，在【信息表】标签上单击鼠标右键，在弹出的快捷菜单中选择【数据表视图】选项，即可输入表内容。

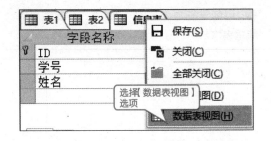

> **提示** 在表标签上单击鼠标右键，在弹出的快捷菜单中可以快速地在设计视图和数据表视图之间切换。此外，还可以在【开始】选项卡下【视图】选项组中单击【视图】按钮，在其下拉列表中切换视图。

19.2.3 设置字段属性

一个表的创建过程，实际上就是向表中添加各种字段的过程。设置字段属性包括设置字段数据类型及设置其他常规属性。

1. 设置字段类型

在 Access 中有"文本""备注""数字""日期/时间""货币""自动编号""是/否""OLE 对象""超级链接"和"查阅向导"等 10 种字段的数据类型。其中，不同的数据类型分配有不同大小的数据空间，而每种数据类型的大小是固定的。因此，当在一个字段中输入一个值时，字段的大小不会随值的内容而变化。

下表是 Access 2016 中所有可用字段的数据类型、用法及存储空间大小。

数据类型	说明	大小
短文本	文本或文本和数字的组合，以及不需要计算的数字，如电话号码或邮编	最多为 255 个字符
长文本	Access 2016 中将早期的"备注"数据类型称为"长文本"数据类型，可存储长文本或文本和数字的组合	最多为 65 535 个字符，窗口和报表上的空间只能显示前 64 000 个字符
数字	用于数学计算的数值数据	1、2、4 或 8 个字节
日期/时间	存储日期、时间或日期和时间	8 个字节
货币	货币值或用于数学计算的数值数据，精确到小数点左边 15 位和小数点右边 4 位	8 个字节
自动编号	向表中添加一条新记录时，Microsoft Access 会指定一个唯一的顺序号（每次递增 1）或随机数，自动编号字段不能更新	4 个字节
是/否	"是"和"否"值，以及只包含两者之一的字段	1 位
OLE 对象	Microsoft Access 表中链接或嵌入的对象（例如 Excel 表格、Word 文档、图形、声音或其他二进制数据）	受可用磁盘空间限制
超链接	文本或文本和以文本形式存储的数字的组合，作超链接地址	最多 64 000 个字符
附件	任何支持的文件类型	具体取决于数据库设计者对附件字段的设置方式

续表

数据类型	说明	大小
计算	输入表达式以计算该计算列的值	
查阅向导	创建字段，该字段可以使用列表框或组合框从另一个表或值列表中选择一个值	4 个字节

2. 设置常规属性

常规属性的种类包括格式、标题、默认值、必需、允许空字符串和文本对齐等。

❶ 打开随书光盘中的"素材 \ch28\ 学生信息管理系统 .accdb"文件，打开"学生基本信息表"，切换至设计视图。

❷ 选择【学号】字段名称，在下方【常规】选项卡下单击【必需】属性后的下拉按钮，在弹出的下拉列表中选择【是】选项。

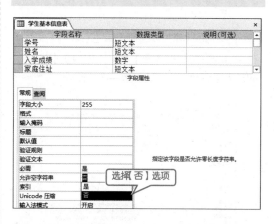

❸ 单击【允许空字符串】属性后的下拉按钮，在弹出的下拉列表中选择【否】选项。设置不允许空。

> **提示** 在创建表时可以直接更改字段的属性，如果在创建表后更改表属性，保存表时，会弹出提示框，单击【是】按钮即可。

❹ 使用同样的方法设置"成绩表"工作表。

19.2.4 创建索引

如果经常依据特定的字段搜索表或对表的记录进行排序，则可以通过创建该字段的索引来加快执行这些操作的速度。

1. 创建单索引

❶ 在打开的"学生信息管理系统 .accdb"文件中，打开"学生基本信息表"的设计视图。选择要设置索引的字段，这里选择【学号】字段。

② 在下方的【常规】选项卡单击【索引】属性，在弹出的下拉列表选择【有（无重复）】选项，即可为【学号】字段设置唯一索引。

2. 创建多索引

① 打开"成绩表"的设计视图。单击【设计】选项卡下【显示/隐藏】选项组中的【索引】按钮。

② 弹出【索引：成绩表】对话框，在【索引名称】文本框中输入索引名称，例如这里输入"学号"。

③ 选择【字段名称】选择框，单击下拉按钮，在弹出的下拉列表中选择字段名称，这里选择【学号】选项。

④ 在【排序次序】选择框中，选择默认的【升序】，使用同样的方法设置成绩项，选择【降序】次序。设置完成，关闭对话框。

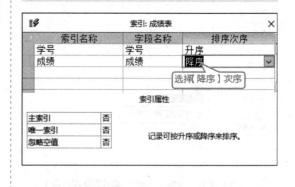

19.2.5 设置主键

Access 2016 中允许用户定义 3 种类型的主键：自动编号、单字段及多字段。

1. 自动编号主键

当用户创建一个新的表时，系统会自动 将【ID】字段设置为自动输入连续数字的编号，并将其设置为主键。

2. 单字段主键

如果某些信息相关的表中拥有相同的字段，而且所包含的都是唯一的值，如学号或身份证号等，那么就可以将该字段指定为主键，如果选择的字段有重复值或 Null 值，则不会设置其为主键。

3. 多字段主键

在不能保证任何单字段都包含唯一值时，可以将两个或更多的字段指定为主键。这种情况最常出现在用于"多对多"关系中关联另外两个表的表。

4. 定义主键

若要指定或者更改主键，可以在设计视图中打开相应的表，然后选择所要定义为主键的一个或多个字段，单击【表格工具设计】选项卡下【工具】选项组中的【主键】按钮，被设置为主键的字段，前面将出现一个钥匙图标。

① 打开"学生基本信息表"的设计视图，选择要设置为主键的字段，这里选择【学号】字段。单击鼠标右键，在弹出的快捷菜单中选择【主键】选项。

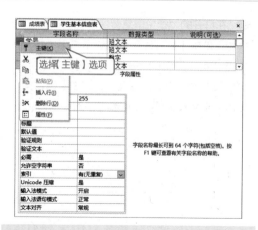

② 即可将选择的字段名称设置为主键。

> 提示　此外，也可以选择要设置为主键的字段，单击【设计】选项卡下【工具】选项组中的【主键】按钮 来设置主键。

19.3　数据的查询

本节视频教学录像：8 分钟

查询就是从表中筛选出需要的数据。查询主要包括选择查询、生成表查询、交叉表查询、参数查询和 SQL 查询等。

19.3.1　创建查询表

Access 2016 提供使用【查询向导】创建查询的功能，根据向导提示一步一步地进行选择即可完成查询的创建。下面在"学生信息管理系统"数据库文件中创建查找课程编号对应的学生姓名和成绩。

第 1 步：创建表关系

在创建查询表之前首先需要创建表关系。表关系是指利用相同的字段属性建立表间的联系。用户可以在包含类似信息或字段的表之间建立关系。在表中的字段之间可以建立一对一、一对多和多对多 3 种类型的关系，而多对多关系可以转化为一对一和一对多关系。

❶ 在打开的"学生信息管理系统 .accdb"文件中，单击【数据库工具】选项卡下【关系】选项组中的【关系】按钮 ，将会打开【关系】窗口和【显示表】对话框，在【表】选项卡下选择【成绩表】选项，单击【添加】按钮。

❷ 使用同样的方法依次添加【学生基本信息表】和【课程表】至【关系】窗口。

❸ 单击【课程表】下的【课程编号】字段并拖曳至【成绩表】中的【课程编号】字段，松开鼠标左键，即可打开【编辑关系】对话框，单击选中【实施参照完整性】复选框，并单击【创建】按钮，完成关系添加。

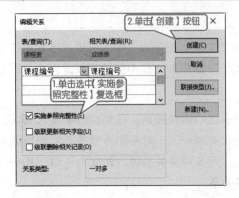

❹ 使用同样方法在【学生基本信息表】的【学号】字段和【成绩表】的【学号】字段之间创建关系。

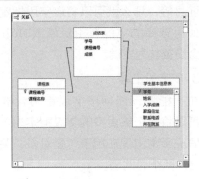

第 2 步：创建查询表

❶ 单击【创建】选项卡下【查询】选项组中的【查询向导】按钮 ，打开【新建查询】对话框，选择【简单查询向导】选项，单击【确定】按钮。

❷ 单击【表/查询】下拉按钮，在下拉菜单中选择【表：成绩表】选项。在【可用字段】选择框中分别选择需要添加的【课程编号】和【成绩】字段名称，单击 按钮将其添加至【选定的字段】选择框中。

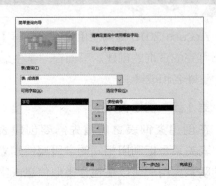

❸ 单击【表／查询】下拉按钮，在下拉菜单中选择【表：学生基本信息表】选项。将【姓名】字段添加至【选定的字段】选项框中。单击【下一步】按钮。

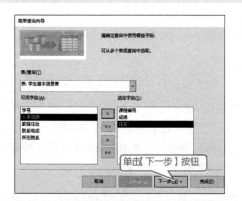

单击【下一步】按钮

❹ 在【请为查询指定标题：】文本框中输入"查询成绩姓名"，在【请选择是打开查询还是修改查询设计：】选项下单击选中【打开查询查看信息】单选项。

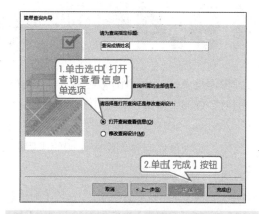

1.单击选中【打开查询查看信息】单选项

2.单击【完成】按钮

❺ 单击【完成】按钮，即可创建【查询成绩姓名】查询窗口，并显示学生的"课程编号""成绩"和"姓名"等详细信息。

课程编号	成绩	姓名
C01	94	张明明
C02	90	张明明
D01	85	张明明
E02	98	张明明
C01	98	胡鹏鹏
E02	95	胡鹏鹏

 提示

 此外，在 Acces 2016 中还可以使用【查询设计】创建查询，方法比较简单，这里不再赘述。

19.3.2 查询表中的数据

创建查询后，可以根据查询结果查询表中的数据，在【查询成绩姓名】窗口中查询【课程编号】为"C01"的成绩及姓名的具体操作步骤如下。

❶ 在【查询成绩姓名】窗口中单击【课程编号】后的下拉按钮，在弹出的下拉列表中取消选中【全选】复选框，并单击选中【C01】复选框。

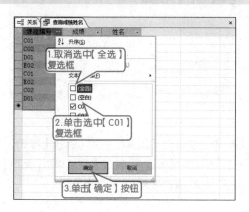

1.取消选中【全选】复选框

2.单击选中【C01】复选框

3.单击【确定】按钮

❷ 单击【确定】按钮，即可查询【课程编号】为"C01"的学生成绩和姓名。

课程编号	成绩	姓名
C01	94	张明明
C01	98	胡鹏鹏

19.4 添加窗体

本节视频教学录像：2 分钟

窗体是 Access 2016 数据库中十分重要的对象，是用户和数据库之间的主要接口，为用户提供了查阅、新建、编辑和删除数据的界面。

Accsee 2016 创建窗体的方法主要包括自动创建窗体、使用窗体设计创建窗体、创建空白窗体、使用窗体向导创建窗体和使用导航创建窗体。

❶ 在打开的"学生信息管理系统 .accdb"文件中，选择【学生基本信息表】。选择【创建】选项卡，单击【窗体】选项组中的【窗体】按钮，即可创建一个【学生基本信息表】窗体。

❷ 在窗体名称上单击鼠标右键，在弹出的快捷菜单中选择【保存】菜单命令。打开【另存为】对话框，在【窗体名称】文本框中输入"学生基本信息表"，单击【确定】按钮，即可完成窗体创建。

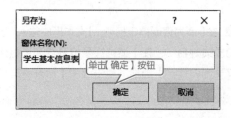

19.5 使用报表

本节视频教学录像：6 分钟

报表是打印数据的专门工具，打印前可以事先排序和分组数据，但是无法在报表中进行数据的更改。

19.5.1 创建报表

在打印报表前需要先创建报表，创建报表的方式有 4 种，分别是自动创建报表、使用报表设计创建报表、创建空报表和使用报表向导创建报表。

1. 自动创建报表

自动创建报表是最直接、最简单的创建报表的方式，下面来看一下在"学生基本信息表"数据库文件中自动创建报表的具体操作步骤。

❶ 在"学生信息管理系统 .accdb"文件中，打开【学生基本信息表】，单击【创建】选项卡下【报表】选项组中的【报表】按钮，Access 2016 将自动创建报表。

❷ 单击快速访问工具栏中的【保存】按钮，打开【另存为】对话框，输入名称后单击【保存】按钮，即可保存报表。

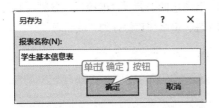

2. 创建空报表

使用创建空报表的方法创建显示学生学号、姓名以及住宿情况的具体操作步骤如下。

❶ 选择【创建】选项卡，在【报表】选项组中单击【空报表】按钮。

❷ 即可在设计视图中新建名为【报表1】的空报表窗口，并打开【字段列表】窗格。

❸ 在【字段列表】窗格中，单击【学生基本信息表】前的⊞按钮，显示【学生基本信息表】中的字段名称，双击【学号】字段名称（也可以拖曳【学号】字段名称至报表1窗口），将其添加至报表1窗口。

❹ 用同样的方法选择其他的字段名称或者其他表下的字段名称，添加后在【开始】选项卡下单击【视图】选项组中的【视图】按钮，在弹出的下拉列表中选择【报表视图】选项，即可显示报表。

19.5.2 设计报表

在 Access 2016 中制作报表后，还可以根据需要设计报表。

❶ 进入【设计视图】页面，选择【设计】选项卡，单击【主题】选项组中的【主题】下拉按钮，在下拉列表中选择一种主题样式。

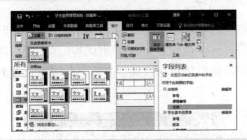

❷ 选择【设计】选项卡，单击【工具】选项组中的【属性表】按钮，打开【属性表】窗

格。单击【图片】属性后的⋯按钮，在打开的【插入图片】对话框中选择"素材\ch28\图3.png"文件，单击【确定】按钮，添加该图片。

❸ 根据需要设计图片的对齐方式、缩放方式和宽度等属性。

❹ 选择其他需要设计的控件，分别设置它们的属性，最终将其保存为"成绩表"。

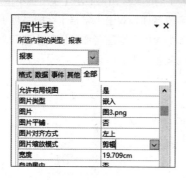

19·5·3 打印报表

报表制作完成之后就可以打印报表进行保存。

❶ 单击【文件】选项卡，选择【打印】选项，在右侧的【打印】区域单击【打印预览】选项。

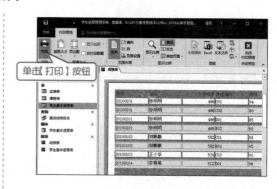

❷ 即可显示报表的打印预览效果，如果在打印预览状态下没有问题，单击【打印预览】选项卡下【打印】选项组中的【打印】按钮，即可打印报表。

提示 如果对打印预览效果不满意，可以单击【关闭打印预览】按钮重新设置报表。直接单击【打印】区域的【打印】按钮选择打印机进行打印，单击【快速打印】按钮直接打印报表。

19.6 综合实战——企业仓储管理系统

本节视频教学录像：14 分钟

一般来说，每个企业都有自己的仓库存储物资，而管理物资是很烦琐的。由于所掌握的物资种类众多，订货、管理、发放的渠道各有差异，各个企业之间的管理体制不尽相同，各类统计计划报表繁多等原因，物资管理有必要实现计算机信息化管理，而且必须根据企业的具体情况制定相应的方案。

【案例效果展示】

【案例涉及知识点】

创建企业仓储管理系统数据库

创建表

创建表关系

创建查询表

创建窗体

创建报表

【操作步骤】

第1步：新建企业仓储管理系统数据库

本节主要涉及创建空白桌面数据库的操作。

❶ 启动 Access 2016 应用，单击【空白桌面数据库】按钮。

❷ 弹出【空白桌面数据库】对话框，在【文件名】文本框中输入"企业仓储管理系统"，选择数据库存储的位置，单击【创建】按钮，完成数据库的创建。

第2步：创建表

在制作企业仓储报表以前，首先对数据表的逻辑结构进行设计。根据用户分析，可以设定数据库中包含的数据表数量。

❶ 单击【字段】选项卡下【视图】选项组中的【视图】按钮，在弹出的下拉列表中选择【设计视图】选项。

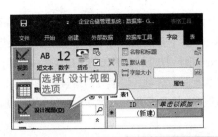

❷ 系统会自动弹出【另存为】对话框，输入表名为"Device-Code"，然后单击【确定】按钮。

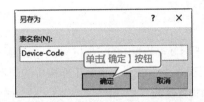

❸ 系统进入表的设计视图，在【字段名称】列的第一行中将第一个字段名"ID"更改为"设备号"，在【数据类型】列表框中选择"短文本"，然后在下方的【常规】选项卡中设置【字段大小】为"20"，在【必需】文本框中选择"是"选项，在【允许空字符串】的文本框中选择"否"选项。

❹ 在【字段名称】列的第二行中输入第二个字段名"设备名称"，在【数据类型】列表框中选择"短文本"，并且在【常规】选项卡下设置【字段大小】为"20"。

5 设置完成，单击快速访问工具栏中的【保存】按钮。在【开始】选项卡下【视图】选项组中单击【视图】按钮，在弹出的下拉菜单中选择【数据表视图】选项，切换到数据表视图模式，输入数据，就完成了"Device-Code"表的创建。

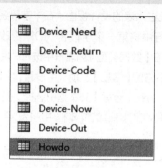

6 打开随书光盘中的"素材\ch19\企业仓储数据表.xlsx"文件，根据工作表中的内容创建其他数据表。

第3步：创建表关系
创建表完成之后需要建立表之间的关系。

1 单击【数据库工具】选项卡下【关系】选项组中的【关系】按钮，将会打开【关系】窗口和【显示表】对话框，在【表】选项卡下选择【Device-Code】表，单击【添加】按钮。

2 使用同样的方法添加其他表，并拖曳改变它们的位置。

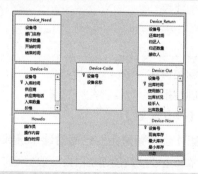

3 单击【Device-Code】表下的【设备号】字段并拖曳至【Device-Need】表中的【设备号】字段，打开【编辑关系】对话框，单击选中【实施参照完整性】复选框，并单击【创建】按钮，完成关系添加。

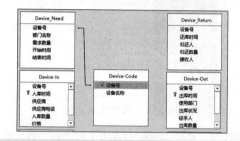

4 使用同样方法创建其他表之间的关系。创建完成后保存表关系。

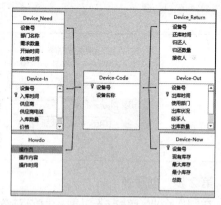

第4步：创建查询表
创建表和表关系之后，就可以根据需要创建查询表。在数据库的应用中，查询是一个非常重要的操作，查询可以是对一个表进行简单的查询操作，也可以把多个表的数据连接在一起，进行整体的查询。针对仓储管理系统，只使用选择查询操作。

❶ 选择【创建】选项卡，单击【查询】选项组中的【查询设计】按钮。

❷ 弹出【显示表】对话框和【查询 1】查询设计视窗口，选择【表】选项卡，在其列表中选中 Device-Now 项，然后单击【添加】按钮。

❸ 在 Device-Now 表中选择字段名称【设备号】、【现有库存】、【最小库存】，将其拖到查询设计视图下的设计网格中。

❹ 在【现有库存】列【条件】单元格中输入查询条件"<[最小库存]"。

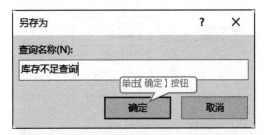

❺ 单击快速访问工具栏中的【保存】按钮，弹出【另存为】对话框，在【查询名称】列表框中输入"库存不足查询"，单击【确定】按钮。

❻ 使用同样的方法创建"库存过多查询"，只需要在 Device-Now 表中选择字段名称【设备号】、【现有库存】、【最大库存】，将其拖到查询设计视图下的设计网格后，在【现有库存】列"条件"单元格中输入查询条件">[最大库存]"即可。

第 5 步：创建窗体

根据分析，我们可以将仓储的逻辑模板放置到设备入库、设备出库、设备需求、设备还库、显示报表和切换面板实际模块中。

❶ 选择【创建】选项卡，单击【窗体】选项组中的【窗体向导】按钮，弹出【窗体向导】对话框，在【表 / 查询】文本框中选择【表：Device-In 】选项，单击 >> 按钮，将【可用字段】列表中的字段名称全部导入到【选定字段】列表中，单击【下一步】按钮。

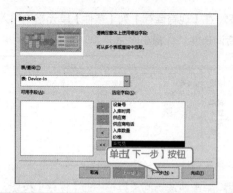

② 单击选中【纵栏表】单选项后,单击【下一步】按钮。

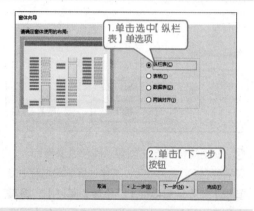

③ 在【请为窗体指定标题】文本框中输入窗体名称"设备入库",并且单击选中【打开窗体查看或输入信息】单选项。

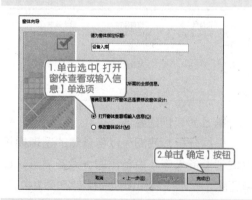

④ 单击【完成】按钮,即可进入该窗体的【窗体视图】界面。

⑤ 单击【开始】选项卡下【视图】选项组中的【视图】按钮,在弹出的下拉菜单中选择【设计视图】选项,美化窗体。

⑥ 单击【设计】选项卡下【控件】选项组中的【其他】按钮,在弹出的下拉列表中选择【按钮】选项,创建【添加记录】按钮。

⑦ 使用同样的方法,依次添加【修改库存】和【查找记录】两个按钮,并进行美化设置。

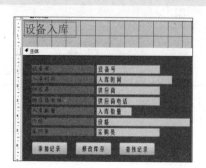

❽ 使用同样的方法创建设备出库、设备需求和设备还库窗体。

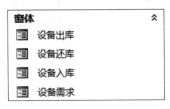

第 6 步：创建报表

要创建显示报表窗体，首先要创建报表，在这个窗体中一共显示"设备清单""库存不足""操作日志"和"库存过多"4 个报表。

❶ 在数据库窗口中，选择【创建】选项卡，在【报表】选项组中单击【报表向导】按钮，弹出【报表向导】对话框，在【表/查询】列表中选择"表：Device-Now"，然后单击 >> 按钮，将【可用字段】列表中的字段全部添加到【选定的字段】列表中，单击【下一步】按钮。

❷ 在弹出的【是否添加分组级别？】界面中，选择默认设置，单击【下一步】按钮。

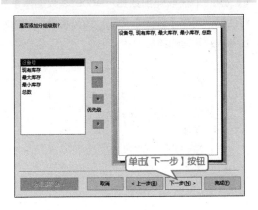

❸ 在弹出的页面中提示确定排列次序，选择【最大库存】做"升序"排列，单击【下一步】按钮。

❹ 在【请确定报表的布局方式】页面选择相应的布局方式，单击【下一步】按钮。

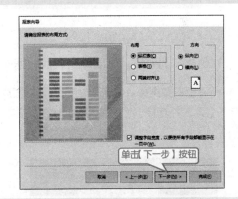

❺ 在【请为报表指定标题】文本框中输入报表标题"设备清单"，并单击选中【修改报表设计】单选按钮，单击【完成】按钮。

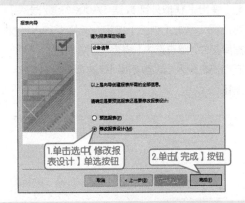

❻ 在设计图窗口中调整报表位置及对齐方式，并进行美化操作。

⑦ 单击【设计】选项卡下【视图】选项组中的【视图】按钮的下拉按钮，在弹出的下拉列表中选择【报表视图】选项，查看创建的报表。

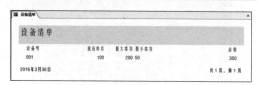

⑧ 重复以上操作制作其他报表。

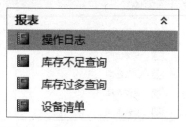

至此，企业仓储管理系统已制作完成。

高手私房菜

本节视频教学录像：3分钟

技巧：导入外部数据

在创建数据库后，可以导入其他数据库中的表、窗体、报表等数据。

① 新建空白数据库。单击【外部数据】选项卡下【导入并链接】组中的【Access】按钮。

② 弹出【获取外部数据－Access 数据库】对话框，单击【浏览】按钮，选择要导入的数据库文件，单击选中【将表、查询、窗体、报表、宏和模块导入当前数据库】单选项，单击【确定】按钮。

③ 弹出【导入对象】对话框，在其中可以查看导入新建数据库的表、查询、窗体、报表、宏和模块等数据，选择要导入的表，单击【确定】按钮。

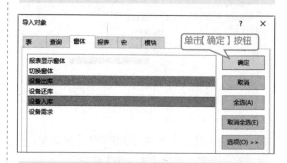

④ 返回【获取外部数据－Access 数据库】对话框，单击【关闭】按钮，即可将选中的内容导入到新建的数据库中。

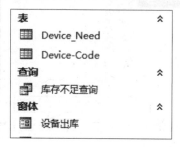

第

20章

OneNote 2016

本章视频教学录像：28 分钟

高手指引

OneNote 2016 是一种数字笔记本，提供有一个收集所有笔记和信息的位置，并提供强大的搜索功能和易用的共享笔记本的额外优势。搜索功能使用户可以迅速找到所需的内容，共享笔记本使用户可以更加有效地与他人协同工作。本章主要讲述创建笔记本、记录笔记本和管理笔记本等。

重点导读

+ 掌握创建笔记本的方法
+ 掌握记录笔记本的方法
+ 了解管理笔记本的方法

20.1 创建笔记本

本节视频教学录像：6 分钟

使用 OneNote 2016 可以基于信纸快速创建笔记本，如空白笔记、商务会议笔记、学术笔记等，还可以创建自定义的笔记本。

20.1.1 基于信纸快速创建笔记本

用户可以根据软件提供的信纸模板快速创建笔记本，具体的操作步骤如下。

❶ 单击【开始】▷【所有应用】▷【OneNote 2016】菜单命令。

❷ 打开 Microsoft OneNote 2016 软件，单击【文件】选项卡，在弹出的快捷菜单中选择【新建】选项，在【新笔记本】中选择【这台电脑】选项，在【笔记本名称】文本框中输入笔记本的名称"我的笔记本"，单击【创建笔记本】按钮。

❸ 系统会自动创建新的空白笔记本。

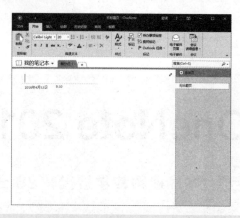

❹ 单击【插入】选项卡下【页面】选项组中的【页面模板】按钮 。

❺ 在编辑区的右侧会弹出【模板】窗格，在【添加页】列表中单击【商务】按钮，在弹出的列表框中选择【简要会议笔记本 1】选项。

⑥ 系统将利用模板自动创建空白的会议商务笔记本。

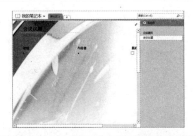

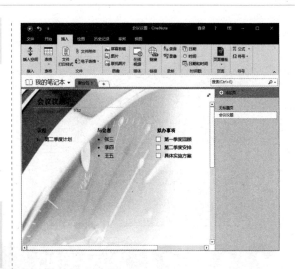

⑦ 单击【模板】窗格的【关闭】按钮，在编辑区中输入相关的内容即可。用户也可以根据需要，选择不同的模板。

 ## 20.1.2　创建自定义笔记本

除了利用 OneNote 2016 自带的模板快速创建各种类型的笔记本外，用户还可以创建自定义的笔记本。

1. 新建页面

创建空白笔记本后，用户还可以添加新的笔记本页，具体操作步骤如下。

❶ 创建空白笔记本后，单击页面右侧的【添加页】按钮。

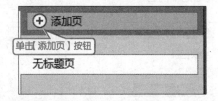

❷ 系统将自动在笔记本中添加新的页面。用户在编辑区输入页面的标题，如这里输入"会议笔记"，在【添加页】列表中可以看到新添加的页面。

2. 设置图案

创建空白页面后，用户可以自定义页面的图案效果，具体操作步骤如下。

❶ 创建空白笔记本，单击【插入】选项卡下【页面】选项组中的【页面模板】按钮。

❷ 在编辑区的右侧会弹出【模板】窗格，在【添加页】列表中单击【图案】按钮，在弹出的列表框中选择【蓝色云朵】选项。

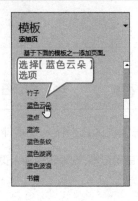

❸ 系统将自动将蓝色云朵图案添加到页面上。

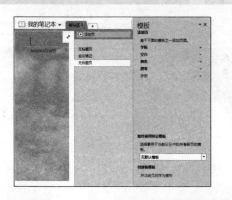

❹ 单击【模板】窗格的【关闭】按钮，用户可以在编辑区中输入相关笔记本的内容。

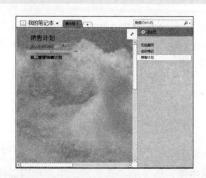

20.2 记录笔记

本节视频教学录像：6 分钟

完成页面的创建后，用户可以在笔记本中输入内容，常见的输入方法有在页面任意位置书写和使用手写笔书写等。

20.2.1 在任意位置书写

创建完空白笔记本后，在编辑区域上有相关输入内容的提示。除了可以根据提示输入内容外，用户还可以在页面的任意位置书写文字，具体操作步骤如下。

❶ 创建空白笔记本，在编辑区输入页面标题，如这里输入"会议记录"。

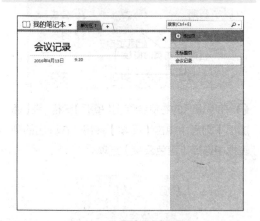

❷ 在需要输入文字的区域上单击，即可输入相关笔记本内容。

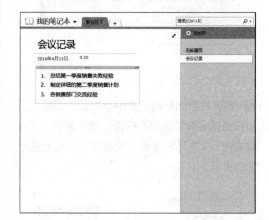

20.2.2 使用手写笔输入

除了在编辑区直接输入文字外，用户还可以使用手写笔输入相关的笔记内容。

❶ 创建空白笔记本，在编辑区输入页面标题。

❷ 单击【绘图】选项卡下【工具】选项组中的【其他】按钮，在弹出的下拉列表中选择需要的笔触类型。

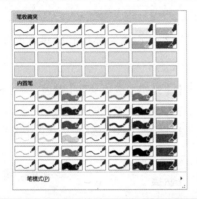

❸ 在编辑区内可以直接手动书写相关文字。

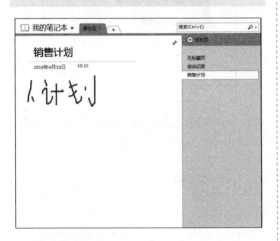

❹ 除了利用系统预设的画笔外，用户还可以自定义画笔效果。单击【绘图】选项卡下【工具】选项组中的【颜色和粗细】按钮。

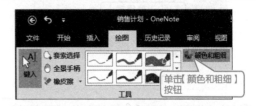

❺ 弹出【笔属性】对话框，在【颜色和粗细】中单击选中【荧光笔】单选项，【笔触粗细】为"1.5 毫米"，【线条颜色】为【绿色】，单击【确定】按钮。

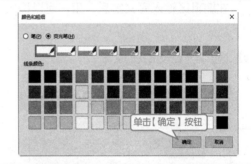

❻ 在编辑区域用户可手动书写相关文字。

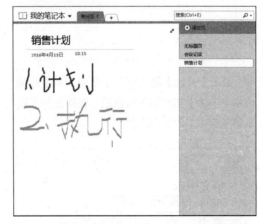

20.2.3 使用橡皮擦

OneNote 2016 提供的"橡皮擦"功能，可用于直接擦拭手动书写的内容，而对其他的相关内容无效。使用橡皮擦的具体操作步骤如下。

❶ 接着上一小节的实例继续操作，单击【绘图】选项卡下【工具】选项组中的【橡皮擦】按钮，在弹出的下拉菜单中选择【中橡皮擦】选项。

相关内容。

❷ 在编辑区按住鼠标左键并拖曳，即可擦拭

 20.2.4 设置字体格式

在编辑区输入完文字后，用户可以设置字体的常见格式。设置字体格式的具体操作步骤如下。

❶ 选择需要修改格式的文本。

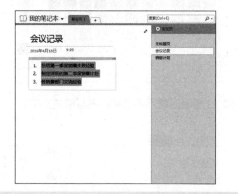

❷ 单击【开始】选项卡下【普通文本】选项组中【字体】右侧的下拉按钮，在弹出的下拉菜单中选择【隶书】选项。

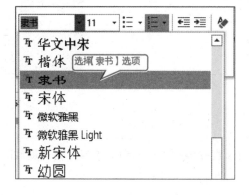

❸ 单击【开始】选项卡下【普通文本】选项组中【字体大小】右侧的下拉按钮，在弹出的下拉菜单中选择【20】选项，效果如下图所示。

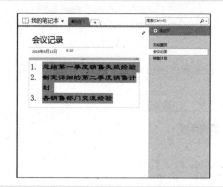

❹ 用户还可以设置文本的其他格式，如颜色和下划线等，这里不再赘述。

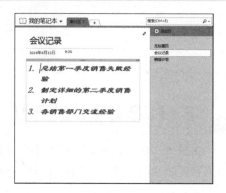

20.3 管理笔记本

本节视频教学录像：6 分钟

创建完笔记本后，用户还可以对笔记本进行管理。强大的搜索功能用于在图片文本或录音盒录像中查找信息，为笔记本添加标记，更加有利于用户查看笔记。

20.3.1 设置笔记本

新建好笔记本后,用户可以对笔记本进行设置,包括添加分区、复制或移动笔记本分区等。

1. 添加分区

如果一个笔记本的内容比较多，一个分区不能满足要求，可以为笔记本添加新的分区，添加分区的具体操作步骤如下。

❶ 在【文件】设置区域中选中某一个笔记本分区，单击鼠标右键，在弹出的快捷菜单中选择【新建分区】选项。

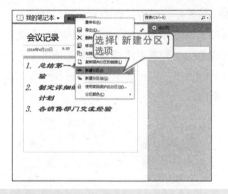

❷ 弹出新建的【新分区 2】选项卡，即可在新分区中添加新的笔记本内容。

> 📝 **提示**　单击分区右侧的【创建新分区】按钮，也可以为笔记本添加新的分区。

2. 复制或移动分区

复制或移动分区的具体操作步骤如下。

❶ 选择需要移动的分区，这里选择"新分区1"。

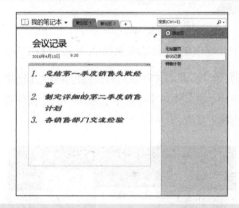

❷ 在【新分区 1】笔记本选项卡上单击鼠标右键，在弹出的快捷菜单中选择【移动或复制】选项。

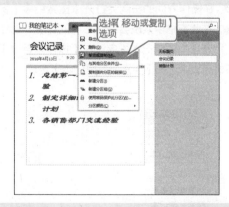

❸ 弹出【移动或复制】对话框，在【所有笔记本】列表中选择【工作总结】选项，单击【移动】按钮。

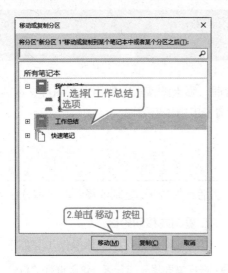

④ 即可将【新分区 1】移动到【工作总结】列表中。

20.3.2 搜索笔记本

当创建的笔记本比较多时，一时很难找到需要查看的笔记本，这时可以利用 OneNote 2016 提供的搜索功能来搜索需要查看的笔记本。按作者搜索笔记本的具体操作步骤如下。

❶ 在 OneNote 2016 操作界面中单击【历史记录】选项卡下【作者】选项组中的【按作者查找】按钮。

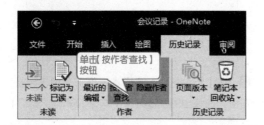

❷ 在操作界面的右侧会打开【搜索结果】窗格，在此窗格中系统会按照不同的作者，自动对搜索出来的笔记本排序。在【按作者更改】下拉列表中选择【搜索所有笔记本】选项。

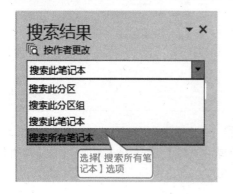

❸ 系统会自动将所有的笔记本搜索出来，并按照不同的作者排序。在【搜索结果】窗格中单击笔记本列表中需要查看的笔记本，则可在中间的窗格中打开该笔记本，并显示笔记本的详细内容。

提示 除了可以按作者搜索笔记本之外，还可以按照修改的时间搜索笔记本、搜索特定笔记本中的笔记本等。

20.3.3 为笔记添加标记

OneNote 2016 提供有一些预定义的笔记本标记，例如"重要"和"待办事项"等，可以利用这些预定标记为笔记本添加标记，具体操作步骤如下。

❶ 打开 OneNote 2016 界面，选择要添加笔记的分区选项卡。将鼠标指针定位至要标记的段落，这里将鼠标指针定位至标题处。单击【开始】选项卡下【标记】选项组中的【其他】按钮 。

❷ 在弹出的【预定义标记】列表框中选择所需的笔记本标记，这里选择"重要"。

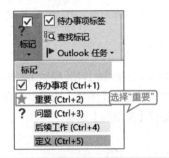

❸ 即可在笔记的标题前看到添加的标记符号。

20.4 综合实战——制作心情日记

本节视频教学录像：7 分钟

OneNote 2016 可以广泛应用在工作和生活中的各个方面。本节通过创建笔记本、设置字体格式、插入图片等内容来制作一则美观的心情日记。

【案例效果展示】

【案例涉及知识点】

创建笔记本

记录笔记

设置字体格式

插入图形

【操作步骤】

第 1 步：创建笔记本

❶ 打开 OneNote 2016 软件，单击【文件】选项卡，在弹出的快捷菜单中选择【新建】选项，在【新笔记本】中选择【这台电脑】选项，在【笔记本名称】文本框中输入笔记本的名称"我的心情日记"，单击【创建笔记本】按钮。

② 系统会自动创建新的空白笔记本，单击【插入】选项卡下【页面】选项组中的【页面模板】按钮。

③ 在编辑区的右侧会弹出【模板】窗格，在【添加页】列表中单击【图案】按钮，在弹出的列表框中选择【肥皂泡】选项。

④ 系统将自动在页面上添加肥皂泡图案，单击【模板】窗格的【关闭】按钮。

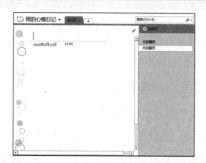

第 2 步：记录笔记本并设置字体格式

① 输入笔记本的标题及内容。

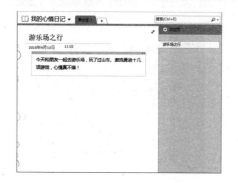

② 选择笔记的标题，单击【开始】选项卡下【普通文本】选项组中【字体】右侧的下拉按钮，在弹出的下拉列表中选择【华文彩云】选项，单击【字体大小】右侧的下拉按钮，在弹出的下拉列表中选择【24】选项。

③ 单击【开始】选项卡下【普通文本】选项组中【字体颜色】按钮右侧的下拉按钮，在下拉颜色列表中选择字体的颜色，这里选择"蓝色"。

④ 使用同样的方法设置笔记内容的文本格式，设置后如下图所示。

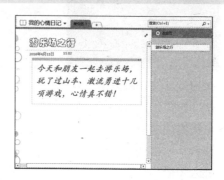

第 3 步：插入剪贴画

1 单击【插入】选项卡下【图像】选项组中的【联机图片】按钮。

2 弹出【插入图片】窗格，在搜索框中输入"鲜花"，单击【搜索】按钮。

3 在搜索结果中选择喜欢的剪贴画，单击【插入】按钮。

4 即可在文档中插入选择的联机图片，调整图片的大小及位置。

至此，心情日记就制作完成了。

高手私房菜

本节视频教学录像：3 分钟

技巧：为笔记添加自定义标记

除了系统默认的标记外，用户可以为笔记添加自定义标记，具体操作步骤如下。

1 打开 OneNote 2016界面，选择要添加自定义标记分区选项卡。将鼠标指针定位至标题处，单击【开始】选项卡下【标记】选项组中的【其他】按钮，在弹出的【预定义标记】列表框中选择【自定义标记】选项。

2 弹出【自定义标记】对话框，单击【新建标记】按钮。

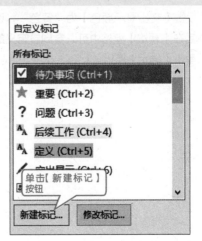

❸ 弹出【新建标记】对话框，在【显示名称】文本框中输入新建标记的名称，单击【符号】下拉按钮，在弹出的符号列表中选择合适的符号，这里选择【笑脸】符号。

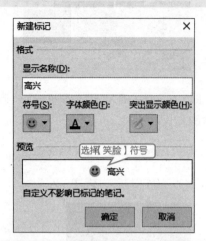

❹ 单击【字体颜色】下拉按钮，在弹出的颜色色块中选择合适的颜色，这里选择【蓝色】。

❺ 设置【突出显示颜色】为"黄色"，设置完毕后在【预览】窗格中可以看到自定义的标记，单击【确定】按钮。

❻ 返回【自定义标记】对话框，在【所有标记】列表框中可以看到自定义的标记符号，单击【确定】按钮。

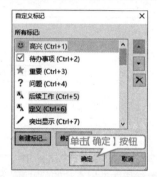

❼ 即可在【开始】选项卡的【标记】选项组中看到新定义的标记，选择该标记，即可为笔记本内容添加自定义标记。

第 7 篇

高手秘籍篇

第

21

章

Office 2016 组件间的协同应用

 本章视频教学录像：29 分钟

高手指引

　　在 Office 2016 办公软件中，Word、Excel、PowerPoint 和 Outlook 等组件之间可以通过资源共享和相互调用，以提高工作效率。使用 Office 组件间的协作进行办公，会发挥 Office 办公软件的最大能力。本章主要介绍 Office 2016 组件之间的协同办公应用的方法。

重点导读

- ✚ 掌握 Word 2016 与其他组件协同应用的方法
- ✚ 掌握 Excel 2016 与其他组件协同应用的方法
- ✚ 掌握 PowerPoint 2016 与其他组件协同应用的方法
- ✚ 掌握 Outlook 2016 与其他组件协同应用的方法

21.1 Word 2016 与其他组件的协同

本节视频教学录像：11 分钟

在 Word 中不仅可以创建 Excel 工作表，而且可以调用已有的 PowerPoint 演示文稿，来实现资源的共用。

21.1.1 在 Word 中创建 Excel 工作表

在 Word 2016 中可以创建 Excel 工作表，这样不仅可以使文档的内容更加清晰，表达的意思更加完整，还可以节约时间，具体操作步骤如下。

❶ 打开随书光盘中的"素材 \ch21\ 创建 Excel 工作表 .docx"文件，将鼠标光标定位在需要插入表格的位置，单击【插入】选项卡下【表格】选项组中的【表格】按钮，在弹出的下拉列表中选择【Excel 电子表格】选项。

❷ 返回 Word 文档，即可看到插入的 Excel 电子表格，双击插入的电子表格即可进入工作表的编辑状态。

❸ 在 Excel 电子表格中输入如下图所示数据，并根据需要设置文字及单元格样式。

❹ 选择单元格区域 A2:E6，单击【插入】选项卡下【图表】组中的【插入柱形图】按钮，在弹出的下拉列表中选择【簇状柱形图】选项。

❺ 即可在图表中插入下图所示的柱形图，将鼠标光标放置在图表上，当鼠标变为形状时，按住鼠标左键，拖曳图表区到合适位置，并根据需要调整表格的大小。

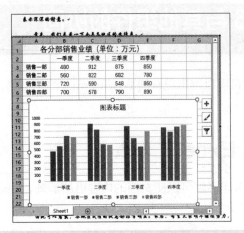

结束表格的编辑状态，效果如下图所示。

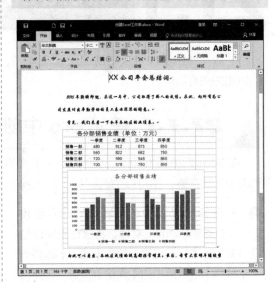

❻ 在图表区【图表标题】文本框中输入"各分部销售业绩"，并设置其字体为"宋体"、字号为"14"，单击 Word 文档的空白位置，

21.1.2 在 Word 中调用 PowerPoint 演示文稿

在 Word 中不仅可以直接调用 PowerPoint 演示文稿，还可以在 Word 中播放演示文稿，具体操作步骤如下。

❶ 打开随书光盘中的"素材 \ch21\Word 调用 PowerPoint.docx"文件，将鼠标光标定位在要插入演示文稿的位置。

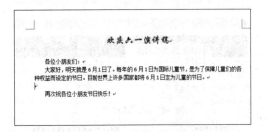

❷ 单击【插入】选项卡下【文本】选项组中【对象】按钮 □对象 · 右侧的下拉按钮，在弹出列表中选择【对象】选项。

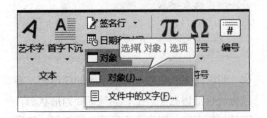

❸ 弹出【对象】对话框，选择【由文件创建】选项卡，单击【浏览】按钮。

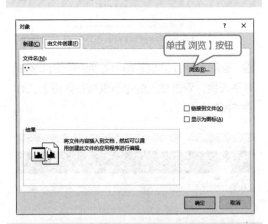

❹ 在打开的【浏览】对话框中选择随书光盘中的"素材 \ch21\ 六一儿童节快乐 .pptx"文件，单击【插入】按钮，返回【对象】对话框，单击【确定】按钮，即可在文档中插入所选的演示文稿。

⑤　插入 PowerPoint 演示文稿后，拖曳演示文稿四周的控制点可调整演示文稿的大小。在演示文稿中单击鼠标右键，在弹出的快捷菜单中选择【"演示文稿"对象】➤【显示】选项。

⑥　即可播放幻灯片，效果如下图所示。

21.1.3 在 Word 中使用 Access 数据库

在日常生活中，经常需要处理大量的通用文档，这些文档的内容既有相同的部分，又有格式不同的标识部分。例如通讯录，表头一样，但是内容不同，此时如果我们能够使用 Word 的邮件合并功能，就可以将二者有效地结合起来，其具体的操作方法如下。

❶　打开随书光盘中的"素材 \ch21\ 使用 Access 数据库 .docx"文件，单击【邮件】选项卡下选项组中【选择收件人】按钮 选择收件人，在弹出的下拉列表中选择【使用现有列表】选项。

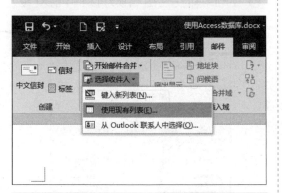

❷　在打开的【选取数据源】对话框中，选择随书光盘中的"素材 \ch21\ 通讯录 .accdb"

文件，然后单击【打开】按钮。

❸　将鼠标定位在第 2 行第 1 个单元格中，然后单击【邮件】选项卡【编写和插入域】选项组中的【插入合并域】按钮，在弹出的下拉列表中选择【姓名】选项，结果如下图所示。

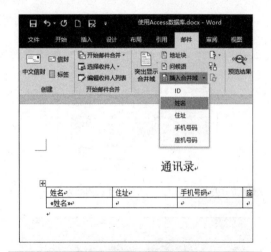

❹ 根据表格标题，依次将第 1 条"通讯录．accdb"文件中的数据填充至表格中，然后单击【完成并合并】按钮🖳，在弹出的下拉列表中选择【编辑单个文档】选项。

❺ 弹出【合并到新文档】对话框，单击选中【全部】单选按钮，然后单击【确定】按钮。

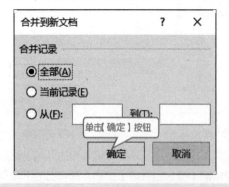

❻ 此时，新生成一个名称为"信函 1"的文档，该文档对每人的通讯录分页显示。

❼ 此时，我们可以使用替换命令，将分页符替换为换行符。在【查找和替换】对话框中，将光标定位在【查找内容】文本框中，单击【特殊格式】按钮，在弹出的列表中选择【分节符】命令。

❽ 使用同样的方法在【替换为】本框中输入【段落标记】命令，然后单击【全部替换】按钮。

⑨ 弹出【Microsoft Word】对话框，单击【确定】按钮。

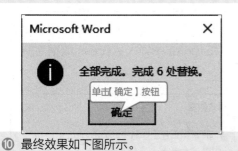

⑩ 最终效果如下图所示。

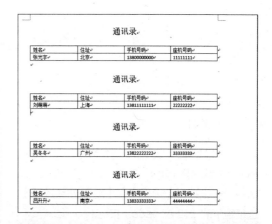

21.2　Excel 2016 与其他组件的协同

本节视频教学录像：5 分钟

在 Excel 工作簿中可以调用 Word 文档、PowerPoint 演示文稿以及其他文本文件数据。

 21.2.1　在 Excel 中调用 PowerPoint 演示文稿

在 Excel 2016 中调用 PowerPoint 演示文稿的具体操作步骤如下。

① 新建一个 Excel 工作表，单击【插入】选项卡下【文本】选项组中【对象】按钮。

② 弹出【对象】对话框，选择【由文件创建】选项卡，单击【浏览】按钮，在打开的【浏览】对话框中选择将要插入的 PowerPoint 演示文稿，此处选择随书光盘中的"素材 \ch21\ 统计报告 .pptx"文件，然后单击【插入】按钮，返回【对象】对话框，单击【确定】按钮。

③ 此时就在文档中插入了所选的演示文稿。插入 PowerPoint 演示文稿后，还可以调整演示文稿的位置和大小。

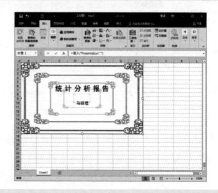

④ 双击插入的演示文稿，即可播放插入的演示文稿。

21.2.2 导入 Access 数据库

通过导入数据库，可以不必重复地在 Excel 中键入数据，也可以在每次更新数据库时，自动通过原始源数据库中的数据来更新 Excel 报表，在 Excel 中导入 Access 数据库的具体的操作步骤如下。

❶ 打开随书光盘中的"素材 \ch21\ 导入 Access 数据库 .xlsx"文件，选择 A2 单元格，然后单击【数据】选项卡下【获取外部数据】选项组中的【自 Access】按钮 。

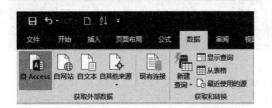

❷ 在弹出的【选取数据源】对话框中，选择"素材 \ch21\ 通讯录 .accdb"文件，单击【打开】按钮。

❸ 在打开的【导入数据】对话框中，各项设置为默认选项，然后单击【确定】按钮。

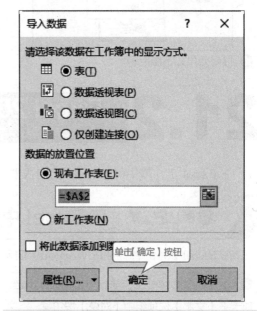

❹ 导入 Access 数据后的效果如下图所示。

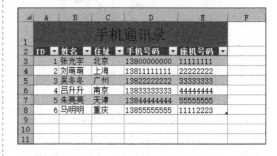

21.2.3 导入来自文本文件的数据

在 Excel 2016 中还可以导入 Access 文件数据、网站数据、文本数据、SQL Server 数据库数据以及 XML 数据等外部输入。在 Excel 2016 中导入文本数据的具体操作步骤如下。

❶ 新建一个 Excel 工作表，将其保存为"导入来自文件的数据 .xlsx"，单击【数据】选项卡下【获取外部数据】选项组中【自文本】按钮 。

❷ 弹出【导入文本文件】对话框中，选择"素材\ch21\成绩表.txt"文件，单击【导入】按钮。

❸ 弹出【文本导入向导-第1步，共3步】对话框，单击选中【分隔符号】单选按钮，单击【下一步】按钮。

❺ 弹出【文本导入向导-第3步，共3步】对话框，选中【文本】单选项，单击【完成】按钮。

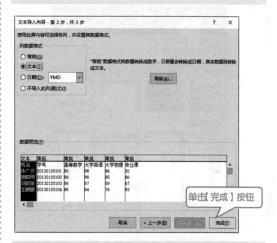

❻ 在弹出的【导入数据】对话框中单击【确定】按钮，即可将文本文件中的数据导入 Excel 2016 中。

❹ 弹出【文本导入向导-第2步，共3步】对话框，撤销选中【Tab 键】复选框，单击选中【逗号】复选框，单击【下一步】按钮。

	A	B	C	D	E
1	姓名	学号	高等数学	大学英语	大学物理
2	张广俊	20132120101	90	98	96
3	胡晓明	20132120102	86	98	85
4	马晓丽	20132120103	86	87	59
5	王鹏鹏	20132120104	85	84	76
6					
7					
8					
9					
10					
11					
12					
13					
14					
15					
16					

21.3 PowerPoint 2016 与其他组件的协同

本节视频教学录像：3 分钟

在 PowerPoint 2016 中不仅可以调用 Word、Excel 等组件，还可以将 PowerPoint 演示文稿转化为 Word 文档。

21.3.1 在 PowerPoint 中调用 Excel 工作表

在 PowerPoint 中调用 Excel 的具体操作步骤如下。

❶ 打开随书光盘中的"素材 \ch21\ 调用 Excel 工作表 .pptx"文件，选择第 2 张幻灯片，然后单击【新建幻灯片】按钮，在弹出的下拉列表中选择【仅标题】选项。

❷ 新建一张标题幻灯片，在【单击此处添加标题】文本框中输入"各店销售情况"，并设置【文本颜色】为"红色"。

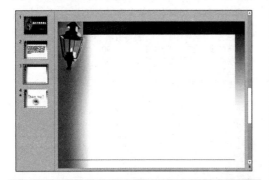

❸ 单击【插入】选项卡下【文本】组中的【对象】按钮，弹出【插入对象】对话框，单击选中【由文件创建】单选项，然后单击【浏览】按钮。

❹ 在弹出的【浏览】对话框中选择随书光盘中的"素材 \ch21\ 销售情况表 .xlsx"文件，然后单击【确定】按钮，返回【插入对象】对话框，单击【确定】按钮。

❺ 此时就在演示文稿中插入了 Excel 表格，双击表格，进入 Excel 工作表的编辑状态，调整表格的大小。

⑥ 单击 B9 单元格，单击编辑栏中的【插入函数】按钮，弹出【插入函数】对话框，在【选择函数】列表框中选择【SUM】函数，单击【确定】按钮。

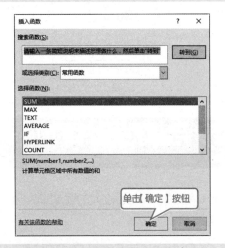

⑦ 弹出【函数参数】对话框，在【Number1】文本框中输入"B3:B8"，单击【确定】按钮。

⑧ 此时就在 B9 单元格中计算出了总销售额，填充 C9:F9 单元格区域，计算出各店总销售额。

⑨ 选择单元格区域 A2:F8，单击【插入】选项卡下【图表】组中的【插入柱形图】按钮，在弹出的下拉列表中选择【簇状柱形图】选项。

⑩ 插入柱形图后，设置图表的位置和大小，并根据需要美化图表。最终效果如下图所示。

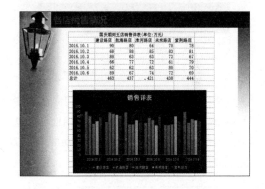

 21.3.2　将 PowerPoint 转换为 Word 文档

用户可以将 PowerPoint 演示文稿中的内容转化到 Word 文档中，以方便阅读、打印和检查，具体操作步骤如下。

❶ 打开随书光盘中的"素材 \ch21\ 球类知识 .pptx"文件，单击【文件】选项卡，选择【导出】选项，在右侧【导出】区域选择【创建讲义】选项，然后单击【创建讲义】按钮。

❷ 弹出【发送到 Microsoft Word】对话框，单击选中【只使用大纲】单选项，然后单击【确定】按钮，即可将 PowerPoint 演示文稿转换为 Word 文档。

21.4 Outlook 2016 与其他组件的协同

📹 本节视频教学录像：6 分钟

使用 Word 可以查看、编辑和书写电子邮件，Outlook 与 Word 之间的联系非常紧密。Outlook 与 Word 之间最常用的就是使用 Outlook 通讯簿查找地址。

1. Outlook 与 Word 之间的协作

Outlook 与 Word 之间的协同操作如下。

❶ 打开 Word 2016，单击【邮件】选项卡【创建】选项组中的【信封】按钮 📧 信封 。

❷ 弹出【信封和标签】对话框，可以在【收信人地址】列表框中输入对方的邮箱地址，也可以单击【通讯簿】按钮 📖▾，从 Outlook 中查找对方的邮箱地址。

2. Outlook 与 Excel 之间的协作

❶ 使用 Excel 2016 打开随书光盘中的"素材 \ch21\ 客户信息表 .csv"文件，选中需要导入的客户信息数据如单元格区域 A1:D6，将光标定位于名称框中，输入这个区域的名称"客户信息表"之后按【Enter】键，指定单元格区域的名称。

❷ 启动 Outlook2016，单击【文件】选项卡，在其左侧列表中选择【打开和导出】选项，然后单击【导入 / 导出】按钮。

❸ 弹出【导入和导出向导】对话框，选择【从另一程序或文件导入】选项，单击【下一步】

按钮，弹出【导入文件】对话框，选择文件类型为【逗号分隔值】选项，单击【下一步】按钮。

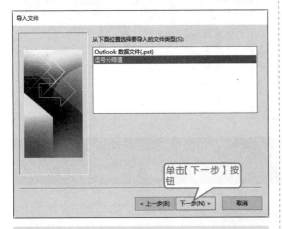

❹　在弹出的对话框中单击【浏览】按钮，弹出【浏览】对话框，从中选择"素材\ch21\客户信息表.csv"文件，然后单击【确定】按钮。

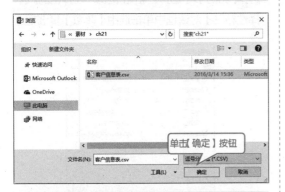

❺　返回【导入文件】对话框，单击【下一步】按钮。选择导入的目标文件夹为【联系人】选项，单击【下一步】按钮。

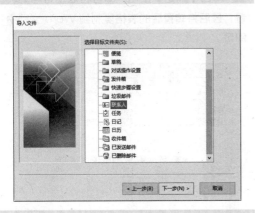

❻　在弹出的【导入文件】对话框中单击选中【将

"客户信息表.csv"导入下列文件夹：联系人】复选框，然后单击【映射自定义字段】按钮。

❼　弹出【映射自定义字段】对话框，在左侧选中一个字段【客户姓名】，按住鼠标左键不放，拖曳到右边列表框中与该字段含义相同的字段【姓名】右边，【职务】字段拖动到【职务】右边，【家庭地址】字段拖动到【住宅地址】字段，单击【确定】按钮。

❽　返回【导入】对话框，单击【完成】按钮。

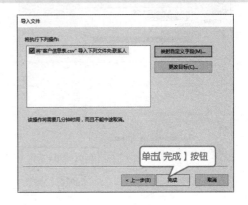

⑨ 在 Outlook 界面，单击【联系人】按钮 ■，在【联系人】界面即可看到表格中客户的信息。

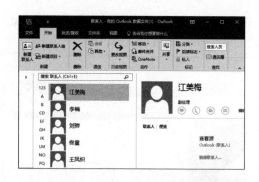

高手私房菜

📋 本节视频教学录像：4 分钟

技巧：用 Word 和 Excel 实现表格的行列转置

在用 Word 制作表格时经常会遇到将表格的行与列转置的情况，具体操作步骤如下。

❶ 在 Word 中创建表格，然后选定整个表格，单击鼠标右键，在弹出的快捷菜单中选择【复制】命令。

❷ 打开 Excel 表格，在【开始】选项卡下【剪贴板】选项组中选择【粘贴】➤【选择性粘贴】选项，在弹出的【选择性粘贴】对话框中选择【文本】选项，单击【确定】按钮。

❸ 复制粘贴后的表格，在任一单元格上单击，选择【粘贴】➤【选择性粘贴】选项，在弹出的【选择性粘贴】对话框中单击选中【转置】复选框。

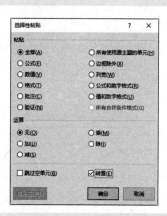

❹ 单击【确定】按钮，即可将表格行与列转置，最后将转置后的表格复制到 Word 文档中即可。

	A	B	C	D	E	F
1		一季度	二季度	三季度	四季度	
2	销售一部	480	912	875	850	
3	销售二部	560	822	682	780	
4	销售三部	720	590	548	860	
5	销售四部	700	578	790	890	
6						
7						
8						
9		销售一部	销售二部	销售三部	销售四部	
10	一季度	480	560	720	700	
11	二季度	912	822	590	578	
12	三季度	875	682	548	790	
13	四季度	850	780	860	890	
14						
15						

第

22_章

第 22 章

Office 2016 VBA 的应用

 本章视频教学录像：27 分钟

高手指引

使用宏命令和 VBA 可以自动完成某些操作，从而帮助用户提高效率并减少失误。本章介绍宏和 VBA 的使用。

重点导读

+ 掌握录制宏、运行宏及加载宏的方法
+ 掌握设置宏安全的方法
+ 了解 VBA 基本语法

22.1 使用宏

宏的用途非常广泛，其中最典型的应用就是可将多个选项组合成一个选项的集合，以加速日常编辑或格式的设置，使一系列复杂的任务得以自动执行，从而简化所做的操作。

22.1.1 录制宏

在 Word、Excel 或 PowerPoint 中进行的任何操作都能记录在宏中，可以通过录制的方法来创建"宏"，这种以录制的方法来创建"宏"，被称为"录制宏"。下面以 Excel 2016 为例介绍，在 Excel 2016 工作簿中单击【开发工具】▶【代码】▶【录制宏】按钮 ，即可弹出【录制宏】对话框，如下图所示，在此对话框中设置宏的名称、宏的保存位置、宏的说明。单击【确定】按钮，关闭对话框，即可进行宏的录制。

提示 如无【开发工具】选项卡，则可打开【Excel 选项】对话框中单击选中【自定义功能区】列表框中的【开发工具】复选框。然后单击【确定】按钮，关闭对话框即可。

该对话框中各个选项的含义如下。

【宏名】：输入宏的名称。

【快捷键】：用户可以自己指定一个按键组合来执行这个宏，该按键组合总是使用【Ctrl】键和一个其他的按键。还可以在输入字母的同时按下【Shift】键。

【保存在】：宏所在的位置。

【说明】：宏的描述信息。默认插入用户名称和时间，还可以添加更多的信息。

单击【确定】按钮，即可开始记录用户的活动。

要停止录制宏，可以单击【开发工具】▶【代码】▶【停止录制】按钮 。

22.1.2 运行宏

运行宏有多种方法，包括在【宏】对话框中运行宏、单步运行宏等。

1. 测试宏

单击【开发工具】▶【代码】▶【宏】按钮 或者按【Alt+F8】组合键，打开【宏】对话框，在【宏的位置】下拉列表框中选择【所有的活动模板和文档】选项，在【宏名】列表框中就会显示出所有能够使用的宏命令，选择要执行的宏，单击【执行】按钮即可执行宏命令。

单击【执行】按钮

提示 打开【宏】对话框，选中需要删除的宏名称，单击【删除】按钮即可将宏删除。

2. 单步运行宏

单步运行宏的具体操作步骤如下。

❶ 打开【宏】对话框，在【宏的位置】下拉列表框中选择【所有打开的工作簿】选项，在【宏名】列表框中选择宏命令，单击【单步执行】按钮。

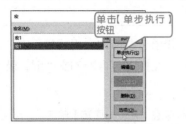

❷ 弹出编辑窗口。选择【调试】➤【逐语句】菜单命令，即可单步运行宏。

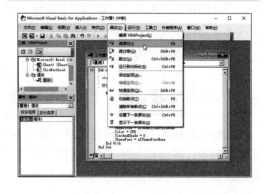

22.1.3 使用加载宏

加载项是 Microsoft 组件中的功能之一，它提供附加功能和命令。下面以在 Excel 2016 中加载【分析工具库】和【规划求解加载项】为例，介绍加载宏的具体操作步骤。

❶ 单击【开发工具】选项卡下【加载项】选项组中的【Excel 加载项】按钮。

❷ 弹出【加载宏】对话框。在【可用加载宏】列表框中，单击勾选复选框选中要添加的内容，单击【确定】按钮。

❸ 返回 Excel 2016 界面，选择【数据】选项卡，可以看到添加的【分析】选项组中包含了加载的宏命令。

22.2 宏的安全性

📺 本节视频教学录像：1 分钟

宏在为用户带来方便的同时，也带来了潜在的安全风险，因此，掌握宏的安全设置就可以帮助用户有效地降低使用宏的安全风险。

22.2.1 宏的安全作用

宏语言是一类编程语言，其全部或多数计算是由扩展宏完成的。宏语言并未在通用编程中广泛使用，但在文本处理程序中应用普遍。

宏病毒是一种寄存在文档或模板的宏中的计算机病毒。一旦打开这样的文档，其中的宏就会被执行，于是宏病毒就会被激活，转移到计算机上，并驻留在 Normal 模板上。从此以后，所有自动保存的文档都会"感染"上这种宏病毒，而且如果其他用户打开了感染病毒的文档，宏病毒又会转移到他的计算机上。

因此，设置宏的安全是十分必要的。

22.2.2　修改宏的安全级

为保护系统和文件，请不要启用来源未知的宏。如果有选择地启用或禁用宏，并能够访问需要的宏，可以将宏的安全性设置为"中"。这样，在打开包含宏的文件时，就可以选择启用或禁用宏，同时能运行任何选定的宏。

❶ 单击【开发工具】选项卡下【代码】组中的【宏安全性】按钮。

❷ 弹出【信任中心】对话框，单击选中【禁

用所有宏，并发出通知】单选项，单击【确定】按钮即可。

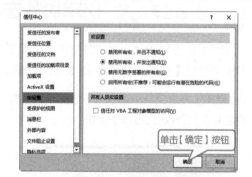

22.3　VBA 基本语法

本节视频教学录像：5 分钟

VBA 作为一种编程语言，具有其本身的语法规则。

22.3.1　常量

常量用于存储固定信息，常量值具有只读特性，也就是在程序运行期间其值不能发生改变。在代码中使用常量的好处有两点。

（1）增加程序的可读性。例如在 Excel 中，设置活动单元格字体为绿色，就可以使用常量 vbGreen（其值为 65280），与数字相比，可读性更强。

```
ActiveCell.Font.Color=vbGreen
```

（2）代码的维护升级更容易。除了系统常量外，在 VBA 中也可以使用 Const 语句声明自定义常量。

```
Const CoolName As String="HelloWorld"
```

如果希望将"HelloWorld"简写为"HW"，只需要将上面代码中的"HelloWorld"修改为"HW"，VBA 应用程序中的 CoolName 将引用新的常量值。

22.3.2　变量

变量用于存储在程序运行中需要临时保存的值或对象，在程序运行过程中其值可以被改变。变量无需声明即可直接使用，但该变量的变体变量将占用较大的存储空间，代码运行效率也比较差。因此，在使用变量之前最好声明变量。

例如，在 VBA 中使用 Dim 语句声明变量。下面的代码声明变量 iRow 为整数型变量：

Dim iRow as Integer

利用类型声明字符，上述代码可简化为：

Dim iRow%

但是，在 VBA 中并不是所有的数据类型都有对应的类型声明字符，在代码中可以使用的类型声明字符如下表所示。

数据类型	类型声明字符
Integer	%
Long	&
Single	!
Double	#
Currency	@
String	$

22.3.3　数据类型

数据类型用来决定变量或者常量可以使用何种数据。VBA 中的数据类型包括 Byte、Boolean、Integer、Long、Currency、Decimal、Single、Double、String、Object、Variant（默认数据类型）和用户自定义类型等。不同的数据类型所需要的存储空间不同，取值范围也不相同。

数据类型	存储空间大小	范围
Byte	1 个字节	0~255
Boolean	2 个字节	Ture 或 False
Integer	2 个字节	− 32268~32267
Long（长整型）	4 个字节	− 2147483648~2147483647
Single（单精度浮点型）	4 个字节	负值：− 3.402823E38~− 1.401298E− 45 正值：1.401298E− 45~3.402823E38
Double（双精度浮点型）	8 个字节	负值：− 1.79769313486232E308~− 4.94065645841247E− 324 正值：1.79769313486232E308~4.94065645841247E− 324
Currency	8 个字节	− 922337203685477.5808~922337203685477.5807
Decimal	14 个字节	±79228162514264337593543950335(不带小数点) 或±7.9228162514264337593543950335(带 28 位小数点)
Date	8 个字节	100 年 1 月 1 日到 9999 年 12 月 31 日
String（定长）	字符串长度	1~65400
String（变长）	10 字节加字符串长度	0~20 亿
Object	4 个字节	任何 Object 引用

数据类型	存储空间大小	范围
Variant（数字）	16 个字节	任何数字值，最大可达 Double 的范围
Variant（字符）	22 个字节加字符串长度	与变长 String 范围相同
用户自定义	所有元素所需数目	与本身的数据类型的范围相同

22.3.4 运算符与表达式

VBA 中的运算符有 4 种。

（1）算术运算符：用来进行数学计算的运算符，代码编译器会优先处理算术运算符。

（2）比较运算符：用来进行比较的运算符，优先级位于算术运算符和连接运算符之后。

（3）连接运算符：用来合并字符串的运算符，包括"&"和"+"运算符两种，优先级位于算术运算符之后。

（4）逻辑运算符：用来执行逻辑运算的运算符。

比较运算符中的运算符优先级是相同的，将按照出现顺序从左到右依次处理。而算术运算符和逻辑运算符中的运算符则必须按照优先级处理。运算符优先顺序如下表所示。

算术运算符	比较运算符	逻辑运算符
指数运算（＾）	相等（＝）	Not
负数（－）	不等（<>）	And
乘法（＊）和除法（/）	小于（<）	Or
整数除法（\）	大于（>）	Xor
求模运算（Mod）	小于或等于（<=）	Eqv
加法（+）和减法（－）	大于或等于（>=）	Imp
字符串连接（&）	Liks、Is	

表达式是由数字、运算符、数字分组符号（括号）、自由变量和约束变量等组成的。如"25+6""26*5/6""（21+23）*5""x>=2"和"A&B"等均为表达式。

表达式的优先级由高到低分别为：括号 > 函数 > 乘方 > 乘、除 > 加、减 > 字符连接运算符 > 关系运算符 > 逻辑运算符。

22.4 使用 VBA 在 Word 中制作作文纸

📽 本节视频教学录像：3 分钟

宏的应用非常广泛，一些特别的效果都可以利用宏来完成。利用 Word 中的宏来制作作文纸效果的具体操作步骤如下。

❶ 启动 Word 2016 软件，新建空白文档，选择【开发工具】选项卡，在【代码】组中单击【Visual Basic】按钮

❷ 打开【Microsoft Visual Basic】窗口，双击【Project(文档1)】下的【ThisDocument】，打开【代码】编辑窗口。

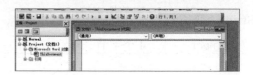

❸ 在右侧的窗口中输入随书光盘中"素材\ch18\代码 22.4.txt"文件中的代码。

❹ 输入完代码在 Word 2016 界面，单击【保存】按钮，选择存储的位置，单击【浏览】按钮，弹出【另存为】对话框，在【文件名】文本框中输入文件的名称，如"制作作文纸"，然后在【保存类型】下拉列表中选择【启用宏的 Word 文档（*.docm）】选项。单击【保存】按钮，即可保存该文档。

❺ 在【Microsoft Visual Basic】窗口，单击标准工具栏中的【运行子过程/运行窗体】按钮 ▶ 。

❻ 切换到新建 Word 文档，文档中就会出现编写代码的结果，制作出作文纸。

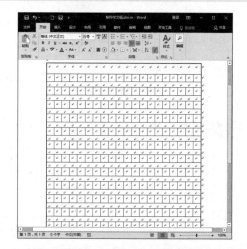

22.5 使用 VBA 对 Excel 表格进行统计和查询

📹 本节视频教学录像：4 分钟

如果 Excel 工作表的很多单元格都被填充了不同的颜色，可以通过自定义一个函数来完成统计单元格区域中单元格颜色为"红色"的单元格的个数，具体操作步骤如下。

❶ 打开随书光盘中的"素材\ch18\颜色表.xlsx"文件，单击【开发工具】选项卡下【代码】选项组中的【Visual Basic】按钮。

❷ 打开【Visual Basic】窗口，选择【插入】➤【模块】选项，完成标准模块的添加。

❸ 新建模块后，选择【插入】➤【过程】菜单命令。

❹ 弹出【添加过程】对话框，在【名称】文本框中输入 Function 过程名称"TJYS "，在【类型】区域选中【函数】单选项，单击【确定】按钮。

单击【确定】按钮

❺ 即可在模块中插入新的 Function 过程。

❻ 输入相关代码，最终得到如下所示代码（素材 \ch18\22.5.txt），并根据需要添加注释。Function TJYS(rng As Range, cel As Range) 第一个参数是区域，第二个参数是单元格的颜色

```
    Dim Cindex As Integer
    Cindex = cel.Interior.ColorIndex  '
将单元格的背景颜色索引值返回给 Cindex
    Dim n As Range
    For Each n In rng
    If n.Interior.ColorIndex = Cindex
Then
        TJYS = TJYS + 1
        End If
    Next
    End Function
```

❼ 返回至 Excel 2016 工作表，在单元格 D14 中输入" =TJYS(A1:F11,H11)"。

❽ 按【Enter】键确认，即可计算出单元格颜色为"红色"的单元格个数为"23"。

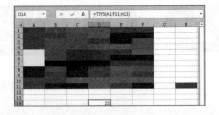

22.6 使用 VBA 在 PPT 中插入图片

本节视频教学录像：2 分钟

使用 VBA 在 PowerPoint 2016 中插入图片的具体操作步骤如下。

❶ 建一个 Power Point2016 演示文稿，删除所有的文本占位符，单击【开发工具】选项卡下【代码】选项组中的【宏】按钮。

❷ 弹出【宏】对话框，在【宏名】文本框输入宏名称，例如这里输入"chatu"，单击【创建】按钮。

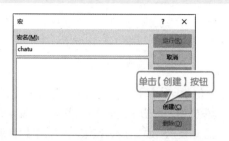

❸ 弹出 VBA 代码编辑窗口，如要在幻灯片中插入"G:\ch18"文件夹下的"兔子 .jpg"文件，设置其距离左为"162"、距离上为"95"，并设置图片高度为"396"、宽度为"349"，可以输入以下所示代码（素材 \ch18\22.6.txt）；并单击【保存】按钮。

```
ActiveWindow.Selection.SlideRange.Shapes.AddPicture(FileName:="G:\ch18\ 兔子 .jpg", LinkToFile:=msoFalse, SaveWithDocument:=msoTrue, Left:=162, Top:=95, Width:=396, Height:=349).Select
```

❹ 再次单击【代码】选项组中的【宏】按钮，在弹出的【宏】对话框中选择"chatu"选项，然后单击【运行】按钮。

❺ 运行效果如下图所示。

高手私房菜

📽 本节视频教学录像：5 分钟

技巧 1：设置宏快捷键

可以为宏设置快捷键，便于宏的执行，为录制的宏设置快捷键并运行宏的具体操作步骤如下。

❶ 单击【开发工具】选项卡，在【代码】组中单击【录制宏】按钮。

❷ 弹出【录制宏】对话框，在【将宏指定到】选项组中单击【确定】按钮。

❸ 弹出【Word 选项】对话框，单击左侧的【自定义功能区】选项，再单击【键盘快捷方式】后的【自定义】按钮。

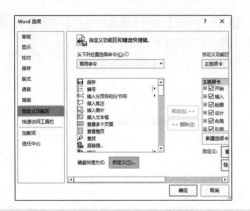

④ 弹出【自定义键盘】对话框，在【类别】选项列表中选择【宏】选项，并在后方的【宏】列表框中选择【宏1】选项，将鼠标光标定位在【请按新快捷键】文本框中，按【Ctrl+G】组合键，然后单击【指定】按钮。

⑤ 【Ctrl+G】组合键即可显示在【当前快捷键】列表框中，单击【关闭】按钮即可设置完成。之后录制宏完成之后，按【Ctrl+G】组合键即可执行该命令。

技巧 2：启用被禁用的宏

设置宏的安全性后，在打开包含代码的文件时，将弹出【安全警告】消息栏，如果用户信任该文件的来源，可以单击【安全警告】信息栏中的【启用内容】按钮，【安全警告】信息栏将自动关闭。此时，被禁用的宏将会被启用。

技巧 3：查看 Word VBA 命令

Word 提供了一个内置的宏"ListCommands"，运行此宏后将会新建一个文档，且将当前 Word 程序中绝大部分命令名都生成在一张表格中。

① 单击【开发工具】选项卡【代码】组中的【宏】按钮，打开【宏】对话框，在【宏的位置】下拉框中选择【Word 命令】选项，在【宏名】列表框中选择【ListCommands】，然后单击【运行】按钮。

② 在打开的【命令列表】对话框中单击选中【所有 Word 命令】单选项，单击【确定】按钮。即可自动创建一个表格新文档，且在表格中显示 Word 程序中绝大部分命令名。

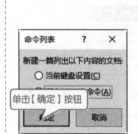

第 23 章

Office 2016 的共享与安全

 本章视频教学录像：21 分钟

高手指引

本章主要介绍 Office 2016 的共享、保护以及取消保护等内容，使用户能更深一步了解 Office 2016 的应用，掌握共享 Office 2016 的技巧，并掌握保护文档的设置方法。

重点导读

+ 掌握 Office 2016 的共享
+ 掌握 Office 2016 的保护
+ 了解取消保护的方法

23.1 Office 2016 的共享

本节视频教学录像：8 分钟

用户可以将 Office 文档存放在网络或其他存储设备中，便于更方便地查看和编辑 Office 文档；还可以通过跨平台、设备与其他人协作，共同编写论文、准备演示文稿、创建电子表格等。

23.1.1 保存到云端 OneDrive

云端 OneDrive 是由微软公司推出的一项云存储服务，用户可以通过自己的 Microsoft 账户进行登录，并上传自己的图片、文档等到 OneDrive 中进行存储。无论身在何处，用户都可以访问 OneDrive 上的所有内容。下面以 PowerPoint 2016 为例介绍将文档保存到云端 OneDrive 的具体操作步骤。

❶ 打开随书光盘中的"素材 \ch23\ 礼仪培训 .pptx"文件。单击【文件】选项卡，在打开的列表中选择【另存为】选项，在【另存为】区域选择【OneDrive】选项，单击【登录】按钮。

❷ 弹出【登录】对话框，输入与 Office 一起使用的账户的电子邮箱地址，单击【下一步】按钮。

❸ 在弹出【登录】对话框中输入电子邮箱地址的密码，单击【登录】按钮。

❹ 此时即登录账号，在 PowerPoint 的右上角显示登录的账号名，在【另存为】区域单击【OneDrive-个人】选项，在右侧单击【更多选项】连接。

❺ 弹出【另存为】对话框，在对话框中

选择文件要保存的位置，这里选择保存在 OneDrive 的【文档】目录下，单击【保存】按钮。

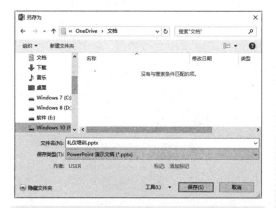

⑥ 返回 PowerPoint 界面，在界面下方显示"正在等待上载"字样。上载完毕后即可将文档保存到 OneDrive 中。

⑦ 打开计算机上的 OneDrive 文件夹，即可看到保存的文件。

> **提示** 如果另一台计算机没有安装 Office 2016，可以登录到 OneDrive 网站 https://onedrive.live.com/，单击【文档】选项，即可查看到上传的文档。单击需要打开的文件，即可打开演示文稿。

 23.1.2 通过电子邮件共享

Office 2016 还可以通过发送到电子邮件的方式进行共享，发送到电子邮件主要有【作为附件发送】、【发送链接】、【以 PDF 形式发送】、【以 XPS 形式发送】和【以 Internet 传真形式发送】5 种形式。本节主要通过介绍以附件形式进行邮件发送，具体的操作步骤如下。

① 打开随书光盘中的"素材 \ch23\ 礼仪培训 .pptx"文件。单击【文件】选项卡，在打开的列表中选择【共享】选项，在【共享】区域选择【电子邮件】选项，然后单击【作为附件发送】按钮。

② 弹出【礼仪培训 .pptx-邮件（HTML）】工作界面，在【附件】右侧的文本框中可以看到添加的附件，在【收件人】文本框中输入收件人的邮箱地址，单击【发送】按钮即可将文档作为附件发送。

23.1.3 局域网中的共享

局域网是在一个局部的范围内（如一个学校、公司和机关内），将各种计算机、外部设备和数据库等互相联接起来组成的计算机通信网。局域网可以实现文件管理、应用软件共享、打印机共享、扫描仪共享、工作组内的日程安排、电子邮件和传真通信服务等功能。

❶ 打开随书光盘中的"素材\ch23\学生成绩登记表.xlsx"文件、单击【审阅】选项卡下【更改】选项组中的【共享工作簿】按钮。

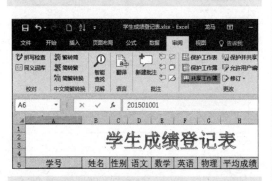

❷ 弹出【共享工作簿】对话框，在对话框中单击选中【允许多用户同时编辑，同时允许工作簿合并】复选框，单击【确定】按钮。

❸ 弹出【Microsoft Excel】提示对话框，单击【确定】按钮。

❹ 工作簿即处于在局域网中共享的状态，在工作簿上方显示"共享"字样。

❺ 单击【文件】选项卡，在弹出的列表中选择【另存为】选项，单击【浏览】按钮，即可弹出【另存为】对话框。在对话框的地址栏中输入该文件在局域网中的位置，单击【确定】按钮。

23.2 Office 2016 的保护

本节视频教学录像：9分钟

如果用户不想制作好的文档被别人看到或修改，可以将文档保护起来。常用的保护文档的方法有标记为最终状态、用密码进行加密和限制编辑等。

23.2.1 标记为最终状态

"标记为最终状态"命令可将文档设置为只读，以防止审阅者或读者无意中更改文档。

在将文档标记为最终状态后，键入、编辑命令以及校对标记都会禁用或关闭，文档的"状态"属性会设置为"最终"，具体操作步骤如下。

❶ 打开随书光盘中的"素材 \ch23\ 招聘启事 .docx"文件。

❷ 单击【文件】选项卡，在打开的列表中选择【信息】选项，在【信息】区域单击【保护文档】按钮，在弹出的下拉菜单中选择【标记为最终状态】选项。

> **提示**　单击页面上方的【仍然编辑】按钮，可以对文档进行编辑。

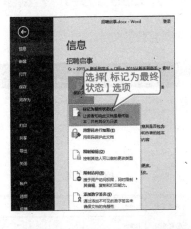

❸ 弹出【Microsoft Word】对话框，提示该文档将被标记为终稿并被保存，单击【确定】按钮。

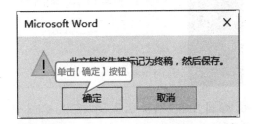

❹ 再次弹出【Microsoft Word】提示框，单击【确定】按钮。

❺ 返回 Word 页面，该文档即被标记为最终状态，以只读形式显示。

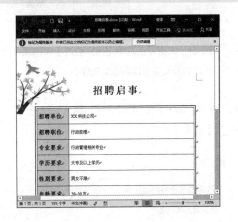

23.2.2　用密码进行加密

在 Microsoft Office 中，可以使用密码阻止其他人打开或修改文档、工作簿和演示文稿。用密码加密的具体操作步骤如下。

❶ 打开随书光盘中的"素材 \ch23\ 招聘启事 .docx"文件，单击【文件】选项卡，在打开的列表中选择【信息】选项，在【信息】区域

单击【保护文档】按钮，在弹出的下拉菜单中选择【用密码进行加密】选项。

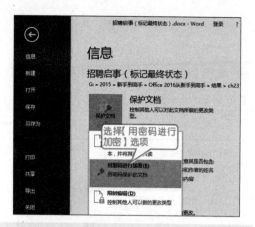

② 弹出【加密文档】对话框,输入密码,单击【确定】按钮。

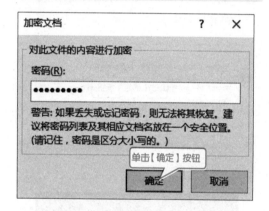

提示 如果单击选中【用户验证】单选项,已验证的所有者可以删除文档保护。

③ 弹出【确认密码】对话框,再次输入密码,单击【确定】按钮。

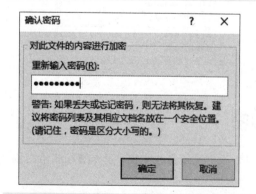

④ 此时就为文档使用密码进行了加密。在【信息】区域内显示已加密。

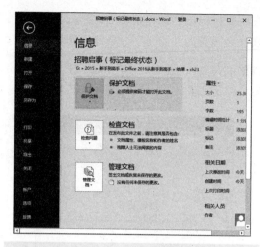

⑤ 再次打开文档时,将弹出【密码】对话框,输入密码后单击【确定】按钮。

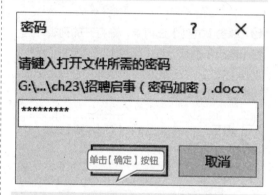

⑥ 此时就打开了文档。

23.2.3　限制编辑

限制编辑是指控制其他人可对文档进行哪些类型的更改。限制编辑提供了三种选项：格式设置限制可以有选择地限制格式编辑选项，用户可以单击其下方的"设置"进行格式选项自定义；编辑限制可以有选择地限制文档编辑类型，包括"修订""批注""填写窗体"以及"不允许任何更改（只读）"；启动强制保护可以通过密码保护或用户身份验证的方式保护文档，此功能需要信息权限管理（IRM）的支持。为文档添加限制编辑的具体操作步骤如下。

❶ 打开随书光盘中的"素材 \ch23\ 招聘启事.docx"文件，单击【文件】选项卡，在打开的列表中选择【信息】选项，在【信息】区域单击【保护文档】按钮，在弹出的下拉菜单中选择【限制编辑】选项。

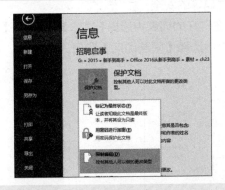

❷ 在文档的右侧弹出【限制编辑】窗格，单击选中【仅允许在文档中进行此类型的编辑】复选框，单击【不允许任何更改（只读）】文本框右侧的下拉按钮，在弹出的下拉列表中选择允许修改的类型，这里选择【不允许任何更改（只读）】选项。

❸ 单击【限制编辑】窗格中的【是，启动强制保护】按钮。

❹ 弹出【启动强制保护】对话框，在对话框中单击选中【密码】单选项，输入新密码及确认新密码，单击【确定】按钮。

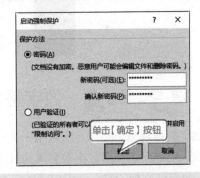

❺ 此时就为文档添加了限制编辑。当阅读者想要修改文档时，在文档下方显示【由于所选内容已被锁定，您无法进行此更改】字样。

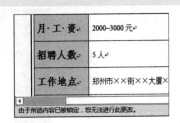

❻ 如果用户想要取消限制编辑，在【限制编辑】窗格中单击【停止保护】按钮即可。

23.2.4 限制访问

限制访问是指通过使用 Microsoft Office 2016 中提供的信息权限管理（IRM）来限制对文档、工作簿和演示文稿中的内容的访问权限，同时限制其编辑、复制和打印能力。用户通过对文档、工作簿、演示文稿和电子邮件等设置访问权限，可以防止未经授权的用户打印、转发和复制敏感信息，以保证文档、工作簿、演示文稿等的安全。

设置限制访问的方法是：单击【文件】选项卡，在打开的列表中选择【信息】选项，在【信息】区域单击【保护文档】按钮，在弹出的下拉菜单中选择【限制访问】选项。

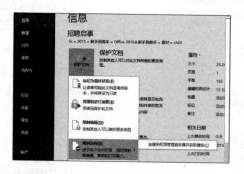

23.2.5 数字签名

数字签名是电子邮件、宏或电子文档等数字信息上的一种经过加密的电子身份验证戳，用于确认宏或文档来自数字签名本人且未经更改。添加数字签名可以确保文档的完整性，从而进一步保证文档的安全。用户可以在 Microsoft 官网上获得数字签名。

添加数字签名的方法是：单击【文件】选项卡，在打开的列表中选择【信息】选项，在【信息】区域单击【保护文档】按钮，在弹出的下拉菜单中选择【数字添加签名】选项。

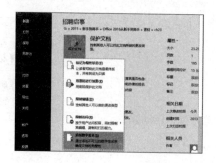

23.3 取消保护

本节视频教学录像：2 分钟

用户对 Office 文件设置保护后，还可以取消保护。取消保护包括取消文件最终标记状态和删除密码等。

1. 取消文件最终标记状态

取消文件最终标记状态的方法是：打开标记为最终状态的文档，单击【文件】选项卡，在打开的列表中选择【信息】选项，在【信息】区域单击【保护文档】按钮，在弹出的下拉菜单中选择【标记为最终状态】选项即可取消最终标记状态。

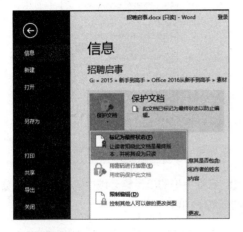

2. 删除密码

对 Office 文件使用密码加密后还可以删除密码，具体操作步骤如下。

❶ 打开设置密码的文档。单击【文件】选项卡，在打开的列表中选择【另存为】选项，在【另存为】区域选择【这台计算机】选项，然后单击【浏览】按钮。

❷ 打开【另存为】对话框，选择文件的另存位置，单击【另存为】对话框下方的【工具】按钮，在弹出的下拉列表中选择【常规选项】选项。

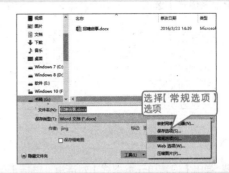

选择【常规选项】选项

❸ 打开【常规选项】对话框，在该对话框中显示了打开文件时的密码，删除密码，单击【确定】按钮。

单击【确定】按钮

❹ 返回【另存为】对话框，单击【保存】按钮。另存后的文档就已经删除了密码。

> **提示** 用户也可以再次选择【保护文档】中【用密码加密】选项，在弹出的【加密文档】对话框中删除密码，单击【确定】按钮即可删除文档设定的密码。

高手私房菜

本节视频教学录像：2 分钟

技巧：保护单元格

保护单元格的实质就是限制其他用户的编辑能力来防止他们进行不需要的更改。具体的操作步骤如下。

❶ 打开随书光盘中的"素材 \ch23\ 学生成绩登记表 .xlsx"文件。选定要保护的单元格单击鼠标右键，在弹出的快捷菜单中选择【设置单元格格式】选项。

❷ 弹出【设置单元格格式】对话框，选择【保护】选项卡，单击选中【锁定】复选框，单击【确定】按钮。

❸ 单击【审阅】选项卡下【更改】选项组中的【保护工作表】按钮，弹出【保护工作表】对话框，进行如下图的设置后，单击【确定】按钮。

❹ 在受保护的单元格区域中输入数据时，会提示如下内容。

提示 单击【审阅】选项卡下【更改】选项组中的【撤销保护工作表】按钮，即可撤销保护。

第

24

章

Office 2016 办公文件的打印

 本章视频教学录像：26 分钟

高手指引

打印机是自动化办公中不可缺少的组成部分，是重要的输出设备之一，具备办公管理所需的知识与经验，能够熟练操作常用的办公器材是十分必要的。用户可以将在计算机中编辑好的文档和图片等资料打印输出到纸上，从而将资料进行存档、报送及用作其他用途。

重点导读

+ 掌握连接并设置打印机的方法
+ 掌握打印 Word 文档的方法
+ 掌握打印 Excel 表格的方法
+ 掌握打印 PowerPoint 演示文稿的方法

24.1 添加打印机

本节视频教学录像：5分钟

打印机是自动化办公中不可缺少的一个组成部分，是重要的输出设备之一。通过打印机，用户可以将在计算机中编辑好的文档和图片等资料打印输出到纸上，从而方便将资料进行存档、报送及做其他用途。

24.1.1 添加局域网打印机

连接打印机后，计算机如果没有检测到新硬件，可以通过安装打印机的驱动程序的方法添加局域网打印机，具体操作步骤如下。

❶ 在【开始】按钮上单击鼠标右键，在弹出的快捷菜单中选择【控制面板】选项，打开【控制面板】窗口，单击【硬件和声音】列表中的【查看设备和打印机】选项。

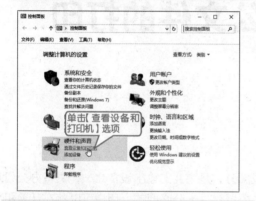

❷ 弹出【设备和打印机】窗口，单击【添加打印机】按钮。

❸ 即可打开【添加设备】对话框系统会自动搜索网络内的可用打印机，选择搜索到的打印机名称，单击【下一步】按钮。

提示 如果需要安装的打印机不在列表内，可单击下方的【我所需的打印机未列出】链接，在打开的【按其他选项查找打印机】对话框中选择其他的打印机。

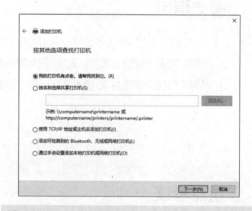

❹ 将会弹出【添加设备】对话框，进行打印机连接。

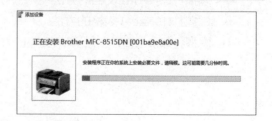

❺　即可提示安装打印机完成。如需要打印测试页看打印机是否安装完成，单击【打印测试页】按钮，即可打印测试页。单击【完成】按钮，就完成了打印机的安装。

❻　在【设备和打印机】窗口中，用户可以看到新添加的打印机。

 提示　如果有驱动光盘，直接运行光盘，双击 Setup.exe 文件即可。

24.1.2　打印机连接测试

安装打印机之后，需要测试打印机的连接是否有误，最直接的方式就是打印测试页。

方法一：安装驱动过程中测试

安装启动的过程中，在提示安装打印机成功安装界面，单击【打印测试页】按钮，如果能正常打印，就表示打印机连接正常，单击【完成】按钮完成打印机的安装。

 提示　如果不能打印测试页，表明打印机安装不正确，可以通过检查打印机是否已开启、打印机是否在网络中以及重装驱动来排除故障。

方法二：在【属性】对话框中测试

打印机安装完成之后，在打印机图标上

单击鼠标右键，在弹出的快捷菜单中单击【打印机属性】菜单命令，即可打开【属性】对话框，单击【打印测试页】按钮，如果能正常打印，就说明打印机安装成功。

24.2 打印 Word 文档

本节视频教学录像：6 分钟

打印机安装完成之后，用户就可以打印 Word 文档。

24.2.1 认识打印设置项

打开要打印的文档，单击【文件】选项卡，在其列表中选择【打印】选项，即可在【打印】区域查看并设置打印设置项，在打印区域右侧显示的预览界面。

（1）【打印】按钮：单击即可开始打印。

（2）【份数】选项框：选择打印份数。

（3）【打印机】列表：在其下拉列表中可以选择打印机，单击【打印机属性】可设置打印机属性。

（4）【设置】区域：设置打印文档的相关信息。

① 选择打印所有页、打印所选内容或自定义打印范围等。

② 选择自定义打印时，设置打印的页面。

③ 选择单面或双面打印。

④ 设置页面打印顺序。

⑤ 设置横向打印或纵向打印。

⑥ 选择纸张页面大小。

⑦ 选择页边距或自定义页边距。

⑧ 选择每版打印的 Word 页面数量。

24.2.2 打印文档

当用户在打印预览中对所打印文档的效果感到满意时，就可以对文档进行打印。其方法很简单，具体的操作步骤如下。

❶ 打开随书光盘中的"素材 \ch24\ 年度工作报告 .docx"文档中，单击【文件】选项卡下列表中的【打印】选项。

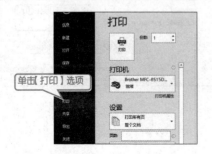

❷ 在【份数】微调框中输入"3"，在【打印机】下拉列表中选择要使用的打印机，单击【打印】按钮，即可开始打印文档，并打印 3 份。

24.2.3 选择性打印

打印文档时如果只需要打印部分页面，就需要进行相关的设置。此外，也可以打印连续或者是不连续的页面。

1. 自定义打印内容

❶ 打开随书光盘中的"素材 \ch24\ 培训资料 .docx"文件，选择要打印的文档内容。

❷ 选择【文件】选项卡，在弹出的列表中选择【打印】选项，在右侧【设置】区域选择【打印所有页】选项，在弹出的快捷菜单中选择【打印所选内容】菜单项。

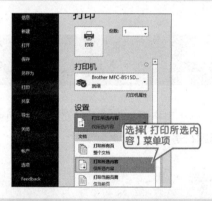

❸ 设置要打印的份数，单击【打印】按钮即可进行打印。

 提示 打印后，就可以看到仅打印出了所选择的文本内容。

2. 打印当前页面

❶ 在打开的文档中，选择【文件】选项卡，将鼠标光标定位至要打印的 Word 页面。

❷ 选择【文件】选项卡，在弹出的列表中选择【打印】选项，在右侧【设置】区域选择【打印所有页】选项，在弹出的快捷菜单中选择【打印当前页面】菜单项。

❸ 设置要打印的份数，单击【打印】按钮即可进行打印。

3. 打印连续或不连续页面

❶ 在打开的文档中，选择【文件】选项卡，在弹出的列表中选择【打印】选项，在右侧【设置】区域选择【打印所有页】选项，在弹出的快捷菜单中选择【自定义打印范围】菜单项。

❷ 在下方的【页数】文本框中输入要打印的页码。并设置要打印的份数，单击【打印】按钮 📠 即可进行打印。

📝 **提示** 连续页码可以使用英文半角连接符，不连续的页码可以使用引文半角逗号分隔。

24.3 打印 Excel 表格

📇 本节视频教学录像：10 分钟

打印 Excel 表格时，用户也可以根据需要设置 Excel 表格的打印方法，如在同一页面打印不连续的区域、打印行号、列表或者每页都打印标题行等。

24.3.1 打印 Excel 工作表

打印 Excel 工作表的方法与打印 Word 文档类似，需要选择打印机和设置打印份数。

❶ 打开随书光盘中的"素材 \ch24\ 考试成绩表 .xlsx"文件，单击【文件】选项卡下列表中的【打印】选项。

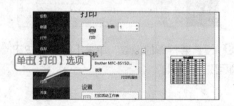

❷ 在【份数】微调框中输入"3"，打印 3 份，

在【打印机】下拉列表中选择要使用的打印机，单击【打印】按钮，即可开始打印 Excel 工作表。

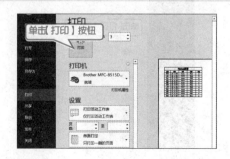

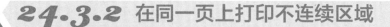
24.3.2 在同一页上打印不连续区域

如果要打印非连续的单元格区域，在打印输出时会将每个区域单独显示在不同的纸张页面。借助"摄影"功能，可以将非连续的打印区域显示在一张纸上。

❶ 打开随书光盘中的"素材 \ch24\ 考试成绩表 2.xlsx"文件，工作簿中包含两个工作表，如希望将【Sheet1】工作表中的 A2:E8 单元格区域与【Sheet2】工作表中的 A2:E7 单元格区域打印在同一张纸上，首先需要在快速访问工具栏中添加【照相机】命令按钮。

📝 **提示** 在快速访问工具栏中添加命令按钮的方法可参照 2.4 节内容，这里不再赘述。在【从下列位置选择命令】下拉列表中选择【所有命令】，然后在列表框中即可找到【照相机】命令。

❷ 在【Sheet2】工作表中选择 A3:E7 单元格区域，单击快速访问工具栏中的【照相机】命令按钮。

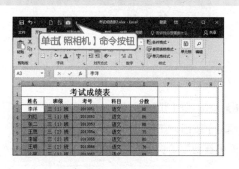

❸ 单击【Sheet1】工作表标签，在表格空白位置单击鼠标左键，即可显示【Sheet2】工作表标签中数据内容的图片。

❹ 将图片与表格中的数据对齐，然后就可以打印当前工作表，最终打印预览效果如下图所示。

24.3.3 打印行号、列标

在打印 Excel 表格时可以根据需要将行号和列标打印出来，具体操作步骤如下。

❶ 打开随书光盘中的"素材 \ch24\ 考试成绩表 .xlsx"文件，单击【页面布局】选项卡下【页面设置】组中的【打印标题】按钮 打印标题，弹

出【页面设置】对话框。在【工作表】选项卡下【打印】组中单击选中【行号列标】单选项，单击【打印预览】按钮。

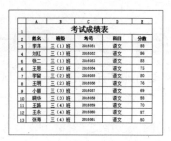

② 即可查看显示行号列标后的打印预览效果。

提示 在【打印】组中单击选中【网格线】复选框可以在打印预览界面查看网格线。单击选中【单色打印】复选框可以以灰度的形式打印工作表。单击选中【草稿品质】复选框可以节约耗材、提高打印速度，但打印质量会降低。

 24.3.4 每页都打印标题行

如果工作表中内容较多，除了第1页外，其他页面都不显示标题行。设置每页都打印标题行的具体操作步骤如下。

① 打开随书光盘中的"素材 \ch24\ 考试成绩表 3.xlsx"文件，单击【文件】选项卡下列表中的【打印】选项，可看到第1页显示标题行。单击预览界面下方的【下一页】按钮，即可看到第2页不显示标题行。

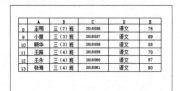

② 返回工作表操作界面，单击【页面布局】选项卡下【页面设置】选项组中的【打印标题】按钮 。

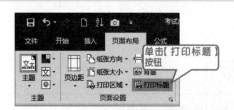

③ 弹出【页面设置】对话框，在【工作表】选项卡下【打印标题】组中单击【顶端标题行】右侧的 按钮。

④ 弹出【页面设置-顶端标题行：】对话框，选择第1行和第2行，单击 按钮。

⑤ 返回至【页面设置】对话框，单击【打印预览】按钮，在打印预览界面选择"第2页"，即可看到第2页上方显示的标题行。

		考试成绩表		
姓名	班级	考号	科目	分数
王明	三（2）班	2016056	语文	76
小丽	三（3）班	2016057	语文	69
晓华	三（3）班	2016058	语文	88
王路	三（4）班	2016059	语文	70
王永	三（4）班	2016060	语文	87
张海	三（4）班	2016061	语文	80

提示 使用同样的方法还可以在每页都打印左侧标题列。

24.4 打印 PPT 文稿

本节视频教学录像：3 分钟

常用的 PPT 演示文稿打印主要包括打印当前幻灯片、灰度打印以及在一张纸上打印多张幻灯片等。

24.4.1 打印当前幻灯片

打印当前幻灯片页面的具体操作步骤如下。

❶ 打开随书光盘中的"素材 \ch24\ 工作报告 .pptx"文件，选择要打印的幻灯片页面，这里选择第 4 张幻灯片。

❷ 单击【文件】选项卡，在其列表中的【打印】选项，即可显示打印预览界面。

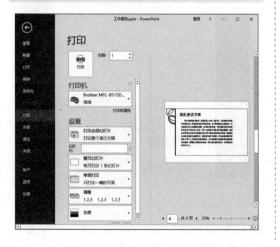

❸ 在【打印】区域的【设置】组下单击【打印当前幻灯片】后的下拉按钮，在弹出的下拉列表中选择【打印当前幻灯片】选项。

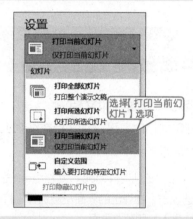

❹ 即可在右侧的打印预览界面显示所选的第 4 张幻灯片内容。单击【打印】按钮即可打印。

24.4.2 一张纸打印多张幻灯片

在一张纸上可以打印多张幻灯片，节省纸张。

❶ 在打开的"推广方案.pptx"演示文稿中，单击【文件】选项卡，选择【打印】选项。在【设置】组下单击【整页幻灯片】右侧的下拉按钮，在弹出的下拉列表中选择【6张水平放置的幻灯片】选项，设置每张纸打印6张幻灯片。

❷ 此时可以看到右侧的预览区域一张纸上显示了6张幻灯片。

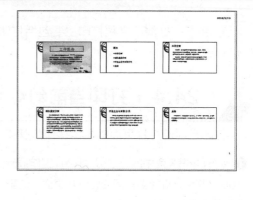

 高手私房菜

本节视频教学录像：2分钟

技巧：双面打印文档

打印文档时，可以将文档在纸张上双面打印，节省办公耗材。设置双面打印文档的具体操作步骤如下。

❶ 打开的"培训资料.docx"文档中，单击【文件】选项卡，在弹出的界面左侧选择【打印】选项，进入打印预览界面。

❷ 在【设置】区域单击【单面打印】按钮后的下拉按钮，在弹出的下拉列表中选择【双面打印】选项。然后选择打印机并设置打印份数，单击【打印】按钮 即可双面打印当前文档。

提示 双面打印包含"翻转长边的页面"和"翻转短边的页面"两个选项，选择"翻转长边的页面"选项，打印后的文档便于按长边翻阅，选择"翻转短边的页面"选项，打印后的文档便于按短边翻阅。

第

25

章

Office 的跨平台应用——移动办公

本章视频教学录像：20 分钟

高手指引

　　使用移动设备可以随时随地进行办公，轻轻松松甩掉繁重的工作。本章介绍如何使用手机、平板电脑等移动设备进行办公。

重点导读

✚ 掌握将办公文件传入到移动设备中的方法
✚ 学会使用不同的移动设备协助办公

25.1 移动办公概述

本节视频教学录像：4分钟

"移动办公"也可以称作为"3A办公"，即任何时间（Anytime）、任何地点（Anywhere）和任何事情（Anything）。这种全新的办公模式，可以让办公人员摆脱时间和地点的束缚，利用手机和台式计算机互联互通的企业软件应用系统，随时随地进行随身化的公司管理和沟通，大大提高了工作效率。

移动办公使得工作更简单，更节省时间，只需要一部智能手机或者平板电脑就可以随时随地进行办公。

无论是智能手机，还是笔记本电脑，或者平板电脑等，只要支持办公可使用的操作软件，均可以实现移动办公。

首先，了解一下移动办公的优势都有哪些。

1. 操作便利简单

移动办公既不需要台式计算机，只需要一部智能手机或者平板电脑，便于携带，操作简单，也不用拘泥于办公室里，即使下班也可以方便地处理一些紧急事务。

2. 处理事务高效快捷

使用移动办公，办公人员无论出差在外，还是正在上班的路上甚至是休假时间，都可以及时审批公文、浏览公告和处理个人事务等。这种办公模式将许多不可利用的时间有效利用起来，不知不觉中就提高了工作效率。

3. 功能强大且灵活

由于移动信息产品发展得很快，以及移动通信网络的日益优化，所以很多要在台式计算机上处理的工作都可以通过移动办公的手机终端来完成，移动办公的功能堪比台式计算机办公。同时，针对不同行业领域的业务需求，可以对移动办公进行专业的定制开发，可以灵活多变地根据自身需求自由设计移动办公的功能。

移动办公通过多种接入方式与企业的各种应用进行连接，将办公的范围无限扩大，真正地实现了移动办公模式。移动办公的优势是可以帮助企业提高员工的办事效率，还能帮助企业从根本上降低营运的成本，进一步推动企业的发展。

能够实现移动办公的设备必须具有以下几点特征。

1. 完美的便携性

移动办公设备如手机，平板电脑和笔记本（包括超级本）等均适合用于移动办公，由于设备较小，便于携带，打破了空间的局限性，不用一直呆在办公室里，在家里、在车上都可以办公。

2. 系统支持

要想实现移动办公，必须具有办公软件所使用的操作系统，如iOS操作系统、Windows Mobile操作系统、Linux操作系统、Android操作系统和BlackBerry操作系统等具有扩展功能的系统设备。现在流行的苹果手机、三星智能手机、iPad平板电脑以及超级本等都可以实现移动办公。

3. 网络支持

很多工作都需要在连接有网络的情况下进行，如将办公文件传递给朋友、同事或上司等，所以网络的支持必不可少。目前最常用的网络有 2G 网络、3G 网络及 Wi-Fi 无线网络等。

25.2　将办公文件传输到移动设备

本节视频教学录像：5 分钟

将办公文件传输到移动设备中，方便携带，还可以随时随地进行办公。

1. 将移动设置作为 U 盘传输办公文件

可以将移动设备以 U 盘的形式使用数据线连接至台式计算机 USB 接口，此时，双击台式计算机桌面中的【此电脑】图标，打开【此电脑】对话框。双击手机图标，打开手机存储设备，然后将文件复制并粘贴至该手机内存设备中即可。下图所示为识别的 iPhone 图标。安卓设备与 iOS 设备操作类似。

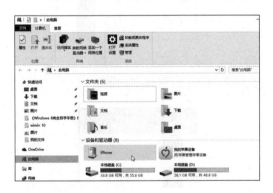

2. 借助同步软件

通过数据线或者借由 Wi-Fi 网络，在台式计算机中安装同步软件，然后将台式计算机中的数据下载至手机中，安卓设备主要借用 360 手机助手等，iOS 设备使用 iTunes 软件实现。如下图所示为使用 360 手机助手连接至手机后，直接将文件拖入【发送文件】文本框中即可实现文件传输。

3. 使用 QQ 传输文件

在移动设备和台式计算机中登录同一 QQ 账号，在 QQ 主界面【我的设备】中双击识别的移动设备，在打开的窗口中可直接将文件拖曳至窗口中，实现将办公文件传输到移动设备。

4. 将文档备份到 OneDrive

在 23.1.1 小节已经介绍了直接将办公文件保存至 OneDrive，实现台式计算机与手机文件的同步，此外，用户还可以直接将办公文件存放至【OneDrive】窗口实现文档的传输，下面就来介绍将文档上传至 OneDrive 的操作。

❶ 在【此电脑】窗口中选择【OneDrive】选项，或者在任务栏的【OneDrive】图标上单击鼠标右键，在弹出的快捷菜单中选择【打开你的 OneDrive 文件夹】选项，都可以打开【OneDrive】窗口。

❷ 选择要上传的文档"工作报告.docx"文件，将其复制并粘贴至【文档】文件夹或者直接拖曳文件至【文档】文件夹中。

❸ 在【文档】文件夹图标上即显示刷新图标。表明文档正在同步。

❹ 上传完成，即可在打开的文件夹中看到上传的文件。

❺ 在手机中下载并登录 OneDrive，即可进入 OneDrive 界面，选择要查看的文件，这里选择【文件】选项。

❻ 即可看到 OneDrive 中的文件，单击【文档】文件夹，即可显示所有的内容。

25.3 使用移动设备修改文档

本节视频教学录像：4 分钟

　　移动信息产品的快速发展，移动通信网络的普及，只需要一部智能手机或者平板电脑就可以随时随地进行办公，使得工作更简单、更方便。

　　微软推出了支持 Android 手机、iPhone、iPad 以及 Windows Phone 上运行的 Microsoft Word、Microsoft Excel 和 Microsoft PowerPoint 组件，用户需要选择适合自己手机或平板电脑的组件即可编

辑文档。

　　本节以支持 Android 手机的 Microsoft Word 为例，介绍如何在手机上修改 Word 文档。

❶ 下载并安装 Microsoft Word 软件。将随

书光盘中的 "素材 \ch25\ 工作报告 .docx" 文档存入台式计算机的 OneDrive 文件夹中，同步完成后，在手机中使用同一账号登录并打开 OneDrive，找到并单击 "工作报告 .docx" 文档存储的位置，即可使用 Microsoft Word 打开该文档。

❷ 打开文档，单击界面上方的 按钮，全屏显示文档，然后单击【编辑】按钮，进入文档编辑状态，选择标题文本，单击【开始】面板中的【倾斜】按钮，使标题以斜体显示。

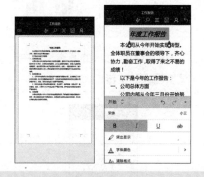

❸ 单击【突出显示】按钮，可自动为标题添加底纹，突出显示标题。

❹ 单击【开始】面板，在打开的列表中选择【插入】选项，切换至【插入】面板。此外，用户还可以打开【布局】、【审阅】以及【视图】面板进行操作。进入【插入】面板后，选择要插入表格的位置，单击【表格】按钮。

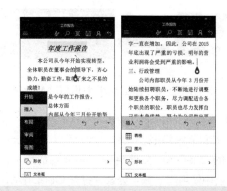

❺ 完成表格的插入，单击 按钮，隐藏【插入】面板，选择插入的表格，在弹出的输入面板中输入表格内容。

❻ 再次单击【编辑】按钮，进入编辑状态，选择【表格样式】选项，在弹出的【表格样式】列表中选择一种表格样式。

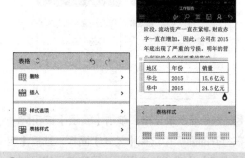

❼ 即可看到设置表格样式后的效果，编辑完成，单击【保存】按钮即可完成文档的修改。

25.4 使用移动设备制作销售报表

本节视频教学录像：3分钟

本节以支持 Android 手机的 Microsoft Excel 为例，介绍如何在手机上制作销售报表。

1 下载并安装 Microsoft Excel 软件，将"素材\ch25\销售报表.xlsx"文档存入台式计算机的 OneDrive 文件夹中，同步完成后，在手机中使用同一账号登录并打开 OneDrive，单击"销售报表.xlsx"文档，即可使用 Microsoft Excel 打开该工作簿，选择 D3 单元格，单击【插入函数】按钮 fx，输入"="，然后将选择函数面板折叠。

2 按【C3】单元格，并输入"*"，然后再按【B3】单元格，单击 ✓ 按钮，即可得出计算结果。使用同样的方法计算其他单元格中结果。

3 选中 E3 单元格，单击【编辑】按钮，在打开的面板中选择【公式】面板，选择【自动求和】公式，并选择要计算的单元格区域，单击 ✓ 按钮，即可得出总销售额。

4 选择任意一个单元格，单击【编辑】按钮。在底部弹出的功能区选择【插入】➤【图表】➤【柱形图】按钮，选择插入的图表类型和样式，即可插入图表。

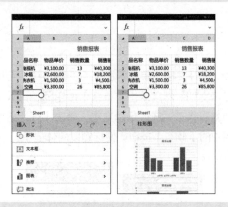

5 如下图即可看到插入的图表，用户可以根据需求调整图表的位置和大小。

6 单击顶部的【分享】按钮，在弹出的【作为附件分享】界面可以通过邮件、QQ、微信等将制作完成的销售报表发送给其他人。

25.5 使用移动设备制作 PPT

本节视频教学录像：3 分钟

本节以支持 Android 手机的 Microsoft PowerPoint 为例，介绍如何在手机上创建并编辑 PPT。

❶ 打开 Microsoft PowerPoint 软件，进入其主界面，单击顶部的【新建】按钮。进入【新建】页面，可以根据需要创建空白演示文稿，也可以选择下方的模板创建新演示文稿。这里选择【离子】选项。

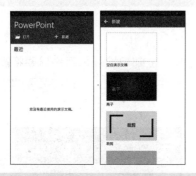

❷ 即可开始下载模板，下载完成，将自动创建一个空白演示文稿。然后根据需要在标题文本占位符中输入相关内容。

❸ 单击【编辑】按钮，进入文档编辑状态，在【开始】面板中设置副标题的字体大小，并将其设置为右对齐。

❹ 单击屏幕右下方的【新建】按钮，新建幻灯片页面，然后删除其中的文本占位符。

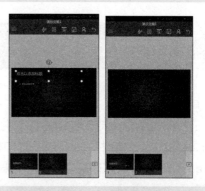

❺ 再次单击【编辑】按钮，进入文档编辑状态，选择【插入】选项，打开【插入】面板，单击【图片】选项，选择图片。

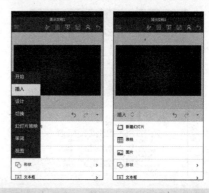

❻ 即可完成图片的插入，在打开的【图片】面板中可以对图片进行样式、裁剪、旋转以及移动等编辑操作，编辑完成，即可看到编辑图片后的效果，使用同样的方法还可以在 PPT 中插入其他的文字、表格、设置切换效果以及放映等操作，与在台式计算机中使用 Office 办公软件类似，这里不再详细赘述，制作完成之后，单击【保存】按钮即可。

高手私房菜

本节视频教学录像：1 分钟

技巧：云打印

云打印是给予支持云打印的打印机一个随机生成的 12 位邮箱地址，用户只要将需要打印的文档发送至邮箱中，就可以在打印机上将邮件或者附件打印出来，云打印需要建立一个 Google 账户，并将打印机与 Google 账户相连接。

❶ 使用安卓系统手机的 WPS 软件，打开需要打印的文档，单击【打印】按钮，在弹出的列表中选择【打印】选项。

❷ 弹出【打印设置】界面，单击【云打印】按钮，即可将文档通过云打印打印出来

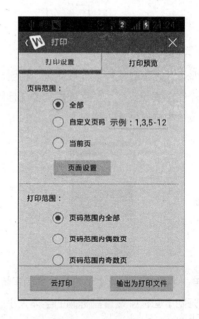